Organisation flexibel automatisierter
Produktionssysteme

Rolf-Dieter Eberwein

Organisation flexibel automatisierter Produktionssysteme

Anwendungsmöglichkeiten der Gruppentechnologie für die Gestaltung von Produktions- und Arbeitssystemen

Mit 22 Abbildungen

 Physica-Verlag Heidelberg

Dr. Rolf-Dieter Eberwein
Universität Regensburg
Institut für Betriebswirtschaftslehre
Universitätsstraße 31
D-8400 Regensburg

ISBN 978-3-7908-0426-3   ISBN 978-3-642-51538-5 (eBook)
DOI 10.1007/978-3-642-51538-5

CIP-Titelaufnahme der Deutschen Bibliothek

Eberwein, Rolf-Dieter:
Organisation flexibel automatisierter Produktionssysteme:
Anwendungsmöglichkeiten der Gruppentechnologie für die
Gestaltung von Produktions- und Arbeitssystemen / Rolf-
Dieter Eberwein. – Heidelberg: Physica-Verl., 1989
(Physica-Schriften zur Betriebswirtschaft; Bd. 24)
Zugl.: Regensburg, Univ., Diss., 1988 u.d.T.: Eberwein, Rolf-Dieter:
Organisatorische Gestaltung flexibel automatisierter
Produktionssysteme mit Hilfe der Gruppentechnologie

NE: GT

VORWORT

Die vorliegende Arbeit entstand während meiner Tätigkeit als Wissenschaftlicher Mitarbeiter am Lehrstuhl für Industrielle Produktionswirtschaft der Universität Regensburg und wurde unter dem Titel „Organisatorische Gestaltung flexibel automatisierter Produktionssysteme mit Hilfe der Gruppentechnologie" im November 1988 vom Fachbereich Wirtschaftswissenschaften dieser Universität als Dissertation angenommen.

Meinem akademischen Lehrer, Herrn Professor Dr. Kurt Bohr, danke ich für die gewährten ausgezeichneten Arbeitsbedingungen und die vielfältige Förderung der Arbeit. Dank schulde ich ebenfalls Herrn Professor Dr. Hans Jürgen Drumm für die Bereitschaft zur Mitarbeit in der Betreuungskommission und zur Berichterstattung sowie für seine der Arbeit förderlichen Diskussionsbeiträge. Mein Dank für die Veröffentlichung der Arbeit in der Reihe „Physica-Schriften zur Betriebswirtschaft" gilt den Herausgebern dieser Reihe, insbesondere Herrn Professor Dr. Klaus-Peter Kistner, der die Veröffentlichung befürwortete. Weiterhin bin ich meinen ehemaligen und gegenwärtigen Kollegen am Lehrstuhl für Industrielle Produktionswirtschaft für die vielfältigen Hilfestellungen zu Dank verpflichtet, vor allem Frau Elisabeth Schwirtz für die mühevolle Reinschrift und Herrn Diplom-Mathematiker Stefan Kiener für seine TEXnische Unterstützung. Nicht zuletzt bedanke ich mich bei meiner Frau Regina, die zum Entstehen dieser Arbeit wesentlich mehr beigetragen hat als kritische Anmerkungen zum Manuskript.

Regensburg, im November 1988   Rolf-Dieter Eberwein

INHALTSVERZEICHNIS

ABKÜRZUNGSVERZEICHNIS

Abb.	Abbildung
AG	Aktiengesellschaft
AIDA	Analysis of Interconnected Decision Areas
AIIE	American Institute of Industrial Engineers
AOR	Annals of Operations Research
ASA	Allgemeines Statistisches Archiv
Aufl.	Auflage
AV	Die Arbeitsvorbereitung
BAZ	Bearbeitungszentrum
Bd.	Band
BFuP	Betriebswirtschaftliche Forschung und Praxis
bzw.	beziehungsweise
CAD	Computer Aided Design
CAM	Computer Aided Manufacturing
CIM	Computer Integrated Manufacturing
CIRP	International Institution for Production Engineering Research
CMR	California Management Review
CNC	Computerized Numerical Control
Compstat	Computational Statistics
DBW	Die Betriebswirtschaft
DDR	Deutsche Demokratische Republik
d.h.	das heißt
Diss.	Dissertation
DNC	Direct Numerical Control
DS	Decision Sciences
DU	Die Unternehmung
E	Erzeugnis(se)
EDV	Elektronische Datenverarbeitung
EE	Entfernungseinheiten
EJOR	European Journal of Operational Research
et al.	et alii
FB/IE	Fortschrittliche Betriebsführung und Industrial Engineering
FFS	Flexibles Fertigungssystem
FuB	Fertigungstechnik und Betrieb
GE	Geldeinheiten
GT	Group Technology
HBR	Harvard Business Review
HdWW	Handwörterbuch der Wirtschaftswissenschaft
HR	Human Relations
Hrsg.	Herausgeber
HSM	Human Systems Management
HWA	Handwörterbuch der Absatzwirtschaft
HWB	Handwörterbuch der Betriebswirtschaft

HWFü	Handwörterbuch der Führung
HWO	Handwörterbuch der Organisation
HWP	Handwörterbuch des Personalwesens
HWProd	Handwörterbuch der Produktionswirtschaft
HWR	Handwörterbuch des Rechnungswesens
IA	Industrie-Anzeiger
IAB	Institut für Arbeitsmarkt- und Berufsforschung
i.e.	id est
IE	Industrial Engineering
IEEE	Institute of Electrical and Electronics Engineers
IEEE TEM	IEEE Transactions on Engineering Management
i.e.S.	im engeren Sinne
IIE	Institute of Industrial Engineers
IJPR	International Journal of Production Research
INFOR	Information Systems and Operational Research
IO	Industrielle Organisation
ISI	Fraunhofer-Institut für Systemtechnik und Innovationsforschung
i.V.m.	in Verbindung mit
IWF	Institut für Werkzeugmaschinen und Fertigungstechnik
JGM	Journal of General Management
JIT	Just In Time
JMS	Journal of Manufacturing Systems
JoC	Journal of Cybernetics
JOM	Journal of Operations Management
LRP	Long Range Planning
M	Maschine(n)
MACE	Machine-component Cell Formation
MIR	Management International Review
MittAB	Mitteilungen aus der Arbeitsmarkt- und Berufsforschung
mm	Millimeter
MODROC	Modified Rank Order Clustering
MRP	Material Requirements Planning
MS	Management Science
NC	Numerical Control
Nr.	Nummer
OR	Operations Research
PC	Personal Computer
PE	The Production Engineer
PIM	Production and Inventory Management
PPS	Produktionsplanung und -steuerung
REFA	Verband für Arbeitsstudien und Betriebsorganisation
RM	Research Management
S	Standort

S.	Seite(n)
Schrl.	Schriftleitung
SdW	Spektrum der Wissenschaft
SMJ	Strategic Management Journal
SMR	Sloan Management Review
Sp.	Spalte(n)
SZ	Süddeutsche Zeitung
TM	Der Technologie-Manager
TZfpM	Technisches Zentralblatt für praktische Metallbearbeitung
TV	Transportvorgang
VDI	Verein Deutscher Ingenieure für Maschinenbau und Metallbearbeitung
VDI-Z	Zeitschrift des VDI
vgl.	vergleiche
WiSt	Wirtschaftswissenschaftliches Studium
WISU	Das Wirtschaftsstudium
Wt	Werkstattstechnik – Zeitschrift für industrielle Fertigung
WuB	Werkstatt und Betrieb
z.B.	zum Beispiel
ZfB	Zeitschrift für Betriebswirtschaft
ZfbF	Zeitschrift für betriebswirtschaftliche Forschung
ZFO	Zeitschrift Führung und Organisation
ZODIAC	Zero-One Data: Ideal Seed Algorithm for Clustering
ZOR	Zeitschrift für Operations Research
ZwF	Zeitschrift für wirtschaftliche Fertigung

VERZEICHNIS DER ABBILDUNGEN IM TEXTTEIL

1 PROBLEMSTELLUNG UND STRUKTUR DER ARBEIT

Die vorliegende Arbeit befaßt sich mit dem gegenwärtig stark diskutierten Problemkreis der sogenannten flexiblen Automatisierung von Produktionssystemen. Neben der Literatur ingenieurwissenschaftlichen Ursprungs beschäftigen sich in jüngster Zeit verstärkt auch betriebswirtschaftliche Publikationen mit diesem Themengebiet, wobei ein besonderer Schwerpunkt auf der Ermittlung der Wirtschaftlichkeit des Ersatzes konventioneller durch flexibel automatisierte Produktionssysteme liegt[1].

Kaum Beachtung findet in der Betriebswirtschaftslehre hingegen die organisatorische Gestaltung derartiger Produktionssysteme, obwohl die Klärung organisatorischer Fragen als im Zusammenhang mit der Einführung neuartiger Produktionssysteme wesentlich gilt[2].

Ein erstes grundsätzliches Ziel dieser Arbeit liegt deshalb darin, einen Beitrag zur Schließung dieser Lücke zu leisten. Um den Leser in die hierzu notwendige Terminologie einzuführen, enthält der als Grundlagenteil konzipierte *Abschnitt 2* der Arbeit zunächst den Versuch, den unscharfen Terminus flexibel automatisiertes Produktionssystem nicht nur durch eine verbale Umschreibung besser faßbar zu machen, sondern ihn auch durch eine synoptische Darstellung und eine mit Hilfe bestimmter Merkmalsausprägungen vorgenommene gegenseitige Abgrenzung einzelner Arten derartiger Systeme zu verdeutlichen. Neben diesen definitorischen Elementen beinhaltet Abschnitt 2 auch eine zusammenfassende Darstellung der in der Literatur vorgebrachten Argumente für den Einsatz flexibel automatisierter Produktionssysteme sowie eine Erläuterung durch deren Einsatz realisierbarer Effekte, die die Vorzüge derartiger Systeme gegenüber solchen konventioneller Art veranschaulichen soll.

Abschnitt 3 beginnt mit einer theoretischen Analyse der organisatorischen Gestaltung von Produktionssystemen, um so die weiteren Ausführungen auf eine aus betriebswirtschaftlichem Grundwissen aufgebaute Basis zu stellen. Diese Ausführungen verdeutlichen die vorzunehmenden organisatorischen Maßnahmen bei der Gestaltung flexibel automatisierter Produktionssysteme und stellen, da sich diese Arbeit auf die Erörterung der *Planung* derartiger Gestaltungsmaßnahmen beschränkt, die sogenannte Gruppentechnologie als geeignetes Planungsinstrumentarium vor.

---

[1]Vgl. z.B. Horváth, P.; Kleiner, F.; Mayer, R. (1987), S. 72-77.

[2]Vgl. z.B. Cieplik, U. (1983), S. 50.

Den Schwerpunkt der Arbeit bildet *Abschnitt 4*, der mit einer Erörterung in der Literatur bislang nicht zusammenhängend dargestellter Planungsüberlegungen prinzipieller Art beginnt, die vor dem Einsatz gruppentechnologischer Planungsverfahren anzustellen sind. Da sich in einigen Publikationen die Meinung findet, es fehle an zusammenfassenden Darstellungen dieser Verfahren[3], schließt sich die in eine Systematik eingeordnete Beschreibung und Diskussion der für das vorliegende Problem relevanten, im Schrifttum vorgestellten Ansätze an, von denen einige mit dem statistischen Instrumentarium der Clusteranalyse arbeiten. Clusteranalytische Methoden erscheinen für die untersuchte Problemstellung besonders geeignet, weshalb sie auch für den in der vorliegenden Arbeit entwickelten gruppentechnologischen Planungsansatz Verwendung finden. Dies setzt jedoch angesichts der Vielzahl konkreter Ausgestaltungsmöglichkeiten der Clusteranalyse, deren jeweilige Spezifika in der Anwendung unterschiedliche Vor- und Nachteile bewirken können, eine Auseinandersetzung mit der Frage voraus, welche dieser Ausgestaltungsmöglichkeiten die für die hier untersuchte Problematik geeigneten darstellen. Da entsprechende Überlegungen in Publikationen zur Gruppentechnologie bislang fehlen, behandelt die vorliegende Arbeit diesen Aspekt eingehend.

Der bereits angesprochene eigene Ansatz dient der Erreichung eines zweiten grundsätzlichen Ziels dieser Arbeit, indem er versucht, eine Bewertung der Auswirkungen bestimmter organisatorischer Gestaltungsmaßnahmen mittels ökonomischer Größen, die bislang bekannte gruppentechnologische Verfahren allenfalls in Form ergänzender Überlegungen berücksichtigen, weitestgehend in den zur Planung verwendeten Modellansatz zu integrieren, um so Aussagen über die wirtschaftlichen Folgen der Realisation einzelner Maßnahmen dem Modell direkt entnehmen zu können.

Dem dritten grundsätzlichen Ziel der Arbeit widmet sich *Abschnitt 5*, der einen ersten Versuch beinhaltet, die Gruppentechnologie auch als Hilfsmittel der organisatorischen Gestaltung im Hinblick auf das Personal einzusetzen. Damit soll der in vielen Publikationen vorzufindenden Forderung nach einer verstärkten Berücksichtigung personeller Aspekte im Kontext der Planung derartiger Systeme Rechnung getragen werden, die auf der Überlegung beruht, daß Arbeitnehmer zwar keine Elemente flexibel automatisierter Produktionssysteme darstellen, ihnen jedoch die Möglichkeit zukommt, Quantität und Qualität des

---

[3]Vgl. Greene, T.J.; Sadowski, R.P. (1984), S. 86; Wemmerlöv, U.; Hyer, N.L. (1986), S. 126.

Systemoutputs in breitem Umfang mit zu bestimmen. Die Erarbeitung eines derartigen Planungsansatzes, dessen Zielmerkmal wiederum ökonomischer Art ist, erscheint auch aufgrund der Tatsache erforderlich, daß zwar viele Autoren die Einbeziehung der Planung organisatorischer Gestaltungsmaßnahmen bezüglich der in Fertigungssystemen beschäftigten Arbeitnehmer als eine wesentliche Intention gruppentechnologischer Analysen ansehen, entsprechende Ansätze in der Literatur bislang jedoch fehlen.

Abschnitt 6 schließt die Arbeit mit einem Ausblick auf die Effekte ab, die die dargestellten organisatorischen Gestaltungsmaßnahmen auf die gesamte Organisationsstruktur eines flexibel automatisierte Produktionssysteme einsetzenden Unternehmens ausüben können.

Die gewählte Komplexität des Themas, die aus der eben dargestellten Übersicht deutlich geworden sein dürfte, führt möglicherweise dazu, daß manche der untersuchten Aspekte nicht in der dem Leser geboten erscheinenden Ausführlichkeit Berücksichtigung finden. Dies wurde bewußt in Kauf genommen, da eine geschlossene Darstellung der organisatorischen Gestaltung, für die die Gruppentechnologie als Rahmen dient, als die gegenüber der Akzentuierung und stärker vertieften Behandlung von Einzelaspekten vorziehenswürdige Alternative erschien. Dem besonders an derartigen Einzelaspekten interessierten Leser dürften jedoch die gegebenen Hinweise auf grundlegende und weiterführende Literatur den Zugang zum jeweils interessierenden Themengebiet erleichtern.

2 PRODUKTIONSSYSTEME DER FLEXIBLEN AUTOMATISIE-RUNG

2.1 Begriffliches

In der Literatur fehlt bislang eine einheitliche, allgemein anerkannte Definition der synonymen Begriffe flexibel automatisiertes Produktionssystem bzw. Produktionssystem der flexiblen Automatisierung. Deren hieraus resultierende Unschärfe erfordert es, zu Beginn dieser Arbeit eine inhaltliche Präzisierung beider Termini vorzunehmen. Um zu einer solchen zu gelangen, werden im folgenden zunächst die einzelnen Begriffskomponenten erörtert.

2.1.1 *Die Begriffskomponente Produktionssystem*

2.1.1.1 *Definition*

Fertigungssysteme[1] bestehen aus einer Menge von Betriebsmitteln[2], die durch bestimmte Beziehungen verknüpft sind[3]. Der Zweck eines jeden Fertigungssystems liegt darin, eine Anzahl von Produktionsaufgaben zu erfüllen, um so die – als Produktion bezeichnete – Herstellung von Gütern zu bewirken[4].

Der Produktionssystembegriff kann sowohl den gesamten Fertigungsbereich eines Unternehmens als auch lediglich einzelne Subsysteme dieses Bereichs umfassen[5]. Im Rahmen dieser Arbeit findet die zuletzt genannte Definitionsalternative Verwendung.

Formal läßt sich ein derart abgegrenztes Produktionssystem durch folgende Beziehung darstellen[6]:

---

[1] Da in dieser Arbeit die Begriffe Produktion und Fertigung als Synonyme Verwendung finden, bezeichnet auch jeder der Ausdrücke Produktions- und Fertigungssystem einen identischen Begriffsinhalt.

[2] Der Begriff Betriebsmittel umfaßt hier neben Bearbeitungsmaschinen auch innerbetriebliche Transporteinrichtungen, Werkzeuge, Meßgeräte etc., engt also die wohl gebräuchlichste Definition, diejenige Gutenbergs, insoweit ein, als Grundstücke und Gebäude nicht zu den Betriebsmitteln zählen. Vgl. hierzu Gutenberg, E. (1983), S. 70-71.

[3] Vgl. Nieß, P.S. (1979), Sp. 595-596. Vgl. zum generellen Systembegriff Bohr, K. (1984), S. 5.

[4] Vgl. Zschocke, D. (1974), S. 35.

[5] Vgl. Scharf, P.; Schulz, E. (1973), S. 130.

[6] Vgl. hierzu auch Woithe, G.; Gottschalk, E. (1976), S. 706; Zäpfel, G. (1982), S. 9.

$$P = (A, M, B, R)$$

Dabei bezeichnet A die Menge der vom Produktionssystem P zu erfüllenden Aufgaben, M die Menge der eingesetzten Bearbeitungsmaschinen, B die Menge der sonstigen Betriebsmittel und R die Menge der zwischen den Betriebsmitteln bestehenden Beziehungen.

Diese Relationen lassen sich unterteilen in „informationelle und materielle Beziehungen"[7]. Erstere beruhen auf den innerhalb des Produktionssystems ausgetauschten Informationen, letztere auf Transporten materieller Objekte im System[8].

Hinsichtlich der materiellen Beziehungen ist vor allem deren räumlicher Aspekt, also die beim Transport materieller Objekte zwischen den Betriebsmitteln zu überwindende Entfernung, von Bedeutung[9]. Determiniert wird diese Dimension materieller Beziehungen durch die räumliche Zentralisation von Betriebsmitteln unter Anwendung bestimmter Organisationsprinzipien[10], die auf die Ähnlichkeit der mit diesen Betriebsmitteln herzustellenden Objekte oder der von den einzelnen Betriebsmitteln auszuführenden Verrichtungen abstellen[11]:

Das Prinzip der Verrichtungszentralisation führt zu Produktionssystemen, die durch die räumliche Zusammenfassung gleiche oder zumindest ähnliche[12] Verrichtungen ausführender Betriebsmittel entstehen[13]. Dagegen resultieren Fertigungssysteme auf der Basis der Objektzentralisation aus der räumlichen Zusammenfassung der zur Produktion eines bestimmten Objekts bzw. mehrerer ähnlicher Objekte notwendigen Betriebsmittel[14].

---

[7]Grochla, E. (1972), S. 76.

[8]Vgl. Grochla, E. (1972), S. 76, 120; Zäpfel, G. (1982), S. 9.

[9]Vgl. Riebel, P. (1963), S. 18.

[10]Vgl. Kreikebaum, H. (1979), Sp. 1392.

[11]Vgl. Kieser, A.; Kurbel, K. (1979), Sp. 587.

[12]Vgl. zur Erweiterung des Begriffs auch auf ähnliche Verrichtungen Große-Oetringhaus, W.F. (1974), S. 274, 278; Hahn, D. (1980), Sp. 693; Kilger, W. (1986), S. 79; Krüger, W. (1984), S. 128.

[13]Vgl. z.B. Bleicher, K. (1981), S. 167-168; Bühner, R. (1987a), S. 177-178; Grochla, E. (1966), S. 96; Gutenberg, E. (1983), S. 96-97; Hinterhuber, H.H.; Pilipp, R. (1976), Sp. 4400.

[14]Vgl. z.B. Grochla, E. (1972), S. 61.

Beide Zentralisationsprinzipien, deren eben beschriebene Anwendung unter dem Stichwort Fertigungsorganisation Eingang in die betriebswirtschaftliche Literatur gefunden hat[15], stehen in einer wechselseitigen Beziehung[16]: Eine Zentralisation einzelner Verrichtungen in einzelnen Produktionssystemen führt tendenziell zu einer Dezentralisation im Hinblick auf die herzustellenden Objekte, da in *identischen* Produktionssystemen *verschiedene* Objekte bearbeitet werden[17]; eine Zentralisation nach Objekten bewirkt durch die Integration identische oder ähnliche Verrichtungen ausführender Betriebsmittel in unterschiedliche Fertigungssysteme in der Tendenz eine Dezentralisation nach Verrichtungen.

2.1.1.2 *Eine Differenzierung verschiedener Arten von Produktionssystemen*

Da deren Kenntnis für spätere Überlegungen notwendig ist, wird an dieser Stelle eine Klassifizierung verschiedener Arten von Produktionssystemen auf der Basis des Kriteriums Zahl der eingesetzten Bearbeitungsmaschinen vorgestellt.

Beinhaltet ein Produktionssystem nur eine „Einheit, die selbständig eine Produktionsaufgabe auszuführen in der Lage ist"[18], also lediglich eine Bearbeitungsmaschine[19], wird es als elementares Produktionssystem oder Fertigungssystem 1. Ordnung bezeichnet[20], für das somit unter Verwendung der in Abschnitt 2.1.1.1 eingeführten Symbolik gilt: $|M| = 1$. Die Kombination solcher elementaren Produktionssysteme führt zu Fertigungssystemen höherer Ordnung[21], deren Charakteristikum folglich darin besteht, daß für die Mächtigkeit der Menge M die Ungleichung $|M| > 1$ erfüllt ist.

2.1.2 *Die Begriffskomponente Flexibilität*

2.1.2.1 *Definition*

Der Terminus Flexibilität findet in der jüngeren betriebswirtschaftlichen Literatur beinahe ausnahmslos[22] als Synonym für den Ausdruck Elastizität Verwen-

---

[15] Vgl. z.B. Strebel, H. (1984), S. 157.

[16] Vgl. prinzipiell zu diesem Zusammenhang Bühner, R. (1987a), S. 92; Kosiol, E. (1972), S. 80, 167; Kosiol, E. (1976), S. 84.

[17] Vgl. Kieser, A.; Kubicek, H. (1983), S. 275.

[18] Bohr, K. (1984), S. 5.

[19] Vgl. zur Identität beider Begriffsauslegungen Scharf, P.; Schulz, E. (1973), S. 130.

[20] Vgl. Bohr, K. (1984), S. 5; Scharf, P.; Schulz, E. (1973), S. 130.

[21] Vgl. Bohr, K. (1984), S. 5; Scharf, P.; Schulz, E. (1973), S. 130.

[22] Vgl. als eine der wenigen Ausnahmen Bohr, K.; Saliger, E. (1983), S. 982.

dung[23], weshalb auch die vorliegende Arbeit einen identischen Begriffsinhalt unterstellt. Dabei liegt jedoch nicht die ebenfalls übliche Definition der Elastizität als Verhältniszahl zugrunde, die die aufgrund der Variation einer Ursachenvariable um eine Einheit ceteris paribus entstehende relative Änderung einer Wirkungsgröße mißt[24]. Vielmehr bezeichnet Elastizität in diesem Zusammenhang „die Reagibilität eines produktiven Wirtschaftsgebildes gegenüber veränderten Produktivaufgaben"[25]. Diese Fähigkeit konkretisiert sich in der Existenz von Handlungsspielräumen[26], innerhalb derer eine Anpassung an veränderte Aufgaben erfolgen kann.

Die Handlungsspielräume können hinsichtlich unterschiedlicher Flexibilitätskomponenten bestehen, was die in der Literatur konstatierte Unschärfe und Komplexität des Flexibilitätsbegriffs[27] bewirkt. Zur terminologischen Präzisierung ist es deshalb erforderlich, die einzelnen Flexibilitätskomponenten näher zu betrachten.

Obwohl Elastizitätsgesichtspunkte in allen betrieblichen Funktionsbereichen, die ein Produkt während seiner Entstehung ausgehend von der Entwicklung[28] bis hin zum Vertrieb durchläuft, von Bedeutung sind[29], konzentriert sich die folgende Erörterung auf die Produktionselastizität, also die Anpassungsfähigkeit der im Fertigungsbereich eingesetzten Produktionsfaktoren[30] [31], da Flexibilität hier lediglich als Merkmal von Produktionssystemen von Interesse ist.

---

[23]Vgl. hierzu auch Hasenack, W. (1976), S. 410; Ropohl, G. (1971), S. 14.

[24]Vgl. zu dieser Interpretation des Terminus Elastizität Stützle, G. (1987), S. 95 und die dort angeführte Literatur.

[25]Riebel, P. (1954), S. 87. Vgl. auch Bohr, K. (1984), S. 4, 10; Grob, R. (1986), S. 24; Gustavsson, S.O. (1984), S. 802; Schünemann, T.M.; Lehnen, H. (1983), S. 501; Webster, D.B.; Tyberghein, M.B. (1980), S. 21, 22; Zelenović, D.M. (1982), S. 323.

[26]Vgl. Kosiol, E. (1972), S. 69; Reichwald, R.; Behrbohm, P. (1983), S. 837.

[27]Vgl. Blois, K.J. (1986), S. 65; Große-Oetringhaus, W.F. (1974), S. 118, 158; Scharf, P. (1974), S. 109; Vormbaum, H. (1959), S. 197, 205.

[28]Vgl. zu Elastizitätserfordernissen im Entwicklungsbereich Bolwijn, P.T.; Brinkman, S. (1987), S. 31; Eidenmüller, B. (1986b), S. 541.

[29]Vgl. hierzu Ackermann, R.R. (1985), S. 42; Stützle, G. (1987), S. 103-104.

[30]Vgl. zur Definition der Produktionselastizität Altrogge, G. (1979), Sp. 605.

[31]Der Terminus Produktionsfaktoren bezeichnet Güter, die im Herstellungsprozeß anderer Güter eingesetzt werden. Vgl. Bohr, K. (1979), Sp. 1481.

2.1.2.2 *Flexibilität als Eigenschaft von Produktionssystemen*

Geht man mit Gutenberg[32] davon aus, daß der unmittelbare Vollzug eines Fertigungsprozesses den Einsatz der Produktionsfaktoren menschliche Arbeitsleistungen, Betriebsmittel und Werkstoffe erfordert[33], resultiert die gesamte Flexibilität eines Produktionsbereichs aus den Bandbreiten der Eigenschaften vorhandener Vertreter dieser drei Faktoren.

Da von den drei Produktionsfaktoren lediglich die Betriebsmittel Elemente von Fertigungssystemen darstellen, konzentrieren sich die weiteren Ausführungen auf solche Elastizitätsaspekte, deren Ursachen in den technischen Eigenschaften von Betriebsmitteln bzw. in den Beziehungen zwischen Betriebsmitteln liegen. Für den auf die zuerst genannte Ursache zurückzuführenden Bestandteil der Produktionssystemelastizität findet das Attribut betriebsmittelbedingt Verwendung.

2.1.2.2.1 *Betriebsmittelbedingte Flexibilität*

2.1.2.2.1.1 *Quantitativer Aspekt*

Die betriebsmittelbedingte Flexibilität setzt sich aus einem *quantitativen* und einem *qualitativen* Aspekt zusammen[34]. Die – auch als Mengenflexibilität[35] oder kapazitive Flexibilität[36] bezeichnete – quantitative Flexibilität gibt die Bandbreite an, innerhalb derer durch Veränderung der je Zeiteinheit ausgebrachten Produktionsmenge (intensitätsmäßige Anpassung) oder der Einsatzzeit (zeitliche Anpassung)[37] eine Variation der gesamten Outputmenge eines Fertigungssystems möglich ist[38].

---

[32]Vgl. Gutenberg, E. (1983), S. 3.

[33]Vgl. zu unterschiedlichen Differenzierungen von Produktionsfaktoren Bohr, K. (1979), Sp. 1487-1490.

[34]Vgl. Kaluza, B. (1984), S. 308; Wittmann, W. (1985), S. 258.

[35]Vgl. z.B. Bühner, R. (1985c), S. 259; Gerwin, D. (1986), S. 706, 719.

[36]Vgl. de Beer, C.; de Witte, J. (1978), S. 390; Wiendahl, H.P.; Mende, R. (1981), S. 294, 295.

[37]Vgl. zu den einzelnen Anpassungsformen Gutenberg, E. (1983), S. 355-356.

[38]Vgl. z.B. Grochla, E. (1966), S. 55; Hoitsch, H.J. (1985), S. 8; Riebel, P. (1954), S. 103; Wittmann, W. (1985), S. 258; Zäpfel, G. (1982), S. 14-15.

Über die von Jacob als Bestandsflexibilität bezeichnete „Anpassungsfähigkeit im Rahmen eines vorgegebenen Produktionsapparates"[39] hinaus subsumieren einige Autoren auch die Fähigkeit, durch Variation der Zahl in einem Fertigungssystem eingesetzter Betriebsmittel im Zeitablauf (quantitative Anpassung)[40] dessen Ausbringungsmenge zu verändern, unter die quantitative Elastizität[41]. Dabei beschreibt das Ausmaß der möglichen quantitativen Anpassung die im betrachteten Produktionssystem vorhandene Entwicklungsflexibilität[42].

2.1.2.2.1.2 *Qualitativer Aspekt*

Die qualitative Flexibilität[43] eines Fertigungssystems wird durch die Komponenten Vielseitigkeit und Umrüstbarkeit[44] bestimmt[45].

2.1.2.2.1.2.1 *Vielseitigkeit*

Die auch als Fertigungselastizität bezeichnete[46] *Vielseitigkeit* eines Fertigungssystems beschreibt dessen Fähigkeit, qualitativ verschiedene Produktionsaufgaben „mit der vorhandenen Ausrüstung auszuführen"[47]. Hierbei kann sich die Aufgabenverschiedenheit auf die herzustellenden Objekte und auf die an diesen Objekten durchzuführenden Verrichtungen beziehen[48]. Elastizität hinsichtlich

---

[39] Jacob, H. (1974), S. 322. Vgl. auch Altrogge, G. (1979), Sp. 605. Hanssmann spricht in diesem Zusammenhang von taktischer Flexibilität, Vormbaum von statischer Anpassungsfähigkeit. Vgl. Hanssmann, F. (1987), S. 228; Vormbaum, H. (1959), S. 194.

[40] Vgl. Gutenberg, E. (1983), S. 355-356.

[41] Vgl. z.B. Horváth, P.; Mayer, R. (1986), S. 71.

[42] Vgl. zur Entwicklungselastizität Jacob, H. (1974), S. 323. Synonym finden die Termini langfristige bzw. strategische Flexibilität und dynamische Anpassungsfähigkeit Verwendung. Vgl. hierzu Cziudaj, M.; Pfennig, V. (1985), S. 69-71; Hanssmann, F. (1987), S. 228; Vormbaum, H. (1959), S. 194.

[43] In der ingenieurwissenschaftlichen Literatur ersetzt üblicherweise der Begriff technologisch das Attribut qualitativ. Vgl. z.B. de Beer, C.; de Witte, J. (1978), S. 390; Wiendahl, H.P.; Mende, R. (1981), S. 294.

[44] Vgl. z.B. Kaluza, B. (1984), S. 308; Wiendahl, H.P.; Mende, R. (1981), S. 294.

[45] Vgl. zu im allgemeinen weniger umfassenden Definitionen Riebel, P. (1954), S. 119; Vormbaum, H. (1959), S. 196; Wittmann, W. (1985), S. 258; Zäpfel, G. (1982), S. 14.

[46] Vgl. z.B. Bergner, H. (1979), Sp. 2182.

[47] Wiendahl, H.P.; Mende, R. (1981), S. 294.

[48] Vgl. Horváth, P.; Mayer, R. (1986), S. 71.

der Verrichtungen liegt vor, wenn die Maschinen eines Fertigungssystems mehrere verschiedene Arbeiten an bestimmten Objekten vornehmen können. Erfordern diese Objekte eine große Zahl verschiedener Verrichtungen, dient die hohe *Verrichtungsflexibilität* eines Fertigungssystems der Vermeidung langer Transportwege und damit hoher Auszahlungen für Transporte[49], die bei geringer Verrichtungsflexibilität aufgrund der Notwendigkeit entstehen würden, die Objekte zur Durchführung der im betrachteten System nicht ausführbaren Verrichtungen zu systemexternen Maschinen zu transportieren.

Das Ausmaß der *Objektelastizität* bestimmt sich zum einen durch die Fähigkeit, verschiedene Produkte oder unterschiedliche Produktelemente, die im Rahmen dieser Arbeit als *Teile* oder *Werkstücke* bezeichnet werden[50], zu bearbeiten, wobei „Dimensionierung und materielle Beschaffenheit"[51] der Objekte die Verschiedenheitskriterien darstellen. Diese Fähigkeit wird häufig mit den Termini *Produkt-, Teile-* oder *Gestaltungsflexibilität*[52] belegt. Bühner differenziert hierbei in Anlehnung an Gerwin[53] anhand der angestrebten Zielsetzung in Teile- und Gestaltungsflexibilität: Besteht das Flexibilitätsziel in der weitgehenden Erfüllung von Produktsonderwünschen der Kunden, spricht er von Gestaltungsflexibilität; heißt das Ziel hohe Produktvielfalt, wird Teileflexibilität benötigt[54]. Da aber auch die Herstellung „kundenspezifischer" Produkte letztlich zu hoher Vielfalt im Produktionsprogramm führt, erscheint diese Differenzierung überflüssig, weshalb hier generell der Begriff *Erzeugnisflexibilität* verwendet wird.

Einen zweiten, nur selten beachteten Aspekt der Objektelastizität stellt die *Materialflexibilität* dar, die durch die Fähigkeit eines Fertigungssystems charakterisiert ist, ungeachtet bestehender Qualitätsunterschiede des eingesetzten Materials Produkte oder Teile gleichbleibender Qualität herzustellen[55].

---

[49]Vgl. prinzipiell zu diesem Zusammenhang Große-Oetringhaus, W.F. (1974), S. 271, der allerdings von Transport*kosten* spricht.

[50]Als Oberbegriff für Produkt, Werkstück und Teil findet in dieser Arbeit der Terminus Erzeugnis Verwendung.

[51]Horváth, P.; Mayer, R. (1986), S. 71.

[52]Vgl. z.B. Bessant, J.; Haywood, B. (1986), S. 469; Bühner, R. (1986g), S. 8-9; Lay, G. (1987), S. 407-408; Wöpkemeier, H.F. (1981), S. 81.

[53]Vgl. Gerwin, D. (1982), S. 114.

[54]Vgl. Bühner, R. (1985d), S. 34.

[55]Vgl. Bühner, R. (1985d), S. 33, 34; Riebel, P. (1954), S. 119-120.

2.1.2.2.1.2.2 *Umrüstbarkeit*

Der Gesichtspunkt der Umrüstbarkeit, für den sich in der Literatur auch die Bezeichnungen Rüst-[56], Anpassungs-[57] oder Einsatzflexibilität[58] finden, wird unterschiedlich umfassend abgegrenzt. Während er in der Definition einiger Autoren lediglich den für *zukünftige* Änderungen der Produktionsaufgaben anfallenden physischen Rüstaufwand beinhaltet[59], subsumieren andere Begriffsklärungen darüber hinaus auch die Fähigkeit, zwischen einer möglichst großen Bandbreite verschiedener *gegenwärtiger* Fertigungsaufgaben ohne bzw. mit einem bestimmten, sehr geringen Umrüstaufwand wechseln zu können, unter die Umrüstbarkeit[60] [61].

Einige der diese umfassende Definition verwendenden Autoren differenzieren terminologisch den Aufwand für gegenwärtige und zukünftige Aufgabenvariationen[62]. In Analogie zu diesen Publikationen bezeichnet in dieser Arbeit *Umrüstflexibilität* die Umrüstbarkeit eines Fertigungssystems im Hinblick auf gegenwärtig auszuführende, *Umbauflexibilität* jene im Hinblick auf zukünftig erwartete Aufgabenwechsel.

Durch die Verbindung von Betriebsmitteln zu einem Produktionssystem höherer Ordnung ergeben sich hinsichtlich der in den letzten Abschnitten aufgezeigten einzelnen Komponenten betriebsmittelbedingter Flexibilität Handlungsspielräume des entstehenden Systems, die den Spielraum des Systemelements mit der jeweils höchsten individuellen Elastizität übersteigen bzw. – im häufiger vorkommenden Fall – unterschreiten können[63]. Beispielsweise besteht keine Möglichkeit, die Ausbringungsmenge eines Produktionssystems in einem bestimmten

---

[56]Vgl. Bergner, H. (1979), Sp. 2182.

[57]Vgl. Marti, K. (1986), S. 35; Zelenović, D.M. (1982), S. 324.

[58]Vgl. Hedrich, P.; Brunner, B.; Maucher, K. (1983), S. 127; Scharf, P. (1974), S. 109; Warnecke, H.J. (1984a), S. 456.

[59]Vgl. z.B. Wiendahl, H.P.; Mende, R. (1981), S. 294.

[60]Vgl. z.B. Hedrich, P.; Brunner, B.; Maucher, K. (1983), S. 127; Helberg, P. (1987), S. 41; Holz, B.; Gaebler, W. (1985), S. 12.

[61]In seiner gegensätzlichen Definitionsvariante gibt der zuletzt genannte Aspekt der Umrüstbarkeit an, welchen Aufwand die Ausnutzung eines Vielseitigkeitsspielraums vorgegebenen Ausmaßes verursacht. Vgl. zu dieser Variante Bergner, H. (1979), Sp. 2182.

[62]Vgl. Steinhilper, R. (1984), S. 13; Wildemann, H. (1984), S. 4.

[63]Vgl. Horváth, P.; Mayer, R. (1986), S. 70; Riebel, P. (1954), S. 139.

Zeitraum aufgrund zeitlicher oder intensitätsmäßiger Anpassungsmaßnahmen in größerem Ausmaß zu erhöhen, als es die Maschine mit der *geringsten* individuellen Mengenflexibilität erlaubt. Diese Maschine determiniert somit die quantitative Elastizität des Gesamtsystems; größere Handlungsspielräume hinsichtlich dieser Flexibilitätskomponente bei anderen Systemelementen bleiben ungenutzt.

Neben den Eigenschaften der Betriebsmittel legen bei Systemen höherer Ordnung auch die zwischen den einzelnen Betriebsmitteln bestehenden Beziehungen, speziell diejenigen materieller Art[64], das Ausmaß der Systemelastizität fest[65]. Determinante dieses Teilbereichs der Produktionssystemelastizität ist die fertigungsorganisatorische Struktur des Systems.

2.1.2.2.2 *Strukturbedingte Flexibilität*

Die strukturbedingte Flexibilität eines Fertigungssystems resultiert aus dem Grad der *Durchlauffreizügigkeit* der Erzeugnisse durch das System[66].

Voraussetzung für eine hohe Durchlauffreizügigkeit ist die Möglichkeit, Erzeugnisse auf mehreren Betriebsmitteln eines Produktionssystems höherer Ordnung zu bearbeiten. Diese Möglichkeit führt zu einer vergleichsweise großen Zahl alternativer Wege, auf denen ein bestimmtes Erzeugnis das Produktionssystem durchlaufen kann[67]. Die Zahl dieser Wege liegt bei einem auf der Basis ähnlicher Verrichtungen gebildeten Fertigungssystem tendenziell höher als bei einem anhand des Kriteriums der Objektähnlichkeit aufgebauten[68], da die Zusammenfassung von Maschinen ähnlicher oder sogar gleicher Verrichtungen zwangsläufig zur Installierung eines Produktionssystems führt, in dem die Möglichkeit besteht, einen großen Anteil der im System anfallenden Bearbeitungsvorgänge alternativ auf mehreren Maschinen durchzuführen[69]. Somit folgt auch aus dem in einigen Literaturstellen als eigenes Element strukturbedingter Flexibilität dargestellten Vorhalten einer größeren Zahl von verrichtungsgleichen Betriebsmitteln, als sie

---

[64]Vgl. zur besonderen Betonung der materiellen Relationen Kusiak, A. (1985a), S. 1059; Kusiak, A. (1986), S. 100.

[65]Vgl. zur Wichtigkeit dieses Aspekts Zelenović, D.M. (1982), S. 326.

[66]Vgl. Bühner, R. (1985d), S. 33; Kaluza, B. (1984), S. 312.

[67]Vgl. insbesondere Horváth, P.; Mayer, R. (1986), S. 71-72.

[68]Vgl. auch Heinz, K.; Klaas, K.J. (1985), S. 32, die allerdings pauschal von Flexibilität sprechen.

[69]Vgl. hierzu auch Kilger, W. (1986), S. 82; Krycha, K.T. (1978), S. 23; Mellerowicz, K. (1981), S. 362.

zur Erfüllung der gegenwärtigen Aufgaben des betrachteten Produktionssystems notwendig ist[70], letztendlich eine hohe Durchlauffreizügigkeit, weshalb sich eine isolierte Betrachtung dieser „Produktionsmittelredundanz"[71] erübrigt.

Analoges gilt für die ebenfalls als separate Flexibilitätskomponente genannte Fähigkeit von Produktionssystemen, Erzeugnisse zwischen einzelnen Bearbeitungsvorgängen zu speichern[72]. Abgesehen von Fällen, in denen eine Speicherung lediglich auf den im jeweiligen System verwendeten Transportmitteln erfolgt, dienen zu diesem Zweck Lagerplätze mit fester Lokalisierung. Muß der Weg eines Erzeugnisses über einen solchen Lagerplatz führen, verringern sich aufgrund der Speicherfähigkeit die Freiheitsgrade hinsichtlich der Wege, die dieses Erzeugnis durch das System nehmen kann, was zu einer Abnahme der Durchlauffreizügigkeit führt. Somit wird klar, warum sich in der Literatur die Meinung findet, ein Produktionssystem sei „um so flexibler, je geringer die Speicherfähigkeit des Systems ist"[73].

Eine geringe Durchlauffreizügigkeit, wie sie bei nach Objektkriterien gebildeten Fertigungssystemen besteht, in denen ja im allgemeinen verrichtungsverschiedene Maschinen zusammengefaßt werden, wirkt sich nach Meinung einiger Autoren negativ auf die erreichbare Termintreue aus. Der Ansicht dieser Autoren zufolge erleichtert nämlich eine hohe Durchlauffreizügigkeit die Einhaltung bestehender Fertigungsendtermine[74], da sich mögliche Wartezeiten, die beispielsweise durch einen Defekt an der Maschine entstehen, auf der ein Werkstück gerade bearbeitet werden sollte, durch die Bearbeitung des entsprechenden Werkstücks auf einer verrichtungsgleichen, nicht belegten Maschine vermeiden lassen.

Diese Argumentation fußt jedoch auf einer lediglich partiellen Betrachtung, da die Möglichkeit zur Einhaltung der gesetzten Termine zusätzlich durch andere, in Abschnitt 2.2.2 näher erläuterte Komponenten bestimmt wird, beispielsweise durch die Zeitdauer der Bearbeitung bestimmter Objekte auf den in Anspruch genommenen Maschinen.

---

[70]Vgl. z.B. Stützle, G. (1987), S. 107, 110.

[71]Horváth, P.; Mayer, R. (1986), S. 72.

[72]Vgl. z.B. Stützle, G. (1987), S. 107, 110.

[73]Wiendahl, H.P.; Mende, R. (1981), S. 296.

[74]Vgl. Bühner, R. (1985d), S. 34; Gerwin, D. (1986), S. 706, 719.

Eine Möglichkeit, diese Bearbeitungszeiten zu senken, stellt die nach der Erörterung des Flexibilitätsaspekts[75] nunmehr zu behandelnde Automatisierung von Fertigungssystemen dar[76].

2.1.3 *Die Begriffskomponente Automatisierung*

2.1.3.1 *Definition*

In der betriebswirtschaftlichen Literatur existiert keine übereinstimmende Definition des Begriffs Automatisierung[77]. Da es nicht Gegenstand dieser Arbeit sein kann, die eingehende Diskussion um den Begriffsinhalt[78] zu wiederholen, lehnt sich die Argumentation an einen der im Schrifttum vorgestellten Erklärungsansätze an. Danach besteht das begriffsbestimmende Charakteristikum der Automatisierung darin, daß in Ergänzung der als Mechanisierung bezeichneten[79] „Übertragung körperlicher und geistiger Arbeitsprozesse"[80] auf Bearbeitungsmaschinen auch Steuerungs- und Kontrollprozesse von Menschen auf Maschinen übergehen[81]. Der Automatisierungsbegriff wird in dieser Definition auf das einzelne Betriebsmittel beschränkt[82]. Dagegen spricht man von *Automation*, wenn mehrere automatisierte Bearbeitungsmaschinen durch „ein mechanisiertes Transportsystem"[83] zu einem Fertigungssystem höherer Ordnung verkettet[84] werden, dessen Steuerung ein – nicht notwendigerweise alle Betriebsmittel des Systems umfassendes – Informationssystem übernimmt[85].

---

[75]Vgl. zu einer zusammenfassenden Übersicht der Flexibilitätskomponenten Anhang 1.

[76]Vgl. Grochla, E. (1966), S. 53.

[77]Vgl. Drumm, H.J. (1979), Sp. 286.

[78]Vgl. hierzu Drumm, H.J. (1970), S. 20-24.

[79]Vgl. z.B. Riebel, P. (1963), S. 113.

[80]Drumm, H.J. (1979), Sp. 286.

[81]Vgl. z.B. Bohr, K. (1984), S. 6; Warnecke, H.J. (1984a), S. 454.

[82]Vgl. Drumm, H.J. (1970), S. 23; Drumm, H.J. (1979), Sp. 286; Kern, W. (1980b), S. 183; Kosiol, E. (1972), S. 165.

[83]Drumm, H.J. (1979), Sp. 286.

[84]Eine Verkettung von Bearbeitungsmaschinen liegt vor, wenn diese durch bestimmte technische Fördereinrichtungen, die die zwischen den Betriebsmitteln anfallenden Transporte übernehmen, verbunden sind. Vgl. Hackstein, R.; Sieper, H.P. (1979), Sp. 582; Spur, G. (1979b), Sp. 2120.

[85]Vgl. Drumm, H.J. (1970), S. 23; Drumm, H.J. (1979), Sp. 286; Hahn, D. (1980), Sp. 694; Kosiol, E. (1972), S. 166; Mellerowicz, K. (1981), S. 392-393.

Die Tatsache, daß unter die Fertigungssysteme der flexiblen Automatisierung sowohl solche mit als auch solche ohne mechanisiertes Transportsystem zu subsumieren sind[86] [87], bedingt die Notwendigkeit, den Automatisierungsbegriff gegenüber der vorgestellten Definition zu erweitern: Automatisierung dient im Rahmen dieser Arbeit als Oberbegriff, der auch den als Automation bezeichneten Aspekt mit einschließt und zudem die Bildung von Fertigungssystemen aus automatisierten, jedoch nicht durch mechanisierte Fördermittel verketteten Bearbeitungsmaschinen umfaßt.

Abschließend bleibt zu klären, wie sich der Handlungsspielraum von Produktionssystemen der *flexiblen* Automatisierung von denjenigen solcher Systeme unterscheidet, die bezüglich der erläuterten Elastizitätskomponenten konträre Merkmalsausprägungen aufweisen. Die zuletzt angesprochenen Systeme werden in dieser Arbeit als *starr* automatisiert bezeichnet.

2.1.3.2 *Flexibilitätseigenschaften automatisierter Produktionssysteme*

2.1.3.2.1 *Starre Automatisierung*

Über einen langen Zeitraum hinweg galt es als zwangsläufig, daß mit zunehmender Automatisierung eines Fertigungssystems dessen aus den einzelnen Flexibilitätskomponenten resultierender gesamter Handlungsspielraum abnimmt, daß also letztlich ein starres System entsteht[88].

Elastizitätskomponenten, auf die die Automatisierung eines Produktionssystems besonders restriktive Wirkungen ausübt, sind die strukturbedingte und im Rahmen der betriebsmittelbedingten die qualitative Flexibilität.

Letztere erfährt vor allem dadurch eine Einschränkung, daß lange Zeit die Automatisierung nur für solche Fertigungssysteme als sinnvoll erachtet wurde, die ein bestimmtes Erzeugnis in sehr großer Zahl herstellen[89]. In einer solchen Situation

---

[86]Vgl. im einzelnen Abschnitt 2.3.2.2.

[87]Vgl. zu einer abweichenden Begriffsverwendung Pferdmenges, R. (1981), S. 9-10, der nur Produktionssysteme mit mechanisiertem Transportsystem als flexibel automatisiert bezeichnet.

[88]Vgl. z.B. Drumm, H.J. (1979), Sp. 289; Grochla, E. (1966), S. 55-57; Staudt, E. (1978), S. 374-375.

[89]Vgl. Bessant, J.; Haywood, B. (1986), S. 466; Spur, G. (1982), S. 3.

erfolgt im allgemeinen der Einsatz von Sondermaschinen[90], deren kennzeichnendes Merkmal darin liegt, daß sie aufgrund ihrer technischen Eigenschaften lediglich ein eng begrenztes Spektrum bestimmter Verrichtungen ausführen oder nur einen bestimmten Erzeugnistyp bearbeiten können[91], was bedeutet, daß ihre Verrichtungs- bzw. Objektflexibilität sehr klein, im Extremfall sogar gleich Null ist. Zusätzlich verursacht die Umstellung von Sondermaschinen auf neue Fertigungsaufgaben, falls die Möglichkeit der Umstellung überhaupt gegeben ist, hohen Umrüstaufwand[92], so daß sowohl hinsichtlich der Umrüst- als auch hinsichtlich der Umbauflexibilität lediglich geringe Handlungsspielräume bestehen.

Die eingeschränkte strukturbedingte Flexibilität eines automatisierten Produktionssystems resultiert aus der Verkettung der in diesem System enthaltenen Betriebsmittel, die häufig so erfolgt, daß Reihenfertigungssysteme entstehen[93]. Dieser Begriff bezeichnet eine Verbindung derart, daß die an den Erzeugnissen vorzunehmenden Arbeitsgänge entsprechend ihrer technologisch zwingenden bzw. einer ökonomisch günstigen Reihenfolge ohne Unterbrechung nacheinander ablaufen können, da die Betriebsmittel „räumlich entsprechend der Abfolge der Bearbeitungsgänge aneinandergereiht"[94] werden. Eine solche Reihenverkettung[95] führt zur Reduktion der Menge alternativ möglicher Wege, die die Erzeugnisse durch das System nehmen können, auf einen einzigen Weg, nämlich denjenigen, der sich aus allen zwischen je zwei unmittelbar aufeinanderfolgenden Maschinen bestehenden Teilwegen zusammensetzt. Durchlauffreizügigkeit existiert für die herzustellenden Objekte somit in keiner Weise[96]. Dies kann nicht nur negative Folgen bei Ausfällen einzelner Maschinen verursachen, sondern auch restriktive Wirkungen auf das Ausmaß der von den Betriebsmitteln bereitgestellten Objektflexibilität ausüben[97]. Letzteres gilt beispielsweise in Fällen, in denen

---

[90]Vgl. Mellerowicz, K. (1981), S. 391; Starr, M.K.; Biloski, A.J. (1984), S. 353.

[91]Vgl. Gutenberg, E. (1983), S. 82.

[92]Vgl. Gutenberg, E. (1983), S. 82, 84.

[93]Vgl. Grochla, E. (1966), S. 52; Groover, M.P. (1980), S. 4; Starr, M.K.; Biloski, A.J. (1984), S. 353; Warnecke, H.J. (1979), Sp. 267.

[94]Kern, W. (1980b), S. 91. Vgl. zur Definition der (oft auch als Fließfertigung bezeichneten) Reihenfertigung z.B. auch Bohr, K. (1984), S. 7; Große-Oetringhaus, W.F. (1974), S. 275, 291; Mellerowicz, K. (1981), S. 333; Wöhe, G. (1986), S. 407-408.

[95]Vgl. zum Terminus Reihenverkettung Spur, G. (1979b), Sp. 2124.

[96]Vgl. hierzu auch Wild, R. (1980), S. 26, der zwar pauschal von Flexibilität spricht, aus dessen Formulierung sich jedoch herauslesen läßt, daß er auf die strukturbedingte Elastizität abstellt.

[97]Vgl. auch Kieser, A.; Kubicek, H. (1983), S. 279.

die Maschinen eines Fertigungssystems zwar in der Lage sind, die notwendigen Bearbeitungsvorgänge an einem neuen Erzeugnis vollständig auszuführen, das System dieses Erzeugnis jedoch nicht herstellen kann, da die Reihenfolge der Bearbeitungsvorgänge nicht mit der Anordnung der entsprechenden Maschinen korrespondiert.

Die aufgezeigten Beispiele demonstrieren den einleitend angeführten gegenläufigen Zusammenhang zwischen Automatisierung und Elastizität von Produktionssystemen, der unter den dargestellten Bedingungen natürlich weiterhin besteht. Die Zwangsläufigkeit dieser Beziehung wurde jedoch durch neuere Entwicklungen der Produktionstechnik so weitgehend beseitigt, daß unter bestimmten Voraussetzungen die Begriffe flexibel und automatisiert sogar als komplementäre Attribute gelten können[98].

2.1.3.2.2 *Flexible Automatisierung*

Der entscheidende Impuls für die Möglichkeit, auch automatisierte Produktionssysteme aufzubauen, die bezüglich einer oder mehrerer Flexibilitätskomponenten hohe Spielräume aufweisen, ging von der Kombination der mechanischen Bearbeitungstechnik mit informationstechnischen Elementen der elektronischen Datenverarbeitung aus[99].

Weite Handlungsspielräume der betriebsmittelbedingten Elastizitätskomponenten resultieren aus dem Einsatz der EDV zur Steuerung der Maschinenprozesse, die es in vielen Fällen ermöglicht, auf einer Maschine eine relativ große Spanne unterschiedlicher Erzeugnisse zu fertigen[100] und/oder eine vergleichsweise große Zahl unterschiedlicher Verrichtungen auszuführen[101], wodurch sich Objekt- und/oder Verrichtungsflexibilität im Vergleich zu Systemen der starren Automatisierung erhöhen. Da der Wechsel zwischen unterschiedlichen Produkten oder Verrichtungen lediglich einen geringen Rüstaufwand verursacht[102], ergeben sich – wiederum in Relation zur starren Automatisierung – auch hinsichtlich der Umrüstbarkeit zusätzliche Flexibilitätseffekte.

---

[98]Vgl. zur Beseitigung der Zwangsläufigkeit z.B. auch Dey, G. (1985), S. 276; Staudt, E. (1982), S. 185. Erste Hinweise gibt bereits Grochla, E. (1966), S. 35.

[99]Vgl. Child, J. (1984b), S. 245; Spur, G. (1982), S. 3.

[100]Vgl. Husband, T.M. (1984), S. 197.

[101]Vgl. Henning, K.; Marks, S. (1986), S. 237.

[102]Vgl. Kern, W. (1980b), S. 185.

Die Ursache der strukturbedingten Elastizität eines flexibel automatisierten Produktionssystems höherer Ordnung liegt darin, daß die zum System gehörenden Betriebsmittel entweder überhaupt nicht durch ein mechanisiertes Transportsystem verkettet werden oder eine „flexibel automatisierte Verkettung"[103] erfolgt. Letzteres bedeutet den Einsatz computergesteuerter Fördereinrichtungen, die aufgrund ihrer technischen Eigenschaften eine Automatisierung der zwischen den einzelnen Betriebsmitteln erforderlichen Transportvorgänge erlauben, ohne gleichzeitig die Menge der möglichen Wege, die die herzustellenden Erzeugnisse durch das System nehmen können, in starkem Maße einzuschränken[104].

2.1.4 *Der Begriff flexibel automatisiertes Produktionssystem*

Als Zusammenfassung des bislang Erörterten läßt sich nunmehr angeben, welche begriffskonstituierenden Merkmale ein flexibel automatisiertes Produktionssystem kennzeichnen: Ein Produktionssystem der flexiblen Automatisierung besteht aus einer Menge von Betriebsmitteln, deren aus der Verbindung von Computer- und Bearbeitungstechnik resultierende technische Eigenschaften die automatische Ausführung von Bearbeitungs-, Steuerungs- und Kontrollvorgängen derart ermöglichen, daß zum einen Variationen der vom System ausgebrachten Erzeugnismenge durchführbar sind und zum anderen ein vielseitiges Erzeugnisspektrum mit geringem Umrüstaufwand hergestellt werden kann, sowie aus der Menge der zwischen diesen Betriebsmitteln bestehenden Beziehungen, deren Beschaffenheit bei Systemen höherer Ordnung eine große Durchlauffreizügigkeit der Erzeugnisse durch das System erlaubt.

Allerdings besteht bei flexibel automatisierten Produktionssystemen im allgemeinen nicht die Möglichkeit, hinsichtlich *jeder* Flexibilitätskomponente den technisch maximal erreichbaren Handlungsspielraum zu schaffen, da der „Aufbau von Elastizitäten das Problem gegenläufiger Tendenzen"[105] aufwerfen kann. Dies wird beispielsweise durch die in Abschnitt 2.1.2.2.2 erläuterte Beziehung verdeutlicht, daß der Einbau verrichtungsgleicher Maschinen in ein Produktionssystem höherer Ordnung, der ja eine *geringe* Verrichtungselastizität des Systems impliziert, tendenziell zu einer *hohen* strukturbedingten Elastizität führt. Deshalb

---

[103]Zipse, T. (1986), S. 249.

[104]Vgl. auch die ähnliche Argumentation bei Groover, M.P. (1980), S. 4.

[105]Wittmann, W. (1982), S. 240. Vgl. auch Riebel, P. (1954), S. 162.

bedarf es hinsichtlich der einzelnen Flexibilitätskomponenten einer Prioritätensetzung, d.h., es ist festzulegen, welche der Komponenten primär angestrebt werden[106].

Den Ausgangspunkt einer Analyse muß dabei die Überlegung bilden, hinsichtlich welcher Flexibilitätskomponenten die Bedingungen des vom analysierenden Unternehmen bedienten Absatzmarkts besondere Anstrengungen erfordern. Die im folgenden erörterten, häufig zu beobachtenden Entwicklungstendenzen dieser Absatzmarktbedingungen stellen nach der in der Literatur zur flexiblen Automatisierung vorherrschenden Meinung die primären Beweggründe für die Einführung entsprechender Produktionssysteme dar.

2.2 Motive für den Einsatz flexibel automatisierter Produktionssysteme

2.2.1 Änderung von Absatzmarktbedingungen

Bei der Darstellung der für die Einführung flexibel automatisierter Produktionssysteme maßgeblichen Gründe gehen die Autoren, die sich mit dieser Thematik beschäftigen, davon aus, daß die Absatzmarktsituation vieler Unternehmen zunehmend durch veränderte „Konstellationen von Ausprägungen problemrelevanter Umweltfaktoren"[107] gekennzeichnet ist. Auflistungen der Veränderungen, die für die davon betroffenen Unternehmen das Problem aufwerfen, mit welchen Maßnahmen zur Sicherung oder sogar Verbesserung ihrer Marktposition sie darauf reagieren sollen, finden sich in großer Zahl in den entsprechenden Publikationen. Allerdings beschränken sich diese zumeist auf eine Aneinanderreihung von Schlagworten, weshalb im folgenden die Entwicklungstendenzen der relevanten Umweltfaktoren ausführlicher diskutiert werden. Dabei kann es sich jedoch aufgrund fehlender empirisch fundierter Belege nur um das Aufzeigen grober Entwicklungslinien, nicht um eine exakte Situationsanalyse handeln. Zudem gilt es zu berücksichtigen, daß nicht alle dargestellten Tendenzen auf allen Märkten bzw. Marktsegmenten beobachtbar sein müssen.

Eine Variation der Absatzmarktsituation stellt die für „nahezu alle Branchen"[108] feststellbare *Verkürzung der Lebensdauer der Produkte* dar, die wiederum aus

---

[106]Vgl. Gerwin, D. (1982), S. 114; Gerwin, D.; Leung, T.K. (1980), S. 244.

[107]Saliger, E. (1981), S. 6.

[108]Zipse, T. (1986), S. 249. Vgl. auch die ähnliche, allerdings ebenfalls nicht belegte und deshalb mit Vorsicht zu betrachtende Argumentation bei Goldhar, J.D.; Jelinek, M. (1985), S. 103.

deren frühzeitiger Substitution durch neue, technologisch verbesserte Erzeugnisse resultiert[109]. Diese Entwicklung zwingt die betroffenen Unternehmen, die zur Deckung der durch die Produkte verursachten Auszahlungen notwendigen Einzahlungen während einer kürzeren Zeitspanne zu verdienen[110]. Neben einer im Vergleich zur Situation *vor* der Lebenszyklusverkürzung deutlichen Steigerung der Absatzmengen in den einzelnen Perioden, die sich häufig aufgrund von Marktsättigungstendenzen[111] nicht realisieren läßt, besteht eine weitere Möglichkeit, trotz der kürzeren Zeitspanne die notwendigen Produkteinzahlungen zu erreichen, in einer Verkaufspreiserhöhung. Deren Durchsetzbarkeit am Markt hängt jedoch davon ab, ob es den betroffenen Unternehmen gelingt, auf die Präferenzen potentieller Käufer ihrer Produkte einzugehen, da bei mangelnder Berücksichtigung der Kundenpräferenzen die Gefahr besteht, daß bisherige Abnehmer aufgrund der Preiserhöhung zu den Konkurrenten abwandern[112]. Dies gilt um so mehr, als auch eine „verminderte Kundenloyalität"[113], also eine *geringere Bindung der Nachfrager* an das jeweilige Unternehmen, zu den veränderten Absatzmarktfaktoren gerechnet wird.

Um dem zuletzt genannten Effekt entgegenzuwirken, bedarf es somit des Angebots von Produkten, die den Präferenzen der Kunden entsprechen und die Nachfrager deshalb durch das von Gutenberg so genannte „akquisitorische Potential"[114] wieder stärker an das Unternehmen binden. Die hierbei zu berücksichtigenden Präferenzen stellen weitere relevante Umweltfaktoren dar.

Von Bedeutung ist hier zunächst die zunehmende Ablehnung standardisierter Produkte durch die Kunden. Deren Wunsch, „individuellere" Güter zu besitzen[115], also Produkte zu erwerben, die sich hinsichtlich möglichst vieler Eigenschaften von für den identischen Verwendungszweck geeigneten Produkten unterscheiden, induziert eine *wachsende Variantenzahl* im Produktionsprogramm eines jeden betroffenen Unternehmens[116]. Mißt man die Relevanz der einzelnen

---

[109]Vgl. McDougall, G.H.G.; Noori, H.A. (1986), S. 199.

[110]Vgl. zur Andeutung dieses Aspekts Bühner, R. (1985a), S. 433.

[111]Vgl. Stützle, G. (1987), S. 1 und die dort angeführte Literatur.

[112]Vgl. zu diesem Zusammenhang auch Kaluza, B. (1984), S. 287.

[113]Bühner, R. (1985c), S. 263; Bühner, R. (1986g), S. 1.

[114]Gutenberg, E. (1984), S. 243.

[115]Vgl. z.B. Kahl, H.P. (1987), S. 101.

[116]Vgl. Ahlmann, H.J. (1980), S. 641; Goldhar, J.D.; Jelinek, M. (1985), S. 103; Gustavsson, S.O. (1984), S. 801; Siebenborn, H. (1984), S. 128; Zander, E. (1986),

Umweltfaktoren an der Häufigkeit ihrer Nennung in den analysierten Publikationen, ist die zunehmende Variantenvielfalt als der wichtigste Faktor anzusehen.

Auf deren Wichtigkeit deutet auch eine empirische Untersuchung hin, nach deren Ergebnissen 66% der dort befragten Unternehmen eine Erhöhung der Zahl zu produzierender Varianten ihrer Produkte erwarten[117]. In einzelnen Branchen liegen die Anteile der sich als von dieser Entwicklung betroffen einschätzenden Unternehmen an der Gesamtzahl der Befragten zum Teil sogar noch höher, wie Abb. 1 zeigt.

Abb. 1: Anteil der Unternehmen einzelner Branchen mit erwartetem Anstieg der Zahl von Produktvarianten[118]

Branche	Anteil
Fahrzeugbau	85%
Maschinenbau	71%
Feinmechanik, Optik, Uhren	69%
Elektrotechnik	60%

Daneben erhöhen sich auch die Anforderungen, die die Kunden an die *Produktqualität* stellen[119]. Selbst wenn die Erzeugnisse eines bestimmten Unternehmens die von den Abnehmern gewünschten Eigenschaften aufweisen, kann die Ausprägung eines weiteren Umweltfaktors, nämlich die vergleichsweise *kurzen Lieferzeiten*, die potentielle Kunden nur noch in Kauf zu nehmen bereit sind[120], dennoch den Absatz dieser Produkte beschränken.

Entsprechen jedoch Produkteigenschaften und Lieferzeit den Kundenpräferenzen, ist damit lediglich die Erfüllung einer notwendigen, keineswegs aber einer hinreichenden Bedingung für die Durchsetzung der eingangs erläuterten

---

S. 291.

[117]Vgl. Aachener Werkzeugmaschinen-Kolloquium (1987), S. 45. Die dort vorzufindende Information über die der Untersuchung zugrundeliegende Stichprobe beschränkt sich allerdings auf die Feststellung, daß eine Befragung von „mehr als 300 Unternehmen" erfolgte.

[118]Quelle: Aachener Werkzeugmaschinen-Kolloquium (1987), S. 45.

[119]Vgl. Goldhar, J.D.; Jelinek, M. (1985), S. 103.

[120]Vgl. Steinhilper, R.; Kazmaier, H. (1985), S. 583; Zipse, T. (1986), S. 249.

angestrebten Preiserhöhung gesichert, denn auf den Absatzmärkten vieler Unternehmen steigt die *Wettbewerbsintensität*[121], was über den verstärkten Einsatz des absatzpolitischen Instruments Preispolitik zu einem wachsenden „Preisdruck"[122] und damit in der Tendenz zu einem Absinken des Verkaufspreisniveaus führt.

2.2.2 Produktionspolitische Implikationen der veränderten Absatzmarktbedingungen

Aus den veränderten Absatzmarktkonstellationen resultieren vielfältige Anforderungen, die der Fertigungsbereich eines Unternehmens erfüllen muß, damit sich die Wettbewerbssituation dieses Unternehmens unter den neuen Bedingungen nicht verschlechtert. Einige der ausgewerteten Publikationen beinhalten stichpunktartige Aufstellungen dieser im folgenden ausführlicher behandelten Anforderungen[123], verzichten jedoch auf eine Darstellung der Zusammenhänge.

Eine wesentliche Implikation, die Verringerung der Seriengrößen in der Produktion, stellen einige Autoren[124] als originären Umweltfaktor dar, obwohl sie Ausfluß der wachsenden Zahl von Produktvarianten ist: Diese führt nämlich unter der Prämisse gleichbleibender Periodenherstellungsmengen eines bestimmten Produkts in einem Fertigungssystem zu einer Verringerung der Seriengrößen[125], wenn die Herstellung jeder Produktvariante in einer eigenen Serie erfolgt, da sich in diesem Fall die gesamte auszubringende Menge des Produkts auf eine größere Zahl verschiedener Serien verteilt.

Aufgrund dieses Trends zur Fertigung kleinerer Serien bedarf es der Meinung verschiedener Verfasser zufolge einer erhöhten Flexibilität von Produktionssystemen[126]. Diese pauschale Aussage, die zunächst der Präzisierung durch den Hinweis bedarf, daß die angegebenen Quellen implizit auf die qualitative Elastizität abstellen, ist allerdings etwas differenzierter zu betrachten: Ein Zwang

---

[121]Vgl. z.B. Eidenmüller, B. (1984), S. 513; Kahl, H.P. (1987), S. 101.

[122]Burdach, J. (1985), S. 201; Eidenmüller, B. (1984), S. 513.

[123]Vgl. Ausschuß für Wirtschaftliche Fertigung (1984), S. 1; Kahl, H.P. (1987), S. 102; Shah, R. (1985), S. 639.

[124]Vgl. z.B. Bullinger, H.J.; Traut, L. (1986), S. 4; Martin, T. (1985), S. 14; Schulz, H.; Arnold, W. (1983), S. 61.

[125]Vgl. z.B. auch Elbracht, D. (1985), S. 331; Eversheim, W.; Schaefer, F.W. (1980), S. 229; Kaluza, B. (1984), S. 287; Schünemann, T.M.; Lehnen, H. (1983), S. 501.

[126]Vgl. z.B. Herrmann, P. (1983), S. 267; ISI; IAB; IWF (1982), S. 441; Waller, S. (1987), S. 251.

zur Erhöhung dieser Flexibilitätskomponente besteht allenfalls dann, wenn zur Herstellung sowohl der neuen als auch der bereits bestehenden Produktvarianten dasselbe Produktionssystem dient, nicht jedoch, wenn eigens ein neues Produktionssystem installiert wird.

Beruht allerdings die Differenzierung einzelner Produktvarianten lediglich auf Änderungen, die von den Nachfragern subjektiv als Variationen der Produkteigenschaften[127] angesehen werden, jedoch keine Veränderung der *technischen* Eigenschaften[128] der Produkte und damit des Herstellungsprozesses erfordern, bedarf es auch im zuerst genannten Fall keiner höheren qualitativen Elastizität der im Bearbeitungsprozeß eingesetzten Betriebsmittel. Diese Situation dürfte jedoch nur selten bestehen. In der Mehrzahl der Fälle muß wohl zumindest die Erzeugnisflexibilität ausgeweitet werden.

Erfordert die Herstellung einer neuen Produktvariante vorher nicht benötigte (und nicht durchführbare) Bearbeitungsvorgänge, ist zusätzlich die Verrichtungsflexibilität des herstellenden Produktionssystems zu erhöhen. Um den Aufwand für die zwischen den verschiedenen Bearbeitungsvorgängen bzw. zwischen den Herstellungsprozessen verschiedener Objekte notwendigen Rüstvorgänge möglichst gering zu halten, liegt schließlich auch die Erhöhung der Umrüstflexibilität nahe.

Parallel dazu besteht auch Bedarf, die Umbauflexibilität zu vergrößern. Aufgrund der kürzeren Produktlebensdauern verkürzen sich die Zeiträume zwischen den Einführungsterminen neuer Produkte[129]. Um zu vermeiden, daß durch die Installierung neuer Fertigungssysteme zu jedem Produkteinführungstermin häufig hohe Investitionsauszahlungen anfallen, sind viele Unternehmen bestrebt, ihre Produktionssysteme derart zu gestalten, daß ein hoher Anteil der Systemelemente auch *nach* dem Ersatz des bisher mit dem entsprechenden System hergestellten Produkts weiterverwendet werden kann[130].

---

[127]Vgl. zur Produktdifferenzierung durch Veränderungen der Produkteigenschaften Brockhoff, K. (1981), S. 165.

[128]Vgl. zur Abgrenzung der hier als technische Eigenschaften bezeichneten objektiven von den durch die Kunden subjektiv empfundenen Produktmerkmalen Brockhoff, K. (1981), S. 16.

[129]Vgl. Ledergerber, A. (1980), S. 18.

[130]Vgl. Kaluza, B. (1984), S. 288; McDougall, G.H.G.; Noori, H.A. (1986), S. 199; Schünemann, T.M.; Lehnen, H. (1983), S. 501; Wildemann, H. (1984), S. 8.

Aus dem Wunsch der Nachfrager nach Produkten hoher Qualität folgt neben der Notwendigkeit, die zu deren Herstellung erforderlichen Bearbeitungsvorgänge mit großer Präzision auszuführen, auch das Bestreben, hinsichtlich der Materialflexibilität einen hohen Handlungsspielraum aufzubauen, um auch bei Schwankungen der Qualität des eingesetzten Materials einen hohen Qualitätsstandard der eigenen Produkte halten zu können.

Schließlich bleibt hinsichtlich der Kundenpräferenzen noch zu klären, welche Implikationen die Verkürzung der akzeptierten Lieferzeiten verursacht. Wie bereits bei der Erörterung der strukturbedingten Flexibilität eines Fertigungssystems angedeutet wurde, ist hierbei die im System vorhandene Durchlauffreizügigkeit zwar von großer, nicht jedoch von ausschließlicher Relevanz: Die – die Lieferzeit in wesentlichem Umfang determinierende[131] – Durchlaufzeit eines Erzeugnisses durch ein Fertigungssystem bestimmt sich zwar hauptsächlich, jedoch nicht nur durch die Zeit, die mit Hilfe der Durchlauffreizügigkeit minimiert werden soll, also die Zeit, die das Erzeugnis vor temporär nicht verfügbaren Maschinen auf seine Bearbeitung warten muß. Vielmehr tragen auch Zeiten für die Bearbeitung selbst sowie für die Durchführung von Transporten und Kontrollen zur Gesamtsumme der Durchlaufzeit bei[132], weshalb Überlegungen hinsichtlich deren Verringerung ebenfalls Gegenstand der Analyse veränderter Anforderungen an die Produktion sein sollten[133].

Sind Erzeugnisse zusätzlich zu der für eine bestimmte Periode geplanten Produktionsmenge herzustellen, wird also eine Ausweitung der Outputmenge der diese Erzeugnisse produzierenden Fertigungssysteme erforderlich, setzt die Einhaltung kurzer Lieferzeiten neben der Realisierung kurzer Durchlaufzeiten auch das Vorhandensein einer hohen quantitativen Elastizität dieser Produktionssysteme voraus[134].

Die eben angestellten Überlegungen zeigen, daß Unternehmen, deren Kunden einem Präferenzwandel unterliegen, wie er in Abschnitt 2.2.1 beschrieben wurde,

---

[131]Vgl. hierzu z.B. Burbidge, J.L. (1971b), S. 252; Hyer, N.L.; Wemmerlöv, U. (1984), S. 143; Williamson, D.T.N. (1981), S. 72.

[132]Vgl. zu den Bestimmungsfaktoren der Durchlaufzeit Blohm, H. et al. (1987), S. 263; Zäpfel, G. (1982), S. 222-223.

[133]Vgl. hierzu auch Tress, D.W. (1987), S. 441, 442, der die Durchlaufzeit sogar als einen der wichtigsten aller Faktoren ansieht, die die Wettbewerbssituation eines Unternehmens beeinflussen.

[134]Vgl. hierzu z.B. Bühner, R. (1985d), S. 34; Gerwin, D. (1985), S. 445.

unter den dargestellten Einschränkungen tatsächlich vor der Notwendigkeit stehen, auf diesen Präferenzwandel mit einer Erhöhung der einzelnen Flexibilitätskomponenten der für die betroffenen Absatzmärkte produzierenden Fertigungssysteme zu reagieren, daß sie aber auch zusätzliche Maßnahmen zur Erreichung einer hohen Produktqualität sowie kurzer Durchlaufzeiten ergreifen müssen. Zudem sind aufgrund des gewachsenen Preisdrucks Überlegungen anzustellen, auf welche Weise die für Erzeugung und Vertrieb der herzustellenden Produkte insgesamt anfallenden Kosten verringert werden können[135]. Es bedarf somit auch der Planung, welche Maßnahmen die Realisierung der Minimierungsvariante des ökonomischen Prinzips[136] im Produktionsbereich ermöglichen.

Produktionssysteme, die Erzeugnisse für die den aufgezeigten Variationen unterliegenden Absatzmärkte herstellen, sollten also nicht nur den in diesem Abschnitt bereits dargestellten Anforderungen genügen, sondern auch so beschaffen sein, daß in ihnen einerseits kostengünstig produzierende Betriebsmittel Verwendung finden und daß sie andererseits durch eine ebenfalls nur vergleichsweise geringe Kosten verursachende fertigungsorganisatorische Struktur verbunden sind[137]. Speziell in bezug auf den zuletzt genannten Problemkreis bestehen in vielen Unternehmen noch umfangreiche ungenutzte Potentiale[138], was im folgenden Abschnitt 2.2.3 näher ausgeführt wird. Zuvor bedarf es jedoch aus Gründen der terminologischen Klarheit der im folgenden Exkurs vorgenommenen Spezifizierung des Kostenbegriffs.

Exkurs: Zur Definition des verwendeten Kostenbegriffs

Die vorliegende Arbeit verwendet den „Kostenbegriff der entscheidungsorientierten Kostenrechnung"[139], d.h., Kosten stellen die monetären Nachteile dar, die aus der Entscheidung zugunsten der Realisierung einer Handlungsmöglichkeit im Vergleich zu deren Unterlassung[140] resultieren[141]. Diese Kosten gehen ein in

---

[135]Vgl. zur Wichtigkeit der gleichzeitigen Beachtung dieser Aspekte Tress, D.W. (1986), S. 181; Wheelwright, S.C. (1984), S. 81.

[136]Vgl. hierzu Bohr, K. (1981), Sp. 1795-1797.

[137]Vgl. prinzipiell zum Zusammenhang zwischen den angeführten Maßnahmen und dem ökonomischen Prinzip Bohr, K. (1981), Sp. 1798, 1801.

[138]Vgl. Burkhardt, M. (1984), S. 11.

[139]Bohr, K.; Schwab, H. (1984), S. 141.

[140]Vgl. Bohr, K. (1985), S. 77; Hummel, S.; Männel, W. (1986), S. 116.

[141]Vgl. Bohr, K.; Schwab, H. (1984), S. 141.

als Hilfsmittel der Entscheidungsfindung dienende Modelle, also sprachliche Abbildungen der Realität[142], deren Sprache verbaler oder zahlenmäßiger Art sein kann und die die Realität in vereinfachter Form wiedergeben[143].

Aus theoretischer Sicht bestünde die Möglichkeit, ein Modell zu erstellen, das den Zeitraum „bis zum Ende der unternehmerischen Tätigkeit"[144] und die gesamte Menge der „sachlichen Aspekte einer Entscheidungssituation"[145] umfaßt; die Bildung eines solchen Totalmodells scheitert jedoch an dessen fehlender Praktikabilität. Deshalb müssen Entscheidungen auf der Basis sogenannter Partialmodelle getroffen werden, die sowohl in zeitlicher Hinsicht (durch die Beschränkung auf den Planungszeitraum) als auch in sachlicher Hinsicht (durch die Beschränkung auf einen Teilbereich der sachlichen Aspekte) lediglich Ausschnitte eines – ideellen – Totalmodells darstellen[146].

Um die im Hinblick auf das (nicht mit der Zielfunktion des Partialmodells übereinstimmende und dieser übergeordnete) Gesamtziel des Unternehmens optimale Handlungsmöglichkeit zu ermitteln, muß das Modell zwei Arten von Konsequenzen der einzelnen Handlungsmöglichkeiten berücksichtigen[147]: die *unmittelbar* aus den im Partialmodell erfaßten Handlungsmöglichkeiten resultierenden und die *mittelbaren* Folgen, die aus den Interdependenzen zwischen den im Modell erfaßten Handlungsmöglichkeiten und den nicht berücksichtigten Handlungsmöglichkeiten aus dem Umfeld[148] des Modells resultieren[149]. Die unmittelbaren Konsequenzen finden im Modell durch die von den einzelnen erfaßten Handlungsmöglichkeiten jeweils unmittelbar ausgelösten Zahlungen Berücksichtigung, die mittelbaren Folgen durch Opportunitätskosten, die die aufgrund der Nichtrealisation der besten Handlungsmöglichkeit des Modellumfelds entstehende Erfolgsänderung bewerten[150]. Aus der additiven Verknüpfung dieser Opportunitätskosten mit den unmittelbar ausgelösten Auszahlungen ergeben sich

---

[142]Vgl. zu dieser Definition Schwab, H. (1978), S. 9.

[143]Vgl. zu letzterem Eichhorn, W. (1972), S. 283 und die dort angeführte Literatur.

[144]Bohr, K. (1985), S. 67.

[145]Saliger, E. (1981), S. 6.

[146]Vgl. hierzu insbesondere Bohr, K. (1985), S. 67-68.

[147]Vgl. Bohr, K. (1985), S. 68; Hax, H. (1967), S. 751.

[148]Vgl. zur Terminologie Bohr, K.; Schwab, H. (1984), S. 144.

[149]Vgl. zu den mittelbaren Konsequenzen im einzelnen Bohr, K. (1985), S. 68; Bohr, K.; Schwab, H. (1984), S. 143.

[150]Vgl. Hax, H. (1967), S. 751, 754.

die Kosten der Entscheidung zugunsten einer Handlungsmöglichkeit[151].

Entgegen der üblichen Terminologie, die den Begriff Kosten lediglich im Zusammenhang mit kurzfristigen Entscheidungen gebraucht[152], findet dieser Terminus im Rahmen der vorliegenden Arbeit somit für alle, also auch die erst langfristig anfallenden Konsequenzen Verwendung.

2.2.3 Unzureichende Eignung konventioneller Produktionssysteme vor dem Hintergrund produktionspolitischer Implikationen

Wie in den vorhergegangenen Abschnitten bereits anklang, geht diese Arbeit von der Annahme aus, daß die meisten von den veränderten Absatzmarktbedingungen betroffenen Unternehmen ihre Erzeugnisse in (kleiner werdenden) Serien fertigen. Konventionelle Produktionssysteme für eine derartige Fertigung kleinerer Serien stellen Systeme der sogenannten Werkstattfertigung[153] dar, die durch Anwendung des Organisationsprinzips der Verrichtungszentralisation entstehen[154]. Jedes der Werkstätten genannten Produktionssysteme führt somit einen bestimmten, nach der Verrichtungsart abgegrenzten Teil der gesamten Menge durchzuführender Verrichtungen aus[155] [156] und wird auch der ihm zugeordneten Funktion entsprechend bezeichnet (z.B. Dreherei, Bohrerei etc.)[157].

Als wesentlichen Vorteil der Werkstattfertigung gegenüber anderen fertigungsorganisatorischen Formen nennen zahlreiche Autoren pauschal deren hohe Flexibilität[158], die jedoch nicht generell auf diese spezifische Struktur der Fertigungsorganisation zurückzuführen, sondern zum großen Teil als betriebsmittelbedingt

---

[151]Vgl. Bohr, K. (1985), S. 77; Bohr, K.; Schwab, H. (1984), S. 148, 156-157. Riebel verzichtet dagegen auf die Einbeziehung der Opportunitätskosten in den Begriff der entscheidungsorientierten Kosten. Vgl. z.B. Riebel, P. (1985), S. 409, 411-413.

[152]Vgl. Bohr, K. (1985), S. 76.

[153]Vgl. z.B. Bühner, R. (1987a), S. 182; Burbidge, J.L. (1982), S. 340; Meredith, J. (1987), S. 253; Ross, M.H. (1981), S. 29-30.

[154]Vgl. z.B. Grochla, E. (1972), S. 60; Kosiol, E. (1976), S. 84; Mellerowicz, K. (1981), S. 335.

[155]Vgl. Mintzberg, H. (1979), S. 115.

[156]Die strikte Einhaltung dieses Organisationsprinzips ist bei konkreten Anwendungen nicht immer möglich, da praktische Erfordernisse häufig die ergänzende Zuordnung zusätzliche Verrichtungen ausführender Betriebsmittel bedingen. Vgl. hierzu insbesondere Mellerowicz, K. (1981), S. 356-357.

[157]Vgl. Bohr, K. (1984), S. 7.

[158]Vgl. z.B. Burkhardt, M. (1984), S. 26; Heinz, K.; Klaas, K.J. (1985), S. 31; Krüger, W. (1984), S. 129.

anzusehen ist[159]. Die Ursache für die vergleichsweise hohe betriebsmittelbedingte Elastizität liegt darin, daß in Produktionssystemen der Werkstattfertigung üblicherweise Universalmaschinen die Bearbeitungsvorgänge ausführen[160], also solche Maschinen, die „sämtliche Arbeiten einer bestimmten Arbeitsart"[161] an unterschiedlichen Produkten durchführen können[162]. Universalmaschinen zeichnen sich somit durch hohe Erzeugnisflexibilität aus, während ihre Verrichtungsflexibilität im allgemeinen enger begrenzt ist, da ihre technische Ausgestaltung eben lediglich die Durchführung der verschiedenen Varianten *einer* Basisverrichtung, also z.B. der Varianten des Drehens, erlaubt[163].

Aufgrund des geringen Rüstaufwands bei Veränderungen gegenwärtiger Produktionsaufgaben[164] verfügen Universalmaschinen und damit die daraus gebildeten Werkstätten auch über ein hohes Maß an Umrüstflexibilität. Da zudem hinsichtlich der quantitativen Flexibilität große Handlungsspielräume bestehen[165], sind Produktionssysteme der Werkstattfertigung trotz der nur begrenzt gegebenen Umbauflexiblität insgesamt mit einer vergleichsweise hohen betriebsmittelbedingten Flexibilität ausgestattet[166].

Neben den eingesetzten Betriebsmitteln bedingt jedoch auch die spezifische Struktur der Fertigungsorganisation einen Teil der in diesen Produktionssystemen vorhandenen Elastizität: Wie in Abschnitt 2.1.2.2.2 bereits erläutert, bewirkt die Verrichtungszentralisation im allgemeinen ein großes Ausmaß an Durchlauffreizügigkeit.

Dennoch sind lange Durchlaufzeiten der Erzeugnisse typisch für die Werkstatt-

---

[159]Vgl. zu identischen Überlegungen Bleicher, K. (1981), S. 168; Groover, M.P. (1980), S. 21; von Kortzfleisch, G. (1986), S. 170; Wöhe, G. (1986), S. 411.

[160]Vgl. zur Üblichkeit des Einsatzes von Universalmaschinen in Systemen der Werkstattfertigung z.B. Fine, C.H.; Hax, A.C. (1985), S. 33; Jorissen, H.D.; Kämpfer, S.; Schulte, H.J. (1986), S. 77; Starr, M.K. (1972), S. 224; Strebel, H. (1984), S. 159.

[161]Gutenberg, E. (1983), S. 81. Der Begriff Arbeiten dient hier als Synonym für Verrichtungen.

[162]Vgl. zur Charakterisierung von Universalmaschinen Gutenberg, E. (1983), S. 81.

[163]Vgl. Gutenberg, E. (1983), S. 82; Mellerowicz, K. (1981), S. 358.

[164]Vgl. hierzu Gerwin, D. (1982), S. 108; Mellerowicz, K. (1981), S. 361.

[165]Vgl. Bloech, J.; Lücke, W. (1982), S. 13; Gutenberg, E. (1983), S. 98; Kreikebaum, H. (1979), Sp. 1396; Mellerowicz, K. (1981), S. 362; Pilipp, R. (1973), S. 633.

[166]Hinsichtlich der Komponente Materialflexibilität konnten der ausgewerteten Literatur keine Angaben entnommen werden.

fertigung[167]. Die Ursache hierfür liegt darin, daß während der Herstellungsprozesse der Erzeugnisse in der Regel die Ausführung mehrerer Verrichtungsarten erforderlich ist, was aufgrund der geringen Verrichtungsflexibilität der einzelnen Fertigungssysteme die Notwendigkeit der Bearbeitung in mehreren Werkstätten induziert. Diese Konstellation führt zu einer hohen Zahl erforderlicher Transporte auf zumeist aufgrund der großen räumlichen Entfernung zwischen den einzelnen Werkstätten langen, in manchen Fällen sogar mehrfach zurückzulegenden[168] Wegen[169]. Da sich die Transportwege diverser Erzeugnisse zudem häufig überschneiden, kommt es oft zu Situationen, in denen eine so große Zahl verschiedener Produkte gleichzeitig in einer Werkstatt bearbeitet werden müßte, daß trotz der hohen werkstattinternen Durchlauffreizügigkeit Wartezeiten entstehen[170], wodurch sich die Durchlaufzeiten verlängern.

Zusätzlich trägt die beschriebene Komplexität des Produktionsablaufs, die sich durch die erwähnte Verringerung der Seriengrößen noch verstärkt[171], auch auf indirekte Weise zu langen Durchlaufzeiten bei: Die geringe Übersichtlichkeit[172] induziert eine „Verstärkung der belegmäßigen Kontrolle"[173]. Da die hiermit angesprochenen erzeugnisbegleitenden Belege häufig nicht direkt zwischen den einzelnen Werkstätten ausgetauscht werden, sondern einen Umweg über eine zentrale, mit der Planung und Steuerung des Fertigungsablaufs beauftragte Organisationseinheit nehmen, in der oft erst zu entscheiden ist, welche Werkstatt die herzustellenden Erzeugnisse als nächste bearbeitet, beansprucht der erzeugnisbezogene Informationsfluß oftmals mehr Zeit als die Bearbeitungs- und Transportvorgänge selbst[174]. Dieses „Mehr" an Zeit entspricht einer zusätzlichen Durch-

---

[167]Vgl. z.B. Brödner, P. (1984), S. 34; Chakravarty, A.K. (1987), S. 1346; Wild, R. (1984), S. 124.

[168]Vgl. Groover, M.P. (1980), S. 539; Hahn, D.; Laßmann, G. (1986), S. 40; Wittmann, W. (1982), S. 186; Wöhe, G. (1986), S. 410.

[169]Vgl. z.B. Burbidge, J.L. (1973a), S. 323; Grochla, E. (1972), S. 60; von Kortzfleisch, G. (1986), S. 168, 170; Kreikebaum, H. (1979), Sp. 1396. Vgl. auch die prinzipiellen Erläuterungen zum Zusammenhang von Verrichtungselastizität und Transportwegen in Abschnitt 2.1.2.2.1.2.1.

[170]Vgl. Große-Oetringhaus, W.F. (1974), S. 279.

[171]Vgl. Hachtel, G.; Fuchs, R.M. (1987), S. 159.

[172]Vgl. hierzu z.B. Czeranowsky, G. (1975), S. 203; Wöhe, G. (1986), S. 410.

[173]Mellerowicz, K. (1981), S. 363. Vgl. auch Magee, J.F.; Copacino, W.C.; Rosenfield, D.B. (1985), S. 145.

[174]Vgl. Ross, M.H. (1981), S. 31; Schnörr, R. (1987), S. 319.

laufzeitverlängerung aufgrund der schwierigen Planung und Steuerung[175] des Produktionsablaufs.

Im Gegensatz zu den anzustrebenden kurzen Durchlaufzeiten lassen sich einige andere der notwendigen fertigungspolitischen Maßnahmen in Systemen der Werkstattfertigung aufgrund der vorhandenen Systemflexibilität prinzipiell realisieren; exemplarisch sei hier der Aufbau eines variantenreicheren Produktionsprogramms genannt. Allerdings wird diese Flexibilität durch hohe Kosten erkauft[176], die aus der Entscheidung für den Aufbau einer Werkstattfertigung resultieren.

Dazu zählen im Hinblick auf die Betriebsmittel zunächst die Auszahlungen für deren Anschaffung, die bei hoher qualitativer Elastizität diejenigen für Betriebsmittel mit niedriger qualitativer Elastizität übersteigen[177]. Aber auch aus dem Betrieb der Maschinen resultieren vergleichsweise hohe Kosten, da die maschinenabhängigen Auszahlungen pro Erzeugniseinheit aufgrund des bei Universalmaschinen höheren Verbrauchs an Rohstoffen und Energieträgern diejenigen von Betriebsmitteln mit geringerer qualitativer Elastizität im allgemeinen übersteigen[178].

Aus der fertigungsorganisatorischen Struktur ergeben sich im wesentlichen zwei große Kostenblöcke: Zum einen verursachen die häufigen Transporte der herzustellenden Erzeugnisse auf den langen Transportwegen hohe Auszahlungen[179], zum anderen fallen aufgrund der erörterten langen Durchlaufzeiten häufig Opportunitätskosten an: Lange Durchlaufzeiten wirken sich in vielen Fällen auch auf die Zahlungsreihen des betrachteten Unternehmens aus, da die Einzahlungen für die Produkte später anfallen als bei Existenz einer fertigungsorganisatorischen Struktur mit kurzen Durchlaufzeiten und somit auch erst später für alternative Verwendungen wie etwa zinsbringende Anlagen zur Verfügung stehen. Dem Unternehmen entgehen somit durch die Entscheidung für eine Werk-

---

[175] Vgl. zur Komplexität dieser Aufgabe auch Kilger, W. (1986), S. 82; Krycha, K.T. (1978), S. 24.

[176] Vgl. prinzipiell zur Polarität von hoher Flexibilität und niedrigen Kosten Altrogge, G. (1979), Sp. 606; Buffa, E.S. (1980), S. 4; Fine, C.H.; Hax, A.C. (1985), S. 32-33; Fröhner, K.D. (1986), S. 47; Gutenberg, E. (1983), S. 83.

[177] Vgl. Stützle, G. (1987), S. 108.

[178] Vgl. Gutenberg, E. (1983), S. 83; Kern, W. (1980b), S. 180; Reichwald, R.; Behrbohm, P. (1983), S. 833-834.

[179] Vgl. z.B. Czeranowsky, G. (1975), S. 202; Kern, W. (1980b), S. 90; Krüger, W. (1984), S. 128; Wild, R. (1984), S. 124.

stattstruktur Einzahlungen, z.B. in Form von Zinsen, die als – in der Literatur mit dem Begriff Kapitalbindungskosten belegte[180] – Opportunitätskosten zu betrachten sind.

Als Ergebnis bleibt somit festzuhalten, daß die konventionellen Produktionssysteme einer Werkstattfertigung nicht in der Lage sind, allen aufgrund veränderter Absatzmarktbedingungen entstehenden fertigungspolitischen Implikationen in angemessener Weise zu entsprechen. Bestünden diese Implikationen lediglich in der Notwendigkeit, bezüglich vieler Elastizitätskomponenten große Handlungsspielräume aufzubauen, wäre die Werkstattfertigung durchaus eine adäquate Form der Fertigungsorganisation[181]. Da aber aufgrund der Notwendigkeit, Kostensenkungspotentiale zu erschließen, die durch eine hohe Systemflexibilität verursachten hohen Kosten nicht akzeptabel sind[182] und zudem die langen Durchlaufzeiten die Realisierung kurzer Lieferzeiten nicht erlauben, sehen sich viele von den Absatzmarktvariationen betroffene Unternehmen gezwungen, auf konventionelle Produktionssysteme zu verzichten und eine Alternative hierzu zu suchen.

Als solche Alternative wird der Einsatz von Produktionssystemen der flexiblen Automatisierung gesehen[183]. Um die Berechtigung dieser Meinung zu beurteilen, muß zunächst der bislang lediglich allgemein definierte Begriff flexibel automatisiertes Produktionssystem durch die Analyse der konkreten Ausgestaltungsmöglichkeiten derartiger Systeme genauer spezifiziert werden.

2.3 Ausgestaltung flexibel automatisierter Produktionssysteme

Den Ausgangspunkt der Entwicklung von Produktionssystemen der flexiblen Automatisierung bilden elementare Produktionssysteme, deren Konstruktion, wie in Abschnitt 2.1.3.2.2 bereits angedeutet, auf der Kombination von Bearbeitungs- und Computertechnik basiert. Für diese Systeme ist die Bezeichnung numerisch gesteuerte Bearbeitungsmaschinen üblich geworden.

---

[180]Vgl. z.B. Czeranowsky, G. (1975), S. 202; Hinterhuber, H.H.; Pilipp, R. (1976), Sp. 4403; Krycha, K.T. (1978), S. 24; Warnecke, H.J. (1984a), S. 448.

[181]Vgl. hierzu auch Bohr, K. (1984), S. 10; Hinterhuber, H.H. (1974), Sp. 1505.

[182]Vgl. prinzipiell zur Notwendigkeit, bei Flexibilitätsüberlegungen Kostenaspekte mit zu berücksichtigen, Eversheim W.; Schaefer, F.W. (1980), S. 229, 235; Hanssmann, F. (1987), S. 234; Reichwald, R.; Behrbohm, P. (1983), S. 840; Talaysum, A.T.; Hassan, M.Z.; Goldhar, J.D. (1987), S. 90-91.

[183]Vgl. z.B. Bühner, R. (1987a), S. 211; Kleinaltenkamp, M. (1987), S. 43; Liebe, B. (1983), S. 6; Warnecke, H.J. (1985a), S. 269.

2.3.1 *Elementare Produktionssysteme der flexiblen Automatisierung*

Bei numerisch gesteuerten Bearbeitungsmaschinen liegt der Einsatzbereich der Computertechnik in der Verarbeitung der zur Maschinensteuerung notwendigen Informationen. Da die Steuerung von der Maschine übernommen wird, zählen numerisch gesteuerte zu den automatisierten Betriebsmitteln[184] [185].

Die Informationsträger, die an automatisierten Maschinen die zur Steuerung notwendigen Daten speichern[186], dienen als wesentliches Abgrenzungskriterium numerisch gesteuerter von herkömmlichen Automaten[187]: Während bei letzteren mechanische Informationsträger wie Schablonen oder Steuernocken Verwendung finden[188], die ein „konstruktives Element des Aggregats"[189] darstellen und deren – beispielsweise aufgrund stark variierender Fertigungsaufgaben notwendiger – Austausch eine Veränderung der Maschinenkonstruktion bedingt[190], erlaubt bei ersteren der Computereinsatz die Verwendung einfach zu wechselnder nicht-mechanischer Informationsträger. In diesen Informationsträgern ist jedes Steuerungsprogramm, das sich jeweils aus der Gesamtheit der für eine bestimmte Produktionsaufgabe notwendigen Daten zusammensetzt, numerisch codiert, d.h. in Form von Ziffern, gelegentlich auch in Form von anderen Symbolen, festgehalten[191].

In Abhängigkeit von der Art der Informationsträger lassen sich verschiedene Typen elementarer Produktionssysteme der flexiblen Automatisierung unterscheiden.

2.3.1.1 *NC-Maschinen*

Der Betrieb von NC-Maschinen[192] setzt die Speicherung der zur Maschinensteuerung notwendigen Informationen über Werkstückgeometrie und Bearbei-

---

[184]Vgl. hierzu auch Link, J. (1978), S. 139.

[185]Vgl. zur Definition der Automatisierung Abschnitt 2.1.3.1.

[186]Vgl. hierzu Bohr, K. (1984), S. 6.

[187]Vgl. Glantschnig, F. (1972), S. 227.

[188]Vgl. Glantschnig, F. (1972), S. 227; Klaar, J. (1979), S. 330.

[189]Drumm, H.J. (1970), S. 27. Der Terminus Aggregat findet im Rahmen der vorliegenden Arbeit als Synonym für Bearbeitungsmaschine Verwendung.

[190]Vgl. Drumm, H.J. (1970), S. 27.

[191]Vgl. Gebhardt, A.; Hatzold, O. (1978), S. 27; Klaar, J. (1979), S. 330; Riebel, P. (1963), S. 155.

[192]Die Abkürzung NC steht für *N*umerical *C*ontrol.

tungsprozeß (z.B. über die Intensität, mit der die Maschine betrieben werden soll)[193] auf *materiellen* Datenträgern wie Lochkarten, Lochstreifen oder Magnetbändern voraus[194]. Nach der Eingabe eines solchen Datenträgers in eine mit der Maschine verbundene Steuerungseinheit[195] entschlüsselt das in dieser Steuerungseinheit enthaltene Lesegerät die numerisch codierten Informationen, die anschließend in Signale umgesetzt und an die Maschine weitergegeben werden. Diese Signale veranlassen die Maschine zur Positionierung von Werkzeug und Erzeugnis, wie sie zur vorgesehenen Bearbeitung notwendig ist, sowie zur Durchführung der Bearbeitungsvorgänge in der vorgegebenen Reihenfolge[196].

Die Verwendung materieller Datenträger eröffnet die Möglichkeit, an NC-Maschinen die Steuerungsprogramme vergleichsweise leicht auszutauschen oder abzuändern, da dies lediglich die Eingabe eines neuen oder veränderten Datenträgers in die Steuerungseinheit erfordert[197]. Zumindest im Hinblick auf den Austausch der Steuerungsprogramme zeichnen sich NC-Maschinen somit durch eine hohe Umrüstbarkeit aus.

Dagegen ist das Programm zur Umsetzung der numerischen Informationen in Bearbeitungssignale festverdrahtet[198], d.h., ein einmal gestartetes Steuerungsprogramm durchläuft ein in der Steuerungseinheit explizit vorgegebenes Schema, ohne daß dieses Schema – beispielsweise durch Eingabe neuer Befehle – verändert werden kann[199].

Diese Festverdrahtung besteht bei den die nächste Entwicklungsstufe numerischer Steuerungen darstellenden CNC-Maschinen nicht mehr.

---

[193]Vgl. zur Auflistung der notwendigen Informationen z.B. Bühner, R. (1985c), S. 259; Riebel, P. (1963), S. 155; Scheer, A.W. (1987b), S. 160; Scheer, A.W. (1988), S. 306.

[194]Vgl. z.B. Gebhardt, A.; Hatzold, O. (1978), S. 27-28; Glantschnig, F. (1972), S. 227; Klaar, J. (1979), S. 330.

[195]Vgl. Groover, M.P. (1980), S. 165.

[196]Vgl. Kern, H.; Schumann, M. (1986), S. 139; Magee, J.F.; Copacino, W.C.; Rosenfield, D.B. (1985), S. 148; Riebel, P. (1963), S. 155-156; Warnecke, H.J.; Bullinger, H.J.; Lienert, J. (1980), S. 63. Eine ausführliche Beschreibung des *technischen* Ablaufs der Steuerung von NC-Maschinen findet sich bei Yankee, H.W. (1979), S. 271-273.

[197]Vgl. Klaar, J. (1979), S. 330; Scheer, A.W. (1987a), S. 47.

[198]Vgl. Kreikebaum, H. (1985), S. 52; Scheer, A.W. (1987a), S. 47; Spur, G. (1976), S. 87.

[199]Vgl. Scheer, A.W. (1988), S. 313. Vgl. zur prinzipiellen Erläuterung festverdrahteter Programme Biethahn, J. (1987), S. 38.

2.3.1.2 *CNC-Maschinen*

Die Konstruktion von CNC-Maschinen[200] wurde durch Fortschritte auf dem Gebiet der Computertechnik begünstigt: Die Entwicklung von sogenannten Mikroprozessoren, also von Bauelementen, die das für die Kontrolle der Abläufe in einem Computer zuständige Steuerwerk und das die arithmetischen Funktionen ausführende Rechenwerk[201] in einem Schaltkreis auf kleinstem Raum integrieren[202], eröffnete die Möglichkeit, diese zentralen Elemente von Computern und damit die Computer selbst deutlich zu verkleinern[203]. Als Folge hiervon konnten Bearbeitungsmaschinen mit einem programmierbaren Rechner ausgestattet werden[204], der die Funktion der Steuerungseinheit übernimmt[205]. Durch diese Integration eines programmierbaren Rechners unterscheiden sich CNC- von NC-Maschinen[206].

Bei CNC-Maschinen besteht zwar ebenfalls die Möglichkeit, die Steuerungsdaten über materielle Datenträger einzugeben[207], allgemein erforderlich sind derartige Datenträger jedoch nicht mehr, da der Rechner einen programmierbaren Speicher beinhaltet, der es ermöglicht, verschiedene Steuerungsprogramme und Programme zur Erzeugung der Bearbeitungssignale mittels einer Tastatur direkt einzugeben und zu speichern[208].

Durch den Verzicht auf materielle Datenträger läßt sich eine der wesentlichen bei NC-Maschinen vorhandenen Störungsursachen beseitigen. Praktische Erfahrungen belegen nämlich, daß sowohl die Datenträger selbst (aufgrund ihrer hohen Anfälligkeit für Beschädigungen)[209] als auch die zu ihrer Entschlüsselung

---

[200] Das Akronym CNC bedeutet *C*omputerized *N*umerical *C*ontrol.

[201] Vgl. hierzu Biethahn, J. (1987), S. 21.

[202] Vgl. Staudt, E. (1978), S. 376.

[203] Vgl. Eidenmüller, B. (1984), S. 513-514; Staudt, E. (1978), S. 376.

[204] Vgl. Groover, M.P. (1980), S. 234.

[205] Vgl. Groover, M.P. (1980), S. 239; Scheer, A.W. (1988), S. 313; Schnörr, R. (1987), S. 320.

[206] Vgl. z.B. Bühner, R. (1986g), S. 4.

[207] Vgl. Groover, M.P. (1980), S. 237; Scheer, A.W. (1987a), S. 47.

[208] Vgl. Klaar, J. (1979), S. 331; Scheer, A.W. (1987a), S. 47.

[209] Vgl. Gerwin, D. (1982), S. 108; Gerwin, D.; Leung, T.K. (1980), S. 238; Kaluza, B. (1984), S. 313.

eingesetzten Lesegeräte (aufgrund ihrer Unzuverlässigkeit)[210] häufig Betriebsstörungen hervorrufen.

Daneben bieten sich aufgrund der Speicherung der Programme in einem mit der Bearbeitungsmaschine verbundenen Rechner die zeitsparenden Möglichkeiten,

- Programme mittels Probeläufen zu testen[211], ohne hierfür eigens materielle Datenträger zu erstellen,
- erkannte Fehler im Programmablauf sofort und unmittelbar an der Maschine zu korrigieren[212], ohne neue materielle Datenträger erzeugen zu müssen[213],
- Programme mit mehrfach benötigten „standardisierten Bearbeitungszyklen"[214] in schneller Folge mehrmals abarbeiten zu lassen[215], indem das Programm jeweils neu geladen, d.h. durch einfache Befehlseingabe im Speicher erneut zur Abarbeitung bereitgestellt wird, sowie
- (ebenfalls durch Neuladen) einen schnellen Austausch verschiedener gespeicherter Programme zu bewerkstelligen[216], ohne, wie es bei NC-Maschinen nötig wäre, zu diesem Zweck einen Wechsel materieller Datenträger vorzunehmen.

Neben diesen Vorzügen weisen CNC-Maschinen jedoch auch eine Eigenschaft auf, die in der Literatur eine negative Beurteilung erfährt. Diese Eigenschaft, die geringe Verrichtungselastizität der CNC-Maschinen[217], soll durch deren Weiterentwicklung zu sogenannten Bearbeitungszentren beseitigt werden.

2.3.1.3 *Bearbeitungszentren*

Obwohl Bearbeitungszentren keine spezifische Art numerischer Steuerung, sondern im allgemeinen CNC-Steuerungen aufweisen[218] und somit prinzipiell zu

---

[210]Vgl. Fotilas, P. (1983), S. 107; Groover, M.P. (1980), S. 235, 240.

[211]Vgl. Kreikebaum, H. (1985), S. 52.

[212]Vgl. Bühner, R. (1986i), S. 202; Kreikebaum, H. (1985), S. 52.

[213]Vgl. Burnes, B. (1986), S. 232.

[214]Arning, A. (1987), S. 11.

[215]Vgl. Warnecke, H.J.; Bullinger, H.J.; Lienert, J. (1980), S. 67.

[216]Vgl. Magee, J.F.; Copacino, W.C.; Rosenfield, D.B. (1985), S. 148; Tschörtner, K.A. (1984), S. 322.

[217]Vgl. Bessant, J.; Cole, S. (1985), S. 27; Helberg, P. (1987), S. 58; Junghanns, W. (1975), S. 311.

[218]Vgl. Thiel, W. (1985), S. 10.

den CNC-Maschinen zählen, werden sie hier aufgrund ihrer Bedeutung gesondert dargestellt.

Diese Bedeutung resultiert aus der durch ihre technischen Eigenschaften gegebenen Möglichkeit, *mehrere* Grundverrichtungen wie Fräsen und Bohren auszuführen[219]. Der Einsatz eines Bearbeitungszentrums ermöglicht somit die Substitution mehrerer verrichtungsspezialisierter Bearbeitungsmaschinen[220], indem bislang isoliert ausgeführte Verrichtungen „in einer multifunktionalen Maschine"[221] mit hoher Verrichtungselastizität[222] zusammengefaßt[223] und damit auch räumlich zentralisiert werden[224]. Neben der Verrichtungselastizität besitzen Bearbeitungszentren auch eine hohe Objektflexibilität[225].

Die Intention des Einsatzes von Bearbeitungszentren besteht darin, Werkstücke in *einer* Aufspannung komplett zu bearbeiten[226], d.h., nach der einmaligen Befestigung des Werkstücks an der Maschine[227] bzw. an einem Werkstückträger, der seinerseits an der Maschine befestigt wird, führt das Bearbeitungszentrum alle notwendigen Bearbeitungsvorgänge in „einem ununterbrochenen Ablauf"[228] aus[229], wodurch sich mehrfache Maschineneinrichtung und Transportvorgänge vermeiden lassen[230].

Voraussetzung hierfür ist allerdings die Automatisierung bestimmter produktionsvorbereitender Tätigkeiten[231]. Da die verschiedenen auszuführenden Verrichtungen auch den Einsatz unterschiedlicher Werkzeuge am Bearbeitungszen-

---

[219]Vgl. Burrows, B.C. (1986), S. 77; Junghanns, W. (1975), S. 311; Schmidt, H.; Erkes, K. (1987), S. 49; Waller, S. (1987), S. 247.

[220]Vgl. Wild, R. (1980), S. 29.

[221]Kern, H.; Schumann, M. (1986), S. 144.

[222]Vgl. hierzu auch Müller, W. (1982), S. 14.

[223]Vgl. Gerwin, D. (1982), S. 108; Ham, I.; Hitomi, K.; Yoshida, T. (1985), S. 181; Yankee, H.W. (1979), S. 278.

[224]Vgl. Steffens, F. (1976), Sp. 3860.

[225]Vgl. Hahn, D. (1980), Sp. 695; Kern, H.; Schumann, M. (1986), S. 171; Thiel, W. (1985), S. 10.

[226]Vgl. z.B. Hahn, D. (1980), Sp. 695; Rogel, E. (1984), S. 381.

[227]Vgl. zur Erläuterung des Begriffs Aufspannung Arning, A. (1987), S. 22.

[228]Scheer, A.W. (1987a), S. 50.

[229]Vgl. Burbidge, J.L. (1975), S. 33.

[230]Vgl. Gallagher, C.C.; Knight, W.A. (1973), S. 213; Kern, H.; Schumann, M. (1986), S. 144.

[231]Vgl. Rogel, E. (1984), S. 381.

trum bedingen, verlangt die automatisierte Komplettbearbeitung, daß die technischen Eigenschaften des Bearbeitungszentrums es diesem ermöglichen, einen selbstgesteuerten Werkzeugwechsel durchzuführen. Folglich stellt die Fähigkeit zum automatischen Werkzeugwechsel, für den die Bevorratung der benötigten Werkzeuge in an der Maschine angebrachten Magazinen eine notwendige Voraussetzung bildet[232], ein wesentliches Charakteristikum von Bearbeitungszentren dar[233].

Zusätzlich erfolgt häufig eine Automatisierung des nach der Fertigbearbeitung eines Erzeugnisses vorzunehmenden Wechsels zum nächsten Werkstück[234]. Zu diesem Zweck finden Werkstückträger – zumeist sogenannte Paletten – Verwendung, auf denen ein Werkstück bereits *während* der Bearbeitungszeit des zuvor im Produktionsprozeß befindlichen Werkstücks befestigt wird[235]. Nach dem Abschluß der Bearbeitungsvorgänge an letzterem tauscht das Bearbeitungszentrum selbsttätig die abgearbeitete gegen die neue Palette aus[236], positioniert letztere in der zur Bearbeitung des neuen Werkstücks erforderlichen Lage[237] und beginnt sofort mit der Bearbeitung.

2.3.2 *Flexibel automatisierte Produktionssysteme höherer Ordnung*

2.3.2.1 *Aufbau durch Verknüpfung elementarer Produktionssysteme*

Die Verknüpfung mehrerer der eben erläuterten elementaren Produktionssysteme der flexiblen Automatisierung führt – dem in Abschnitt 2.1.1.2 erörterten generellen Zusammenhang entsprechend – zu flexibel automatisierten Produktionssystemen höherer Ordnung, die oft auch pauschal als flexible Fertigungssysteme bezeichnet werden[238]. In Analogie zu den in Abschnitt 2.1.1.1 dargestellten Arten von Beziehungen zwischen den Elementen eines Fertigungssystems

---

[232] Vgl. Burrows, B.C. (1986), S. 77; Hahn, D. (1980), Sp. 695; Mellerowicz, K. (1981), S. 394; Pritschow, G. (1985), S. 664.

[233] Vgl. Chase, R.B.; Aquilano, N.J. (1981), S. 37-38; Hedrich, P.; Brunner, B.; Maucher, K. (1983), S. 33.

[234] Vgl. Hedrich, P.; Brunner, B.; Maucher, K. (1983), S. 33; Herrmann, J. (1970), S. 200.

[235] Vgl. Warnecke, H.J. (1984a), S. 460; Werntze, G. (1985), S. 23.

[236] Vgl. Hedrich, P.; Brunner, B.; Maucher, K. (1983), S. 42-45, die auch alternative technische Ausgestaltungsformen von Palettenwechseleinrichtungen beschreiben.

[237] Vgl. Gold, B. (1982), S. 89.

[238] Vgl. Hammer, H. (1986b), S. 637; van Looveren, A.J.; Gelders, L.F.; van Wassenhove, L.N. (1986), S. 3; Mertins, K. (1985), S. 249.

lassen sich dabei zwei Verknüpfungsaspekte, ein (nur teilweise vorzufindender) informationstechnischer sowie ein (generell angewandter) fertigungsorganisatorischer, unterscheiden.

2.3.2.1.1 *Informationstechnische Verknüpfung*

Die informationstechnische Verknüpfung numerisch gesteuerter Betriebsmittel geschieht durch den Aufbau von *DNC-Systemen*[239]. Hierbei werden mehrere vorher isoliert gesteuerte Betriebsmittel über ein Computersystem miteinander verbunden und „gemeinsam numerisch gesteuert"[240]. Diese gemeinsame Steuerung nimmt ein „Zentralrechner"[241] vor, der über eine Direktverbindung mit den Steuerungseinheiten der verknüpften Maschinen gekoppelt ist[242]. Bei Einsatz eines DNC-Systems erübrigen sich materielle Datenträger aufgrund der Speicherung aller notwendigen Programme im Zentralrechner generell[243]. Benötigt eine Maschine zur Bearbeitung eines Werkstücks eines dieser zentral gespeicherten Programme, kann dieses im Echtzeitbetrieb[244], d.h., ohne daß die vorherige Abarbeitung eines anderen Programms abzuwarten ist[245], direkt an die Steuerungseinheit der entsprechenden Maschine übermittelt werden[246], so daß ein automatisierter Programmwechsel erfolgt[247] und die Bearbeitungsvorgänge nahezu unmittelbar nach der an den Zentralrechner gegebenen Programmanforderung beginnen können.

2.3.2.1.2 *Fertigungsorganisatorische Verknüpfung*

Der von einigen Autoren vertretenen Meinung, flexibel automatisierte Produktionssysteme höherer Ordnung gehörten zu den Systemen der Werkstattfertigung[248], ist nicht zuzustimmen, da die Bildung ersterer nicht auf der Basis einer

---

[239] DNC kürzt die Begriffe *D*irect *N*umerical *C*ontrol ab.

[240] Gunn, T.G. (1982), S. 91.

[241] Bühner, R. (1987a), S. 210.

[242] Vgl. Bühner, R. (1985c), S. 259; Yankee, H.W. (1979), S. 274.

[243] Vgl. Groover, M.P. (1980), S. 235.

[244] Vgl. Groover, M.P. (1980), S. 235; Jorissen, H.D.; Kämpfer, S.; Schulte, H.J. (1986), S. 117.

[245] Vgl. hierzu Biethahn, J. (1987), S. 78.

[246] Vgl. Groover, M.P. (1980), S. 235.

[247] Vgl. Stute, G. (1974), S. 150.

[248] Vgl. Hoitsch, H.J. (1985), S. 48-49; Schneeweiß, C. (1987), S. 12.

Verrichtungszentralisation erfolgt. Vielmehr werden die Betriebsmittel zu einem System zusammengefaßt, die zur Herstellung eines bestimmten Spektrums von Erzeugnissen jeweils erforderlich sind[249], d.h., es liegt eine Zentralisation nach dem Objektprinzip vor[250], wobei Erzeugnisse die Objekte bilden.

Die Fertigungssystemgestaltung auf der Basis einer Objektzentralisation kann sich am Flußprinzip, dessen Anwendung die Übereinstimmung der Maschinenfolgen aller in einem System hergestellten Objekte voraussetzt und z.B. den Aufbau der in Abschnitt 2.1.3.2.1 angesprochenen Fertigungsreihen bewirkt[251], sowie am Gruppenprinzip orientieren[252], dessen Anwendung zur Bildung von Produktionssystemen der Gruppenfertigung führt, die auch als Fließinsel-[253] oder Zentrenfertigung[254] bezeichnet wird. Das wesentliche Abgrenzungskriterium zwischen Fluß- und Gruppenprinzip besteht darin, daß bei letzterem die zumindest zum Teil divergierenden Maschinenfolgen der in einem Fertigungssystem herzustellenden Erzeugnisse eine an deren Bearbeitungsfolge orientierte Aneinanderreihung der Betriebsmittel nicht erlauben[255].

Da die Erzeugnisse, auf deren Bearbeitungsanforderungen der Aufbau eines flexibel automatisierten Produktionssystems höherer Ordnung beruht, keineswegs übereinstimmende Maschinenfolgen aufweisen müssen, ist die Argumentation Ropohls, der die Betriebsmittelanordnung nach dem Flußprinzip als einen wesentlichen Gestaltungsgrundsatz derartiger Fertigungssysteme ansieht[256], nicht nachvollziehbar. Wie in Abschnitt 2.3.2.2.3 noch zu zeigen sein wird, baut zwar eine konkrete Ausgestaltungsform flexibel automatisierter Produktionssysteme

---

[249]Vgl. z.B. Arning, A. (1987), S. 17, 21; Dähnert, H.; Brechbühl, R. (1980), S. 440; Hahn, D.; Laßmann, G. (1986), S. 41; Junghanns, W. (1976), S. 132; Schiemenz, B. (1980), S. 63; Stute, G. (1974), S. 149.

[250]Vgl. zur Subsumtion flexibel automatisierter unter die auf der Basis der Objektzentralisation gebildeten Produktionssysteme insbesondere Ahlmann, H.J. (1980), S. 645-646; Bühner, R. (1987a), S. 177-178 i.V.m. S. 93; Fröhner, K.D. (1986), S. 53; Wemmerlöv, U.; Hyer, N.L. (1987), S. 421-422.

[251]Vgl. auch Hinterhuber, H.H. (1974), Sp. 1505.

[252]Vgl. Bühner, R. (1987a), S. 177-178.

[253]Vgl. z.B. Bohr, K. (1984), S. 7; Kern, W. (1980b), S. 91-92; Kilger, W. (1986), S. 84.

[254]Vgl. Arning, A. (1987), S. 16-17; Hahn, D.; Laßmann, G. (1986), S. 41; Liebe, B. (1983), S. 7.

[255]Vgl. Mellerowicz, K. (1981), S. 334.

[256]Vgl. Ropohl, G. (1971), S. 231. Ropohl verwendet an dieser Stelle den zum Begriff Flußprinzip synonymen Terminus Linienprinzip.

auf diesem Prinzip auf; im allgemeinen bildet jedoch die Gruppenfertigung die fertigungsorganisatorische Basis solcher Systeme[257].

Dabei ist für die ebenfalls vorzufindende Ansicht, die einzelnen Produktionssysteme, für die auch die Bezeichnung Fertigungsgruppen Verwendung findet[258], seien „untereinander nach dem Verrichtungsprinzip ... verbunden"[259], eine Berechtigung nur in dem Fall gegeben, in dem der Begriff Verrichtungen lediglich auf die beiden zentralen Funktionen eines Produktionsbereichs, Teilefertigung und Montage[260], abstellt. Konsequenz einer solchen hierarchischen Kombination von Objekt- und Verrichtungsprinzip ist die Installierung zweier übergeordneter Produktionssysteme, wobei sich das nach der Verrichtung Teilefertigung zusammengesetzte in einzelne Gruppen untergliedert, von denen jede die Herstellung einer bestimmten Teilmenge der insgesamt zu produzierenden Werkstücke übernimmt. Diese Werkstücke werden anschließend in den einzelnen Gruppen, aus denen sich das nach der Verrichtung Montage gebildete übergeordnete Produktionssystem zusammensetzt, zu Produkten kombiniert[261].

Da im Hinblick auf die hier untersuchten Fragestellungen keine Unterschiede zwischen Produktionssystemen der Teilefertigung und solchen der Montage bestehen[262] und zudem bei flexibel automatisierten Produktionssystemen die Tendenz erkennbar ist, in den Systemen Aufgaben beider Hauptfunktionen zusammenzufassen[263], wird in dieser Arbeit auf deren explizite Trennung verzichtet, so daß die in der weiteren Argumentation erwähnten Gruppenfertigungssysteme sowohl reine Systeme der Teilefertigung bzw. Montage als auch kombinierte Sy-

---

[257]Vgl. auch Bühner, R. (1987a), S. 177-178; Ham, I.; Hitomi, K.; Yoshida, T. (1985), S. 18; Purcheck, G.F.K. (1985a), S. 887.

[258]Als Synonyme für den Begriff Fertigungsgruppe finden sich in der Literatur die Termini Fertigungszelle (Häußermann, S.; Hediger, P. (1977), S. 38), Technologiezentrum (Liebe, B. (1983), S. 7) und Industriezelle (Stamm, K.H. (1986), S. 485, 487).

[259]Hansmann, K.W. (1987), S. 79. Vgl. auch Bloech, J.; Lücke, W. (1982), S. 13; Buzacott, J.A.; Shanthikumar, J.G. (1980), S. 339.

[260]Vgl. zur Differenzierung dieser beiden Hauptfunktionen z.B. Warnecke, H.J. (1984a), S. 437.

[261]Vgl. generell zu den Aufgaben von Teilefertigung und Montage Warnecke, H.J. (1984a), S. 437-438.

[262]Vgl. hierzu Abschnitt 4.2.3.1.

[263]Vgl. Eversheim, W.; Bette, B.; Hausmann, A. (1986), S. 483-484; Heinz, K.; Klaas, K.J. (1985), S. 35. Vgl. zur Beschreibung eines bereits realisierten Systems, in dem beide Hauptfunktionen integriert sind, Weck, M.; Dern, U. (1984), S. 22.

steme darstellen können, wobei allerdings in Analogie zur vorliegenden Literatur der Schwerpunkt der Diskussion auf Systemen der Teilefertigung liegt.

Die nun folgende synoptische Darstellung soll zeigen, welche konkreten Ausgestaltungsformen flexibel automatisierter Fertigungssysteme höherer Ordnung aus der Umsetzung der eben erörterten Prinzipien fertigungsorganisatorischer und zum Teil auch informationstechnischer Verknüpfung in die betriebliche Realität resultieren.

2.3.2.2 *Typologie flexibel automatisierter Produktionssysteme höherer Ordnung*

2.3.2.2.1 *Flexible Fertigungszellen*

Bei keiner der hier behandelten Arten von Fertigungssystemen herrscht eine derart große begriffliche Konfusion wie bei der Frage nach der konkreten Definition einer flexiblen Fertigungszelle. Einige Autoren bezeichnen mit diesem Begriff ausschließlich elementare Produktionssysteme der flexiblen Automatisierung[264], andere lediglich Systeme höherer Ordnung[265], wieder andere subsumieren schließlich Systeme beider Arten unter die flexiblen Fertigungszellen[266].

Wie aus der Einordnung dieses Abschnitts in den Aufbau der Arbeit bereits hervorgeht, wird der zuerst genannten Definitionsalternative hier nicht gefolgt. Die Begründung hierfür fußt auf der Tatsache, daß die in den entsprechenden Publikationen vorgenommenen Begriffsklärungen nur eine unscharfe Abgrenzung zwischen Bearbeitungszentren und flexiblen Fertigungszellen (im Sinne jener Definitionen) erlauben: Die Erklärung letzterer erfolgt regelmäßig durch die Angabe begriffskonstituierender Merkmale in Form der technischen Einrichtungen, die sie im Vergleich zu einfachen numerisch gesteuerten Bearbeitungsmaschinen zusätzlich aufweisen[267]. Diese Merkmale überschneiden sich teilweise mit

---

[264]Vgl. z.B. Erkes, K.; Schmidt, H. (1986), S. 582; Hirsch-Kreinsen, H. (1986), S. 20, 25; Knoop, J. (1986), S. 7, 19; Milberg, J.; Groha, A. (1986), S. 682, 686; REFA (1987), S. 48; Torri, L. (1982), S. 586.

[265]Vgl. z.B. Bartels, W. (1984), S. 52; Hammer, H. (1986a), S. 143; Hyer, N.L.; Wemmerlöv, U. (1984), S. 144; Kusiak, A. (1986), S. 100-101; Scheer, A.W. (1988), S. 323.

[266]Vgl. z.B. Arnold, W.; Nicklau, R.G. (1981), S. 869; Hahn, D.; Laßmann, G. (1986), S. 43; Horváth, P.; Kleiner, F.; Mayer, R. (1987), S. 70; Thiel, W. (1985), S. 10.

[267]Vgl. insbesondere die Auflistung bei Mertins, K. (1985), S. 250.

den bei Bearbeitungszentren angeführten[268], zum Teil beinhalten die entsprechenden Auflistungen jedoch auch technische Einrichtungen, die im Zusammenhang mit Bearbeitungszentren nicht genannt werden, wie etwa einen Speicher zur Aufbewahrung der zu bearbeitenden Werkstücke[269] bzw. der Paletten, auf denen diese Werkstücke befestigt sind[270], ein automatisiertes Handhabungsgerät (z.B. einen Industrieroboter), das diesen Speicher mit der Bearbeitungsmaschine verbindet[271], und Einrichtungen, die die Produktionsdaten – beispielsweise die Einhaltung der erlaubten Fertigungstoleranzen – überwachen und gegebenenfalls für Korrekturen sorgen[272]. Eine exakte Festlegung, welche ergänzenden Einrichtungen ein Bearbeitungszentrum und welche eine flexible Fertigungszelle – wiederum in der Definition als elementares Produktionssystem – entstehen lassen, fehlt somit, weshalb im Rahmen dieser Arbeit alle elementaren Systeme, die mit zusätzlichen technischen Einrichtungen ausgestattet sind, unabhängig von der Art dieser Einrichtungen als *Bearbeitungszentren* bezeichnet werden.

Aus diesem Grund kann auch die beide – nach der Zahl der eingesetzten Bearbeitungsmaschinen differenzierten – Arten von Fertigungssystemen umfassende Definition flexibler Fertigungszellen keine Verwendung finden. In dieser Arbeit bezeichnet der Terminus somit generell flexibel automatisierte Produktionssysteme höherer Ordnung.

Definitionen in der Literatur, die auch auf dieser Basisüberlegung aufbauen, tragen zumeist ebenfalls wenig zur begrifflichen Präzisierung bei, da sie zum einen keine eindeutige Differenzierung zwischen flexiblen Fertigungszellen und den später noch zu erläuternden flexiblen Fertigungssystemen erlauben und zum anderen häufig noch eine weitere Art flexibel automatisierter Produktionssysteme höherer Ordnung, die sogenannten flexiblen Fertigungsinseln, von den Fertigungszellen abgrenzen. Unterscheidungskriterium ist dabei, ob die angestrebte Komplettbearbeitung der in einem Produktionssystem herzustellenden Erzeugnisse lediglich den Einsatz verrichtungsgleicher Bearbeitungsmaschinen (flexible

---

[268]Vgl. z.B. die Forderung nach Einrichtungen für einen automatischen Werkzeugwechsel bei Eversheim, W.; Witte, K.W.; Herrmann, P. (1981), S. 15.

[269]Vgl. z.B. Arning, A. (1987), S. 70; Dey, H.J.; Möller, B. (1984), S. 458.

[270]Vgl. Gallagher, C.C.; Knight, W.A. (1986), S. 153; ISI; IAB; IWF (1982), S. 449.

[271]Vgl. insbesondere Spur, G. (1979a), S. 272. Vgl. auch Hahn, D.; Laßmann, G. (1986), S. 43; Klotz, U. (1984), S. 63; Sorge, A. et al. (1982), S. 161.

[272]Vgl. Müller, W. (1982), S. 15; Spur, G. (1976), S. 85.

Fertigungszelle)[273] oder den Einsatz unterschiedliche Verrichtungen ausführender Bearbeitungsmaschinen (flexible Fertigungsinsel) im entsprechenden System erfordert[274].

Diese Differenzierung kommt für den Aufbau einer umfassenden Typologie flexibel automatisierter Produktionssysteme höherer Ordnung aus zwei Gründen nicht in Betracht: Der erste, durch eine Änderung der Terminologie allerdings leicht zu beseitigende Grund liegt in der Verwendung der Bezeichnung Fertigungsinsel. Diesen Terminus kennt die aktuelle Organisationsliteratur als feststehenden Begriff, der ein Produktionssystem der Gruppenfertigung mit einer bestimmten Konstellation des Personaleinsatzes, also der „Zuordnung der ... Personen zu den zu erfüllenden Aufgaben"[275], bezeichnet[276]. Liegt diese Konstellation in einem flexibel automatisierten Produktionssystem höherer Ordnung vor, stellt das System unabhängig von seiner technischen Ausgestaltung eine Fertigungsinsel dar[277], so daß die Einschränkung des Begriffs auf eine spezifische Art technischer Ausgestaltung nicht gerechtfertigt erscheint.

Größere Bedeutung ist dem zweiten Argument beizumessen: Flexible Fertigungszellen wie auch flexible Fertigungsinseln werden bei Definition als Systeme höherer Ordnung als *verkettete* Systeme angesehen[278]. Eine derartige Typologie vernachlässigt jedoch Produktionssysteme, die sich aus numerisch gesteuerten, aber unverketteten Bearbeitungsmaschinen zusammensetzen[279]. Um diese Systeme ebenfalls in die Typologie einzuordnen und gleichzeitig die Analogie zu dem Begriff „manufacturing *cell*" herzustellen, der in der englischsprachigen Literatur

---

[273]Ein derart konzipiertes Fertigungssystem beruht auf der räumlichen Zentralisation von Betriebsmitteln sowohl nach Objekten als auch nach Verrichtungen und löst damit die in Abschnitt 2.1.1.1 dargestellte Polarität von Objekt- und Verrichtungszentralisation auf.

[274]Vgl. Hammer, H. (1986b), S. 637-642; Hammer, H. (1987), S. 5, 6-8; Hörl, A. (1982), S. 187. Vgl. auch Wildemann, H. (1987b), S. 7, der eine divergierende, jedoch nur unzureichend spezifizierte und deshalb hier nicht wiedergegebene Abgrenzung flexibler Fertigungsinseln vornimmt.

[275]Hentze, J. (1986a), S. 402 (im Original kursiv).

[276]Vgl. z.B. Bühner, R. (1987a), S. 192-194; Bullinger, H.J.; Traut, L. (1986), S. 10; Mönig, H. (1985), S. 83. Vgl. zur ausführlichen Darstellung der begriffskonstituierenden Merkmale einer Fertigungsinsel Abschnitt 3.3.1.

[277]Vgl. hierzu auch die (allerdings teilweise unpräzisen) Ausführungen bei Dey, H.J.; Möller, B. (1984), S. 458; REFA (1987), S. 54; Scheer, A.W. (1987a), S. 51; Schultz-Wild, R. et al. (1986), S. 445, 522.

[278]Vgl. z.B. Erkes, K.; Schmidt, H. (1984), S. 578; Fotilas, P. (1983), S. 115.

[279]Vgl. zu einem Praxisbeispiel Brödner, P. (1984), S. 38.

zu den im weiteren Verlauf der Arbeit dargestellten Methoden der Gruppentechnologie häufig Verwendung findet[280] und Produktionssysteme bezeichnet,
die sich aus nach dem Gruppenprinzip gebildeten, *nicht verketteten* Bearbeitungsmaschinen mit nichtnumerischer Steuerung zusammensetzen[281], bietet es
sich an, den Begriff der flexiblen Fertigungszelle auf diejenigen flexibel automatisierten Produktionssysteme höherer Ordnung zu beschränken, die keine Ver-
kettungseinrichtungen beinhalten[282].

Somit kommt im Rahmen dieser Arbeit im Begriff flexible Fertigungszelle zum
Ausdruck, daß das so bezeichnete Produktionssystem aus mehreren *numerisch
gesteuerten, unverketteten* und nach dem *Gruppenprinzip* zusammengefaßten
Bearbeitungsmaschinen besteht. Diese Aufzählung enthält lediglich die begriffskonstituierenden Elemente flexibler Fertigungszellen und schließt die häufig vorgenommene ergänzende Zuordnung weiterer Elemente, wie z.B. Vorrichtungen
zur Vermessung und Prüfung der gefertigten Erzeugnisse, nicht aus.

Terminologisch zu differenzieren sind solche Zellen, die mit einem DNC-System
über eine informationstechnische Verknüpfung verfügen, und solche, die lediglich
separate numerische Steuerungen beinhalten. Um den Begriff Fertigungsinsel aus
den dargelegten Gründen zu vermeiden, werden Zellen *ohne DNC-Steuerung* als
flexible Fertigungsgruppen[283], solche *mit* informationstechnischer Verknüpfung
als *flexible Fertigungszellen i.e.S.* bezeichnet.

Die gewählte Terminologie bringt den Nachteil mit sich, aufgrund der pauschalen
Verwendung des Attributs flexibel durch unpräzise Formulierungen gekennzeichnet zu sein. Da sich jedoch sowohl der Ausdruck flexible Fertigungszelle als auch
die Bezeichnung flexibles Fertigungssystem, deren Erläuterung anschließend erfolgt, in der Literatur durchgesetzt haben, wurde auf die Einführung treffenderer
Ausdrücke verzichtet.

---

[280]Vgl. z.B. Pullen, R.D. (1976), S. 451. Einige Autoren verwenden auch das Synonym
„production cell". Vgl. dazu z.B. Greene, T.J.; Sadowski, R.P. (1984), S. 85.

[281]Vgl. Ausschuß für Wirtschaftliche Fertigung (1984), S. 16. An dieser Stelle findet
sich allerdings der (ebenfalls synonyme) Begriff „group technology cell".

[282]Vgl. zu einer ähnlichen Definition Alioth, A. (1987), Sp. 1830.

[283]Vgl. zur Verwendung des Begriffs flexible Fertigungsgruppen auch Fotilas, P.
(1983), S. 115, der damit allerdings *verkettete* Systeme höherer Ordnung bezeichnet.

2.3.2.2.2 Flexible Fertigungssysteme

Die eben angedeutete, auch in der Literatur konstatierte[284] Unschärfe des auf Dolezalek und Ropohl zurückgehenden Begriffs flexibles Fertigungssystem[285] resultiert zunächst aus der fehlenden Möglichkeit, aus den Denotationen der beiden Begriffsbestandteile eine Beschränkung der unter den Begriff zu subsumierenden Produktionssysteme auf flexibel automatisierte Systeme höherer Ordnung abzuleiten, was der üblichen Begriffsverwendung entspräche. Unter Bezugnahme auf deren in Abschnitt 2.2.3 erörterte Elastizitätseigenschaften ließe es sich beispielsweise auch begründen, aus konventionell automatisierten Bearbeitungsmaschinen zusammengestellte Systeme der Werkstattfertigung als flexible Fertigungssysteme zu bezeichnen.

Doch auch der Gebrauch des Begriffs in seiner üblichen Bedeutung führt noch zu keiner eindeutigen Definition, da, wie in Abschnitt 2.3.2.1 bereits erwähnt, einige Autoren alle flexibel automatisierten Produktionssysteme höherer Ordnung mit diesem Terminus belegen, andere nur diejenigen mit bestimmten Eigenschaften. Da im Rahmen dieser Arbeit der zuletzt genannten Vorgehensweise gefolgt wird, ist zu klären, welche Eigenschaften die begriffskonstituierenden darstellen.

Obwohl mittlerweile eine Vielzahl höchst unterschiedlich formulierter Definitionsansätze vorliegt[286], besteht Einigkeit darüber, daß – neben einer informationstechnischen Verknüpfung der im System enthaltenen Betriebsmittel über ein DNC-System[287] – die Automatisierung des Materialflusses im System durch die Verkettung der Bearbeitungsmaschinen mittels eines mechanisierten Transportsystems das wesentliche Charakteristikum flexibler Fertigungssysteme dar-

---

[284]Vgl. z.B. d'Iribarne, A.; Lutz, B. (1984), S. 127; Schultz-Wild, R. et al. (1986), S. 40; Steinhilper, R. (1984), S. 11.

[285]Vgl. z.B. Dolezalek, C.M.; Ropohl, G. (1970), S. 448.

[286]Vgl. z.B. Bessant, J.; Cole, S. (1985), S. 71; Blohm, H. et al. (1987), S. 214; Groover, M.P. (1980), S. 564; Merchant, M.E. (1981), S. 6; Warnecke, H.J.; Vettin, G. (1981), S. 430.

[287]Vgl. zur Anwendung von DNC-Systemen in flexiblen Fertigungssystemen insbesondere Arnold, W.; Nicklau, R.G. (1981), S. 870; Bühner, R. (1985d), S. 34; Czeguhn, K.; Franzen, H. (1987), S. 177; Mertins, K. (1985), S. 254; Scharf, P.; Schulz, E. (1973), S. 131; Vettin, G. (1979), S. 17.

stellt[288] [289]. Hierbei handelt es sich um eine *lose* Verkettung, was bedeutet, daß die einzelnen Maschinen unabhängig voneinander arbeiten[290]. Dies ermöglicht einen ungetakteten Transport[291] der Erzeugnisse durch das System[292].

Da flexible Fertigungssysteme auf dem Gruppenprinzip aufbauen[293] und somit neben der Steuerung über ein DNC-System auch hinsichtlich dieses Merkmals Übereinstimmung mit flexiblen Fertigungszellen i.e.S. besteht, ermöglicht die hier vorgestellte Typologie die Fundierung der in der Literatur vorzufindenden Aussage, flexible Fertigungssysteme entstünden durch die Weiterentwicklung flexibler Fertigungszellen[294]: Die Weiterentwicklung – und damit das Kriterium zur Abgrenzung beider Typen von Produktionssystemen – liegt darin, daß in flexiblen Fertigungssystemen mechanisierte Transportmittel die Transportvorgänge übernehmen, die in Fertigungszellen von den im System beschäftigten Arbeitnehmern „von Hand vorgenommen"[295] werden.

Ein flexibles Fertigungssystem ist somit dadurch charakterisiert, daß es aus mehreren *numerisch gesteuerten, lose verketteten,* nach dem *Gruppenprinzip* zusammengefaßten Bearbeitungsmaschinen besteht und über ein *DNC-System* gesteuert wird.

In Übereinstimmung mit dieser Definition differenzieren viele Publikationen drei Subsysteme flexibler Fertigungssysteme, deren Zusammenwirken es ermöglichen

---

[288]Vgl. z.B. Arning, A. (1987), S. 73; Blocher, B. (1987), S. 23; Child, J. (1984b), S. 256; Gunn, T.G. (1982), S. 91; Holz, B.; Gaebler, W. (1985), S. 9; Klaar, J. (1979), S. 331; Nieß, P.S. (1979), Sp. 596; Rößner, W. (1981), S. 29; Warnecke, H.J. (1984b), S. 9.

[289]Anhand dieses Charakteristikums wird nun deutlich, daß die in Abschnitt 2.3.2.2.1 wiedergegebene Terminologie, die auch bei flexiblen Fertigungszellen einen verketteten Materialfluß unterstellt, keine eindeutige Abgrenzung zwischen diesen und flexiblen Fertigungssystemen erlaubt.

[290]Vgl. zur Definition der losen Verkettung REFA (1987), S. 187; Riebel, P. (1963), S. 164; Warnecke, H.J. (1979), Sp. 2123.

[291]Die Transportvorgänge in einem Fertigungssystem werden als getaktet bezeichnet, wenn für die Durchführung der Bearbeitungsvorgänge auf den Maschinen des Systems eine bestimmte, für jede Maschine identische Zeitspanne zur Verfügung steht, nach deren Ablauf der Weitertransport der Erzeugnisse zur jeweils nächsten Station im (für alle Erzeugnisse übereinstimmenden) Bearbeitungsablauf erfolgt.

[292]Vgl. zum ungetakteten Transport als charakteristischem Merkmal flexibler Fertigungssysteme auch Martin, T. (1985), S. 22; REFA (1987), S. 52; Spur, G.; Mertins, K. (1981), S. 441.

[293]Vgl. Bühner, R. (1987a), S. 177-178.

[294]Vgl. Purcheck, G.F.K. (1985b), S. 915.

[295]Arning, A. (1987), S. 40.

soll, verschiedene Erzeugnisse in einem System ohne zwischenzeitliche manuelle Eingriffe möglichst komplett zu bearbeiten[296]. Diese Subsysteme sind[297] [298]:

- das Bearbeitungssystem,
- das Materialflußsystem sowie
- das Informationssystem.

Den zentralen Bestandteil des *Bearbeitungssystems*, der durch zusätzliche Einrichtungen, etwa zur Vermessung und Prüfung[299] sowie zur Reinigung der Erzeugnisse[300] oder zur Entsorgung der von den Erzeugnissen während der Bearbeitung abgehobenen Späne[301], ergänzt wird, bilden im allgemeinen CNC-Maschinen[302]. In seinen beiden extremen Ausprägungen setzt sich dieser zentrale Bestandteil entweder ausschließlich aus verrichtungsgleichen[303] oder lediglich aus verrichtungsverschiedenen[304] Bearbeitungsmaschinen zusammen. Praktische Anwendungen resultieren jedoch überwiegend in Systemen, die Mischformen aus beiden Extremen darstellen[305]. Dieses Vorgehen erlaubt es zumindest teilweise, sowohl die bei flexiblen Fertigungssystemen mit verrichtungsgleichen Maschinen vorhandene strukturbedingte Flexibilität[306] als auch die beim entgegengesetzten Extrem im allgemeinen gegebene Möglichkeit zu realisieren, Erzeugnisse, die verschiedene Bearbeitungsvorgänge erfordern, in einem System komplett zu

---

[296] Vgl. z.B. Lienert, J.; Nieß, P.S. (1978), S. 59; Steinhilper, R. (1984), S. 11.

[297] Vgl. insbesondere Groover, M.P. (1980), S. 568; Hedrich, P.; Brunner, B.; Maucher, K. (1983), S. 127; ISI; IAB; IWF (1982), S. 92; REFA (1987), S. 41.

[298] Der Grund für die Übernahme der Differenzierung in diese Arbeit liegt nicht darin, daß die drei Subsysteme ein spezifisches, bei anderen Produktionssystemen nicht vorhandenes Charakteristikum flexibler Fertigungssysteme darstellen, sondern vielmehr in ihrer Eignung zur Verwendung als gedankliche Basis, die eine strukturierte Behandlung der einzelnen Elemente und Beziehungen in flexiblen Fertigungssystemen ermöglichen soll.

[299] Vgl. insbesondere Warnecke, H.J. (1985a), S. 274.

[300] Vgl. Hwang, S.L. et al. (1984), S. 843; Vettin, G. (1979), S. 15.

[301] Vgl. z.B. Holz, B.; Gaebler, W. (1985), S. 7; Nieß, P.S. (1979), Sp. 598.

[302] Vgl. Gerwin, D. (1985), S. 444; Scheer, A.W. (1987a), S. 51.

[303] Die ingenieurwissenschaftliche Literatur verwendet hierfür in diesem Zusammenhang den Ausdruck sich ersetzende Maschinen. Vgl. z.B. Junghanns, W. (1976), S. 131.

[304] Das Synonym ingenieurwissenschaftlichen Ursprungs lautet sich ergänzende Maschinen. Vgl. z.B. Arnold, W.; Nicklau, R.G. (1981), S. 870.

[305] Vgl. ISI; IAB; IWF (1982), S. 129; Junghanns, W. (1975), S. 312; Warnecke, H.J. (1984a), S. 419; Wildemann, H. (1987b), S. 109, 112-113.

[306] Vgl. Blocher, B. (1987), S. 23; REFA (1987), S. 45. Vgl. auch die prinzipiellen Ausführungen hierzu in Abschnitt 2.1.2.2.2.

bearbeiten. Daß die Kombination beider Effekte auch aus der Installierung von Bearbeitungszentren resultieren kann, dürfte die wesentliche Begründung für deren zunehmenden Einsatz in flexiblen Fertigungssystemen[307] darstellen.

Wesentliche Elemente des *Materialflußsystems* stellen zunächst die Transporteinrichtungen dar, die die Bearbeitungsmaschinen verketten. Aus der bereits erörterten Tatsache, daß hierbei eine lose Verkettung vorliegt, folgt zum einen die prinzipielle Erweiterbarkeit des Systems[308], zum anderen die Notwendigkeit, unterschiedliche Bearbeitungszeiten durch zwischenzeitliche Speicherung der Erzeugnisse auszugleichen[309].

Diese Speicherfunktion können die Transporteinrichtungen[310] übernehmen, bei denen es sich zunehmend um Wagen handelt, die mittels im System installierter Metalldrähte induktiv gesteuert werden[311]; häufig ist jedoch auch die Erweiterung des Materialflußsystems um mehrere an den Bearbeitungsmaschinen angeordnete bzw. einen zentralen Werkstückspeicher, z.B. in Form eines Hochregallagers[312], erforderlich.

Als weitere Elemente beinhaltet das Materialflußsystem Einrichtungen zur Speicherung der benötigten Werkzeuge[313] und Handhabungsgeräte, die es erlauben, den Wechsel dieser Werkzeuge zu automatisieren[314].

Die Summe dieser Einrichtungen ermöglicht einen vollständig automatisierten Durchlauf der Werkstücke durch das System: Nachdem diese an der sogenannten Aufspannstation auf Paletten befestigt wurden[315], was Effekte wie eine Erleich-

---

[307]Vgl. zum Einsatz von Bearbeitungszentren in flexiblen Fertigungssystemen z.B. Arning, A. (1987), S. 69; Dey, H.J.; Möller, B. (1984), S. 459; Fix-Sterz, J.; Lay, G.; Schultz-Wild, R. (1986), S. 372; Jorissen, H.D.; Kämpfer, S.; Schulte, H.J. (1986), S. 81; Klenk, R. (1987), S. 24.

[308]Vgl. zu diesem Zusammenhang Riebel, P. (1963), S. 164-165.

[309]Vgl. Buzacott, J.A.; Shanthikumar, J.G. (1980), S. 339-340; Gallagher, C.C.; Knight, W.A. (1986), S. 154.

[310]Vgl. zu den Formen alternativer Transporteinrichtungen die Übersichten bei Dey, H.J.; Möller, B. (1984), S. 459; Schulz, H.; Arnold, W. (1983), S. 64; Süssenguth, W.; Öhler, P. (1987), S. 423-424.

[311]Vgl. z.B. Dey, H.J.; Möller, B. (1984), S. 459; Shah, R. (1987), S. 16.

[312]Vgl. das Ausführungsbeispiel bei Göhren, H. (1986), S. 28.

[313]Vgl. hierzu die Übersicht über alternative technische Lösungsmöglichkeiten bei Warnecke, H.J. (1985a), S. 273.

[314]Vgl. z.B. Deck, R. (1987), S. 104.

[315]Vgl. Nieß, P.S. (1979), Sp. 597; Schiemenz, B. (1980), S. 57.

terung des Transports[316] und die Vermeidung jeweils erneuter Befestigung jedes Werkstücks an den Bearbeitungsmaschinen[317] induzieren soll, befördert eine Transporteinrichtung jede Palette zu der Bearbeitungsmaschine, die die ersten Herstellungsprozesse ausführt[318], wo sie in der in Abschnitt 2.3.1.3 beschriebenen Weise automatisch gegen die dort vorher bearbeitete Palette ausgetauscht wird. Eventuell kann auch eine kurzfristige Zwischenlagerung der noch nicht bearbeiteten Palette in einem Werkstückspeicher erforderlich sein[319]. Nach der Durchführung aller notwendigen Verrichtungen erfolgt der Transport zur Abspannstation, an der die Erzeugnisse wieder von der Palette gelöst werden[320].

Um trotz der Automatisierung dieser Prozesse einen möglichst großen Spielraum hinsichtlich der strukturbedingten Elastizität beibehalten zu können, erfolgt im allgemeinen der Einbau von Verzweigungen („Weichen") in die Transportwege[321]. Diese in Abb. 2 veranschaulichte Beschaffenheit des Materialflußsystems ermöglicht die Realisierung unterschiedlicher Transportwege durch das System, die aufgrund zum Teil divergierender Bearbeitungsfolgen der einzelnen Erzeugnisse erforderlich ist. Der hierdurch zu verwirklichende „freie Materialfluß"[322] bildet in vielen in der Literatur vorzufindenden Definitionen des Begriffs flexibles Fertigungssystem einen zentralen Bestandteil[323].

---

[316]Vgl. Nieß, P.S. (1979), Sp. 597-598.

[317]Vgl. Jorissen, H.D.; Kämpfer, S.; Schulte, H.J. (1986), S. 81.

[318]Vgl. Blois, K.J. (1986), S. 70.

[319]Vgl. Blocher, B. (1987), S. 26; Nieß, P.S. (1979), Sp. 598.

[320]Vgl. Nieß, P.S. (1979), Sp. 598.

[321]Vgl. auch Mertins, K. (1985), S. 250, der allerdings pauschal von Flexibilität spricht.

[322]Müller, W. (1982), S. 19.

[323]Vgl. z.B. Buzacott, J.A.; Yao, D.D. (1986), S. 891; Gerwin, D. (1981), S. 62; Groover, M.P. (1980), S. 564; Jones, B.; Scott, P. (1986), S. 354; REFA (1987), S. 49.

Abb. 2: Grundriß eines flexiblen Fertigungssystems[324]

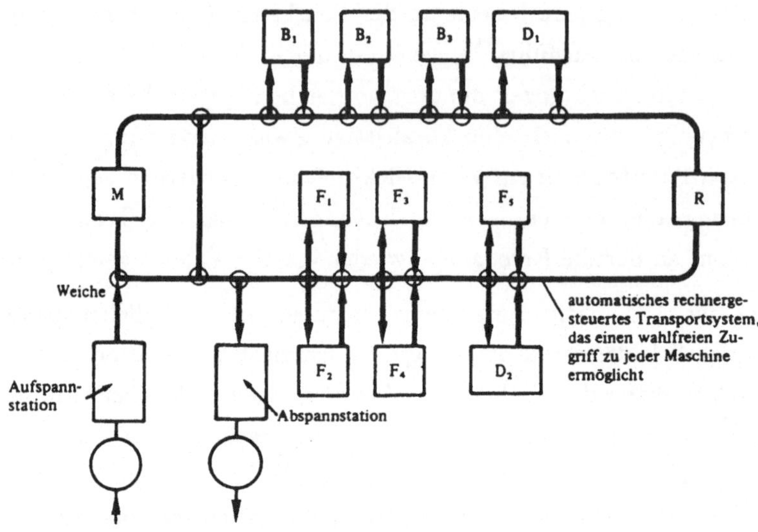

Gesteuert werden sowohl Bearbeitungs- als auch Materialflußsystem durch das *Informationssystem*, dessen bedeutendstes Element der in Abschnitt 2.3.2.1.1 beschriebene Zentralrechner darstellt. Er ist häufig nicht nur mit den Computern an den einzelnen Maschinen des Produktionssystems verbunden, sondern zusätzlich mit übergeordneten Rechnern[325], von denen er bestimmte Vorgaben erhält, z.B. die Endtermine, die bei der Herstellung der zur Bearbeitung anstehenden Erzeugnisse einzuhalten sind[326]. Unter Berücksichtigung dieser Vorgaben[327] steuert der Zentralrechner die Zuteilung der Erzeugnisse zu den Bearbeitungsmaschinen, die Bearbeitungsreihenfolge der Erzeugnisse und – über eine in vielen Fällen vorhandene Direktverbindung mit der Steuerungseinheit

---

[324]Quelle: Hahn, D.; Laßmann, G. (1986), S. 42. Die aus der Quelle übernommenen Symbole B, D, F, M bzw. R bezeichnen Bohr-, Dreh-, Fräs-, Meß- bzw. Reinigungsmaschinen.

[325]Vgl. Burkart, G.; Tüchelmann, Y. (1986), S. VII; Hahn, D.; Laßmann, G. (1986), S. 93-96; Siebenborn, H. (1984), S. 131; Warnecke, H.J. (1979), Sp. 272-276.

[326]Vgl. Saul, G. (1985), S. 35.

[327]Vgl. Bühner, R. (1986g), S. 22.

der Transporteinrichtung[328] – deren Durchlauf durch das System[329] [330]. Hat er ein Erzeugnis zur Bearbeitung an einer Maschine bereitgestellt, übermittelt der Zentralrechner das hierzu benötigte Steuerungsprogramm an deren Steuerungseinheit und sorgt für die Installierung der notwendigen Werkzeuge an dieser Maschine[331]. Daneben gehören häufig noch Erfassung und Auswertung bestimmter Daten, etwa über Quantität und Qualität der Erzeugnisse oder Ursachen und Dauer von Maschinenausfällen[332], sowie deren Weitergabe an übergeordnete Rechner zum Aufgabengebiet des Zentralrechners.

2.3.2.2.3 *Flexible Transferstraßen*

Der Begriff Transferstraße bezeichnet ein auf dem Flußprinzip beruhendes Produktionssystem, das in seiner konventionellen Gestaltung aus Spezialmaschinen besteht, die durch einen getakteten, „zentralgesteuerten Transportmechanismus"[333] verbunden, also starr verkettet[334] sind[335]. Den Übergang von einer konventionellen zu einer flexiblen Transferstraße, für die sich in der Literatur auch die Bezeichnungen flexible Fertigungsstraße[336] bzw. -linie[337] finden, bewirkt der Ersatz der Spezialmaschinen durch über ein DNC-System numerisch gesteuerte Aggregate. Gleichzeitig bleiben die anderen Charakteristika einer Transferstraße erhalten[338], so daß sich als begriffsbestimmende Merkmale einer flexiblen Transferstraße die Zusammensetzung aus mehreren *numerisch gesteuerten*[339], *starr*

---

[328]Vgl. Chakravarty, A.K. (1987), S. 1348; Deck, R. (1987), S. 104.

[329]Vgl. zu Auflistungen der einzelnen Steuerungsaufgaben z.B. Benzinger, K.; Kirchheim, A.; Paluncic, Z. (1986), S. 642; Groover, M.P. (1980), S. 573-574; Hesselbach, J.; Roth, K. (1987), S. 104.

[330]In manchen Fällen übernimmt auch ein mit dem Zentralrechner direkt verbundener übergeordneter Rechner einzelne Steuerungsaufgaben. Vgl. hierzu Hedrich, P.; Brunner, B.; Maucher, K. (1983), S. 144-148, 152-153; Nieß, P.S. (1979), Sp. 599.

[331]Vgl. insbesondere Blois, K.J. (1986), S. 70; Chakravarty, A.K. (1987), S. 1348.

[332]Vgl. Bocker, H.J. et al. (1986), S. 41-42; Kern, H.; Schumann, M. (1986), S. 160.

[333]Riebel, P. (1963), S. 159.

[334]Vgl. zur Definition der starren Verkettung Spur, G. (1979b), Sp. 2122.

[335]Vgl. Mellerowicz, K. (1981), S. 393; Riebel, P. (1963), S. 159.

[336]Vgl. z.B. Erkes, K.; Schmidt, H. (1984), S. 579.

[337]Vgl. Helberg, P. (1987), S. 63; Mertins, K. (1985), S. 249, 252.

[338]Vgl. Scheer, A.W. (1987a), S. 53; Scheer, A.W. (1988), S. 325.

[339]Vgl. Eversheim, W.; Witte, K.W.; Herrmann, P. (1981), S. 15, 17.

verketteten und nach dem *Flußprinzip* angeordneten[340] Bearbeitungsmaschinen sowie die Steuerung durch ein *DNC-System* ergeben.

Daß die flexiblen Transferstraßen auf dem Flußprinzip aufbauen, erklärt sich daraus, daß sie im Gegensatz zu den bisher erörterten Systemen nicht aus dem Bestreben entstehen, Systeme der Werkstattfertigung, die kaum Automatisierungspotentiale bieten[341], durch automatisierte, jedoch mit annähernd gleich hoher Systemflexibilität ausgestattete Produktionssysteme zu substituieren. Vielmehr resultieren sie aus der konträren Zielsetzung[342], starr automatisierten, am Flußprinzip orientierten Produktionssystemen für die Fertigung eines bestimmten Erzeugnisses in sehr großer Stückzahl größere Handlungsspielräume insbesondere in bezug auf die Erzeugnis- und Umrüstflexibilität zu verschaffen. Die Möglichkeiten zur Ausweitung der Handlungsspielräume sind jedoch begrenzt, da flexible Transferstraßen durch automatischen Programm- und Werkzeugtausch[343] zwar relativ leicht auf die Fertigung verschiedener Erzeugnisse umgerüstet werden können[344], diese Erzeugnisse aber untereinander, speziell hinsichtlich der Bearbeitungsfolge[345], eine hohe Ähnlichkeit aufweisen müssen[346], so daß die Erzeugnisflexibilität gering bleibt.

Da die weiteren Ausführungen dieser Arbeit, insbesondere die in Abschnitt 4.2 dargestellten Modelle, stets auf der Annahme basieren, daß als Ausgangspunkt des Übergangs auf Produktionssysteme der flexiblen Automatisierung ein in Werkstattfertigungssysteme gegliederter Produktionsbereich vorliegt, bleiben flexible Transferstraßen von den nachfolgenden Betrachtungen ausgeklammert.

Die Überlegungen zur Typologie zusammenfassend, enthält die nachfolgende Abb. 3 eine tabellarische Übersicht der bei den einzelnen Formen flexibel au-

---

[340]Vgl. Blohm, H. et al. (1987), S. 213; Warnecke, H.J.; Steinhilper, R.; Schütz, W. (1982), S. 611.

[341]Vgl. Burbidge, J.L. (1982), S. 340.

[342]Vgl. prinzipiell zu den unterschiedlichen Ansatzpunkten des Übergangs auf Produktionssysteme der flexiblen Automatisierung z.B. Bühner, R. (1985c), S. 258; Dostal, W. et al. (1982), S. 184; Schultz-Wild, R. (1986), S. 154; Stute, G. (1974), S. 148.

[343]Vgl. Mertins, K. (1985), S. 252; Spur, G.; Mertins, K. (1981), S. 441.

[344]Vgl. Cziudaj, M.; Pfennig, V. (1985), S. 65; Hedrich, P.; Brunner, B.; Maucher, K. (1983), S. 191.

[345]Vgl. Müller, W. (1982), S. 17; Schmidt, H.; Erkes, K. (1987), S. 49.

[346]Vgl. z.B. Gallagher, C.C.; Knight, W.A. (1986), S. 154; Hedrich, P.; Brunner, B.; Maucher, K. (1983), S. 98.

tomatisierter Produktionssysteme höherer Ordnung vorliegenden Ausprägungen der begriffskonstituierenden Merkmale.

Abb. 3: Ausprägungen der Klassifizierungsmerkmale bei den einzelnen Typen flexibel automatisierter Produktionssysteme höherer Ordnung

Merkmal Systemtyp	Verkettung	Organisations- prinzip	DNC- System
Flexible Fertigungsgruppen	keine	Gruppenprinzip	nein
Flexible Fertigungszellen i.e.S.	keine	Gruppenprinzip	ja
Flexible Fertigungssysteme	lose	Gruppenprinzip	ja
Flexible Transferstraßen	starr	Flußprinzip	ja

Diese überschneidungsfreie Systematik schließt allerdings die Existenz von Zwischenformen nicht aus. So kann ein reales Produktionssystem beispielsweise als Mischform aus flexibler Fertigungszelle und flexiblem Fertigungssystem bestehen, wenn ein Teil der in das System integrierten Maschinen verkettet ist, zwischen den restlichen Betriebsmitteln jedoch keine Verkettung besteht.

2.4 Effekte des Einsatzes flexibel automatisierter Produktionssysteme

Das Ziel der folgenden Erörterungen besteht darin, vor dem Hintergrund der in Abschnitt 2.2.2 dargestellten produktionspolitischen Implikationen die aus dem Einsatz flexibel automatisierter Produktionssysteme resultierenden Wirkungen zu analysieren. Eine Auseinandersetzung mit dieser Frage erscheint erforderlich, da viele Literaturstellen lediglich pauschale Aussagen hierzu beinhalten[347].

Auf die Wiedergabe der in einigen Publikationen enthaltenen quantifizierten Angaben, in welchem Ausmaß sich Verbesserungen bestimmter Produktionskennziffern in flexibel automatisierte Produktionssysteme einsetzenden Unternehmen einstellten[348], wird in dieser Arbeit verzichtet, da die zugrundeliegenden Studien auf unterschiedlichen definitorischen Abgrenzungen des Untersuchungsgegenstands aufbauen und die substituierten Fertigungseinrichtungen, die als Bezugsbasis für die Ermittlung der Verbesserungen dienen, stark differieren, weshalb die Vergleichbarkeit der Ergebnisse nicht gewährleistet ist. Zudem beruhen

---

[347]Vgl. stellvertretend für eine Vielzahl von Publikationen Kulatilaka, N. (1984), S. 957.

[348]Vgl. z.B. Bessant, J.; Haywood, B. (1986), S. 465-467; Shah, R. (1985), S. 646; Shah, R. (1987), S. 19-20.

diese Untersuchungen in aller Regel auf Stichproben zu geringen Umfangs, um Aussagen mit dem berechtigten Anspruch auf Allgemeingültigkeit ableiten zu können.

Die folgenden Ausführungen konzentrieren sich deshalb auf eine verbale Skizzierung der in den Eigenschaften flexibel automatisierter Fertigungssysteme begründeten und durch deren Einsatz ausgelösten Wirkungen, die es den solche Systeme einsetzenden Unternehmen ermöglichen sollen, den veränderten produktionspolitischen Erfordernissen besser zu entsprechen, als dies mit konventionellen Produktionssystemen möglich wäre.

2.4.1 *Betriebsmittelbedingte Effekte*

Wie bereits angeführt, unterstellt die Argumentation dieser Arbeit die Installierung flexibel automatisierter Produktionssysteme als Substitute konventioneller Systeme der Werkstattfertigung. Numerisch gesteuerte Bearbeitungsmaschinen ersetzen somit im allgemeinen konventionell gesteuerte Universalmaschinen.

Im Hinblick auf die fertigungspolitische Implikation, Produktionssysteme mit insgesamt hoher Flexibilität aufzubauen, bedeutet dies, daß aufgrund der bereits bei konventionellen Universalmaschinen großen Handlungsspielräume bezüglich einzelner Elastizitätskomponenten[349] eine Ausweitung der betriebsmittelbedingten Flexibilität nur partiell möglich ist. Im Rahmen der Vielseitigkeit besteht lediglich hinsichtlich einer Komponente die Möglichkeit zur nennenswerten Ausweitung: Der Einsatz von Bearbeitungszentren oder die Integration verrichtungsverschiedener Maschinen in identische Produktionssysteme erlauben eine Steigerung der Verrichtungselastizität.

Die – bei Universalmaschinen ohnehin bereits hohe – Umrüstflexibilität erfährt durch die leichte Austauschbarkeit der Programme zur Maschinensteuerung und, sofern sie realisiert wird, auch durch die Automatisierung des Werkstückwechsels eine Erhöhung[350]. Deutlich auszuweiten ist die Umbaufähigkeit, vor allem durch den Einsatz von Bearbeitungszentren, deren Konzeption häufig auf dem Baukastenprinzip beruht[351], die sich also aus einzelnen Modulen zusammensetzen. Diese Konstruktion erlaubt bei zukünftigen Änderungen der Fertigungsaufgaben

---

[349]Vgl. Abschnitt 2.2.3.

[350]Vgl. hierzu auch die unvollständigen Darstellungen bei Müller, W. (1982), S. 14; Ránky, P. (1983), S. 4.

[351]Vgl. hierzu die Abbildung in Anhang 2.

die Neukombination und damit die Weiterverwendung eines Teils der Module[352]. Mit dem Einsatz derartiger Bearbeitungszentren kann somit der Forderung vieler Autoren, flexibel automatisierte Produktionssysteme höherer Ordnung modular zu gestalten[353], um deren Umbauflexibilität zu erhöhen[354], Rechnung getragen werden.

Numerisch gesteuerte Betriebsmittel eröffnen auch die Möglichkeit, eine hohe quantitative Elastizität zu erreichen, und zwar primär durch ihr Potential zur zeitlichen Anpassung: Bei Vorliegen bestimmter Voraussetzungen, zu denen z.B. ein automatisierter Austausch der zu bearbeitenden Erzeugnisse gehört[355], können diese Betriebsmittel in den Pausen der Maschinenbediener weiterarbeiten und sogar während ganzer Schichten ohne die Anwesenheit (bzw. mit einer nur geringen Zahl) von Bedienern produzieren[356]. Diese bei konventionellen Betriebsmitteln im allgemeinen nicht gegebene[357] Möglichkeit erlaubt eine Erhöhung der Outputmenge flexibel automatisierter Produktionssysteme, wenn eine solche erforderlich ist. Allerdings gilt es in diesem Zusammenhang zu berücksichtigen, daß sich die diffizile Technik solcher Fertigungssysteme häufig auch negativ auf die realisierbare Einsatzzeit auswirken kann, indem sie eine störungsbedingte Unterbrechung der Produktion im System verursacht[358].

Die angestrebte hohe Qualität der produzierten Erzeugnisse läßt sich mit elementaren Produktionssystemen der flexiblen Automatisierung ebenfalls erreichen[359], was die ausgewertete Literatur generell nicht auf deren hohe Materialflexibilität, sondern ausschließlich auf die Fähigkeit der Maschinen zurückführt,

---

[352]Vgl. Ropohl, G. (1979), Sp. 300.

[353]Vgl. Milberg, J. (1981), S. 265-266; Spur, G.; Specht, D. (1985), S. 24.

[354]Auf empirischen Erhebungen beruhende Schätzungen besagen, daß gemessen an den Anschaffungsauszahlungen 50 bis 80% der Elemente eines flexibel automatisierten Produktionssystems höherer Ordnung nach einem Aufgabenwechsel zur Herstellung der neuen Erzeugnisse verwendet werden können. Vgl. Wildemann, H. (1984), S. 10.

[355]Vgl. zu den Voraussetzungen im einzelnen Hammer, H. (1983), S. 77; Hammer, H. (1987), S. 14; Junghanns, W. (1975), S. 312; Ránky, P. (1983), S. 3; Rogel, E. (1984), S. 387; Sorge, A. et al. (1982), S. 165.

[356]Vgl. z.B. Dey, H.J.; Möller, B. (1984), S. 461; Horváth, P.; Kleiner, F.; Mayer, R. (1987), S. 72; Kenn, H. (1987), S. 27; Staudt, E.; Schepanski, N. (1983), S. 307.

[357]Vgl. Göhren, H. (1986), S. 23.

[358]Vgl. hierzu Gerwin, D. (1981), S. 65.

[359]Vgl. Goldhar, J.D. (1986), S. 28; Husband, T.M. (1984), S. 199; Meredith, J. (1987), S. 250.

Bearbeitungsvorgänge mit hoher Präzision vorzunehmen und die Genauigkeit ihrer Ausführung auch umfassend zu überwachen[360].

Zur Verkürzung der Erzeugnisdurchlaufzeiten können numerisch gesteuerte Betriebsmittel – neben der bereits angesprochenen möglichen mehrschichtigen Produktion[361] – zum einen aufgrund ihrer Fähigkeit beitragen, Bearbeitungsoperationen (allerdings nur begrenzt) schneller als konventionelle Universalmaschinen auszuführen[362]. Zum anderen erlaubt es die in Abschnitt 2.3.1.3 am Beispiel von Bearbeitungszentren beschriebene, jedoch auch bei anderen Typen numerisch gesteuerter Maschinen gegebene Möglichkeit, die meisten der vor der Bearbeitung eines Erzeugnisses zu vollziehenden Rüsttätigkeiten während der Produktionszeit des zu rüstenden Betriebsmittels durchzuführen[363], die durch Rüstvorgänge bedingten Wartezeiten der Erzeugnisse und damit deren Durchlaufzeit gegenüber der Produktion auf konventionellen Universalmaschinen zu verringern.

Ein besonders nennenswertes Potential für eine Durchlaufzeitverkürzung bieten Bearbeitungszentren, da durch die Integration mehrerer Verrichtungen in einer Maschine und die sich daraus ergebende Möglichkeit, eine Mehrzahl von Bearbeitungsoperationen in einer Aufspannung vorzunehmen, Rüstzeiten an *mehreren* verrichtungsspezialisierten Universalmaschinen und zusätzlich die Zeiten für den Transport der Erzeugnisse zwischen diesen Universalmaschinen entfallen[364].

In bezug auf die Kostenwirkungen der Entscheidung, numerisch gesteuerte Bearbeitungsmaschinen einzusetzen, lassen sich folgende Tendenzaussagen anführen: Die Anschaffungsauszahlungen für ein derartiges Betriebsmittel liegen höher als die für ein vergleichbares konventionelles Aggregat[365]. Eine langfristige Betrachtung kann jedoch trotzdem zu dem Ergebnis führen, daß der Erwerb einer nume-

---

[360] Vgl. Child, J. (1984a), S. 214; Goldhar, J.D.; Jelinek, M. (1983), S. 142; Holz, B. (1986), S. 205; Laßmann, G.; Maßberg, W.; Rademacher, M. (1987), S. 342; Schulz, H. (1986), S. 86; Wildemann, H. (1987b), S. 143.

[361] Vgl. zum durchlaufzeitverkürzenden Effekt einer Steigerung der Schichtzahl Junghanns, W. (1986), S. 169.

[362] Vgl. Babel, W. (1987), S. 19; Bullinger, H.J.; Lorenz, D.; Traut, L. (1986), S. 85; Goldhar, J.D. (1986), S. 28; Klenk, R. (1987), S. 21.

[363] Vgl. hierzu z.B. auch Brammertz, D. (1981), S. 154; Gebhardt, A.; Hatzold, O. (1978), S. 29; Holz, B. (1986), S. 201; Lay, G. (1987), S. 409.

[364] Vgl. Arning, A. (1987), S. 40-41, 112; Middle, G.H.; Connolly, R.; Thornley, R.H. (1971), S. 300; Yankee, H.W. (1979), S. 278.

[365] Vgl. Arning, A. (1987), S. 10; Wildemann, H. (1984), S. 8.

risch gesteuerten Maschine die wirtschaftlichere Alternative darstellt, da deren vergleichsweise hohe Umbaufähigkeit die bei konventionellen Maschinen im allgemeinen nicht vorhandene Möglichkeit eröffnet, die technische Nutzungsdauer, also „die Zeit, während der Aggregate oder Teile von Aggregaten technisch genutzt werden können"[366], so auszudehnen, daß sie nicht nach Ablauf der Lebensdauer eines bestimmten Erzeugnisses endet, sondern sich über die Lebensdauern mehrerer Erzeugnisse erstreckt[367].

Zusätzlich fallen in manchen Fällen Anschaffungsauszahlungen für die notwendigen Betriebsmittel des Informations- und Materialflußsystems an, die einen hohen Anteil an der Gesamtsumme der für die Installierung eines flexibel automatisierten Produktionssystems zu leistenden Investitionsauszahlungen ausmachen. Einer häufig angeführten Faustformel zufolge beträgt dieser Anteil beispielsweise bei flexiblen Fertigungssystemen in etwa 50%[368].

Die aus dem laufenden Betrieb numerisch gesteuerter Bearbeitungsmaschinen resultierenden Kosten unterschreiten nach in der Literatur vorherrschender Meinung diejenigen konventioneller Maschinen, obwohl sich einzelne Kostenarten, etwa die Instandhaltungskosten[369], durchaus erhöhen können. Als ausschlaggebend werden dabei zwei Ursachen angesehen: Die bereits angesprochene Steigerung der Erzeugnisqualität führt dazu, daß geringere Kosten für die Ersatzbeschaffung verschwendeten Materials, für Nacharbeiten an qualitativ minderwertigen Erzeugnissen sowie für die Erfüllung von Gewährleistungsansprüchen anfallen[370]. In erster Linie gilt jedoch eine Verringerung der Kosten je Rüstvorgang als Grund für die angeführte Kostensenkung[371]. Diese pauschale, nur unzureichend begründete Aussage erscheint bei einer differenzierteren Betrachtung der Rüstkosten, die sich aus den Auszahlungen für die beim Rüstvorgang verbrauchten Produktionsfaktoren sowie den im Falle eines Stillstands alternativ nutzbarer

---

[366]Gans, B.; Looss, W.; Zickler, D. (1977), S. 68.

[367]Vgl. Laßmann, G.; Maßberg, W.; Rademacher, M. (1987), S. 332; Marti, K. (1986), S. 35; Schünemann, T.M.; Lehnen, H. (1983), S. 501.

[368]Vgl. Wildemann, H. (1987b), S. 121 und die dort angeführte Literatur. Vgl. auch ISI; IAB; IWF (1982), S. 263; Shah, R. (1987), S. 19, 20; Willenborg, J.A.M.; Krabbendam, J.J. (1987), S. 1686.

[369]Vgl. z.B. Scharf, P.; Schulz, E. (1973), S. 131.

[370]Vgl. z.B. Child, J. (1984a), S. 214; Child, J. (1984b), S. 249; Goldhar, J.D.; Jelinek, M. (1983), S. 142.

[371]Vgl. z.B. Buzacott, J.A.; Yao, D.D. (1986), S. 902; Goldhar, J.D.; Jelinek, M. (1983), S. 143.

Maschinen während des Umrüstens verursachten Opportunitätskosten zusammensetzen[372], plausibel: Während sich der Verbrauch an Produktionsfaktoren im Vergleich zum Rüstvorgang bei konventionellen Universalmaschinen nur unwesentlich verändern dürfte, bewirkt die Verlegung der meisten Rüsttätigkeiten in die Produktionszeit numerisch gesteuerter Betriebsmittel eine Verringerung der Zeit, in der die Bearbeitungsmaschinen aufgrund des Umrüstens für eine „alternative Nutzung"[373] nicht zur Verfügung stehen, und somit der Opportunitätskosten, die dem „Deckungsbeitrag ... des verdrängten Kalkulationsobjekts"[374] entsprechen, also dem höchsten Deckungsbeitrag der auf der betrachteten Maschine hergestellten Erzeugnisse. Hierdurch nehmen insgesamt die Rüstkosten ab[375]. Dieser Effekt führt dazu, daß unter ökonomischen Erwägungen numerisch gesteuerte Betriebsmittel eher eine Produktion kleinerer Serien, wie sie aufgrund der veränderten Absatzmarktbedingungen häufig nötig ist, erlauben als konventionelle Universalmaschinen[376], da die im Falle kleinerer Seriengrößen in Kauf zu nehmenden häufigen Umrüstvorgänge bei ersteren nur vergleichsweise geringe Kosten verursachen.

Versuche einiger Unternehmer, die angeführten Effekte des Einsatzes numerisch gesteuerter Betriebsmittel durch eine einfache Substitution konventioneller Aggregate unter Beibehaltung einer Werkstattfertigung zu realisieren, ließen erkennen, daß diese Effekte im Rahmen einer Werkstattfertigung nur in unzureichender Weise zum Tragen kommen[377], beispielsweise aufgrund der Tatsache, daß die angesprochene Produktion in zusätzlichen Schichten mit einer geringen Zahl von Maschinenbedienern bei Erzeugnissen, die mehrere, auf verschiedenen Maschinen auszuführende Bearbeitungsvorgänge erfordern, kaum durchführbar ist, da mit konventionellen Aggregaten ausgestattete und deshalb nur in den gewöhnlichen Schichten arbeitende Werkstätten den für die zusätzlichen Schichten notwendi-

---

[372]Vgl. Zäpfel, G. (1982), S. 187.

[373]Zäpfel, G. (1982), S. 187.

[374]Bohr, K. (1985), S. 78

[375]Diese Argumentation gilt jedoch nicht generell, sondern nur bei Vorliegen bestimmter, allerdings plausibler Voraussetzungen. Vgl. hierzu die Darstellung in Anhang 3.

[376]Vgl. auch Hammer, H. (1986b), S. 638; Horváth, P.; Kleiner, F.; Mayer, R. (1987), S. 80.

[377]Vgl. Dostal, W. et al. (1982), S. 183; Junghanns, W. (1986), S. 164; Kernforschungszentrum Karlsruhe (1984), S. 25.

gen Vorrat an angearbeiteten Erzeugnissen nicht bereitstellen können[378].

Zudem bleiben bei einer derartigen Konstellation die prinzipiellen Nachteile der Werkstattfertigung[379] erhalten[380], so daß speziell hinsichtlich der Durchlaufzeitverkürzung, die häufig das dominierende Ziel beim Einsatz flexibel automatisierter Fertigungssysteme darstellt[381], lediglich partielle, jedoch – außer bei Einsatz von Bearbeitungszentren – keine durchgreifenden Erfolge zu erzielen sind. Die häufig konstatierten kurzen Durchlaufzeiten in diesen Produktionssystemen[382] lassen sich vielmehr erst nach einer Veränderung der fertigungsorganisatorischen Struktur erreichen[383], die den Übergang zu auf dem Gruppenprinzip aufbauenden flexibel automatisierten Produktionssystemen höherer Ordnung bewirkt[384].

2.4.2 *Strukturbedingte Effekte*

Die prinzipielle Intention des Übergangs von Werkstatt- zu Gruppenfertigungssystemen besteht nach Ansicht einiger Autoren darin, die Vorteile der Werkstattfertigung[385] mit den positiven Effekten der Reihenfertigung, speziell mit dem Erreichen vergleichsweise kurzer Durchlaufzeiten der Erzeugnisse[386], zu kombinieren[387]. Obwohl sich natürlich die Vorzüge beider Formen der Fertigungsorganisation nicht im jeweils bestmöglichen Ausmaß realisieren lassen, bewirkt die Auslegung von Produktionssystemen nach dem Gruppenprinzip anstelle der Werkstattfertigung eine Reihe organisatorischer Verbesserungen[388], darunter in

---

[378]Vgl. Bajna, N. (1976), S. 203. Vgl. prinzipiell zur Notwendigkeit eines Vorrats an angearbeiteten Erzeugnissen Wildemann, H. (1987b), S. 95.

[379]Vgl. hierzu Abschnitt 2.2.3.

[380]Vgl. auch Helberg, P. (1987), S. 57.

[381]Vgl. ISI; IAB; IWF (1982), S. 188-189; Shah, R. (1987), S. 14, 17.

[382]Vgl. z.B. Holz, B.; Gaebler, W. (1985), S. 15.

[383]Vgl. Arning, A. (1987), S. 14; Bessant, J.; Haywood, B. (1986), S. 471; Ross, M.H. (1981), S. 30, 34.

[384]Vgl. Bühner, R. (1987b), S. 259.

[385]Vgl. hierzu Abschnitt 2.2.3.

[386]Vgl. zu kurzen Durchlaufzeiten als wesentlichstem Positivum der Reihenfertigung Wöhe, G. (1986), S. 408.

[387]Vgl. Mellerowicz, K. (1981), S. 376; Mosier, C.; Taube, L. (1985), S. 381; Wild, R. (1984), S. 126; Wöhe, G. (1986), S. 411.

[388]Vgl. z.B. die Auflistungen bei Burbidge, J.L. (1973b), S. 4, 15; Gallagher, C.C.; Knight, W.A. (1986), S. 15-16; Hyer, N.L.; Wemmerlöv, U. (1982), S. 681, 685; Weber, G. (1983), S. 70.

aller Regel auch die angestrebte Verkürzung der Durchlaufzeiten[389].

Daß der zuletzt genannte Effekt auftritt, obwohl – wie in Abschnitt 2.1.2.2.2 beschrieben – der Wechsel von einer verrichtungs- zu einer objektorientierten Form der Fertigungsorganisation tendenziell eine Verringerung der Durchlauffreizügigkeit induziert, erklärt sich daraus, daß die Gruppenfertigung die Realisierung bestimmter Vorteile der sogenannten Erzeugnisfamilienbildung erlaubt.

Im allgemeinen bildet nämlich die (häufig lediglich gedanklich vorgenommene und somit keine materiellen Konsequenzen verursachende) Aufspaltung der Menge aller in einem Produktionsbereich zu bearbeitenden Erzeugnisse in – als Familien bezeichnete[390] – Teilmengen ähnlicher Erzeugnisse den Grundgedanken des Aufbaus von Fertigungsgruppen und damit auch des Aufbaus flexibel automatisierter Produktionssysteme höherer Ordnung[391]: Fertigungsgruppen entstehen, wie in Abschnitt 2.3.2.1.2 bereits angedeutet, indem die zur Bearbeitung bestimmter Erzeugnisfamilien jeweils notwendigen Betriebsmittel[392] räumlich konzentriert und „zu Produktionssystemen ... zusammengefaßt werden"[393].

Dabei kann die Ähnlichkeit, auf deren Basis die Bildung der Erzeugnisfamilien erfolgt, auf unterschiedlichen Kriterien beruhen[394], von denen allerdings lediglich die Verwandtschaft der geometrischen Formen einzelner Erzeugnisse bzw. der Kombinationen während der Herstellung anzulaufender Maschinen nennenswerte praktische Relevanz besitzen[395].

Die Differenzierung dieser unterschiedlichen Kriterien der Erzeugnisähnlichkeit ist notwendig, da zwischen beiden trotz gegensätzlicher Meinungen in der Litera-

---

[389]Vgl. z.B. Brödner, P. (1984), S. 34; Edwards, G.A.B. (1971a), S. 343; Ranson, G.M. (1972), S. 60.

[390]Vgl. Ausschuß für Wirtschaftliche Fertigung (1984), S. 5.

[391]Vgl. zur Feststellung der Notwendigkeit von Erzeugnisfamilien bei flexibel automatisierten Produktionssystemen höherer Ordnung z.B. Holz, B.; Gaebler, W. (1985), S. 35; Ross, M.H. (1981), S. 33; Teicholz, E. (1984), S. 173; Torri, L. (1982), S. 585. Vgl. als einzigen Vertreter einer konträren Auffassung Ránky, P. (1983), S. 115.

[392]Vgl. zur Maßgeblichkeit von Erzeugnisfamilien für die Gestaltung von Gruppenfertigungssystemen auch Czeranowsky, G. (1975), S. 204; Ingram, F.B. (1982), S. 32; Ranson, G.M. (1972), S. 62; Weber, G. (1983), S. 169-170.

[393]Kilger, W. (1986), S. 85. Vgl. auch Ahlmann, H.J. (1980), S. 645; Geitner, U.W. (1979), Sp. 1960; Krycha, K.T. (1978), S. 27.

[394]Vgl. dazu die Auflistungen bei Bajna, N. (1976), S. 205; Eversheim, W. (1980), Sp. 688; Geitner, U.W. (1979), Sp. 1956; REFA (1985), S. 475; Saak, V. (1982), S. 27.

[395]Vgl. Burbidge, J.L. (1971b), S. 391; Geitner, U.W. (1979), Sp. 1957; Saak, V. (1982), S. 27.

tur[396] keine eindeutige Beziehung besteht: Aus der zwischen zwei Erzeugnissen vorliegenden Formähnlichkeit kann zwar in Ausnahmefällen[397], nicht jedoch generell darauf geschlossen werden, daß die Wege, auf denen beide Erzeugnisse den Fertigungsbereich durchlaufen, ebenfalls weitgehend übereinstimmen[398], weshalb die Anwendung der beiden Ähnlichkeitskriterien auf ein bestimmtes Erzeugnisspektrum in aller Regel zwei unterschiedliche Konstellationen von Erzeugnisfamilien hervorbringt[399].

Um diese Konstellationen auch terminologisch differenzieren zu können, schlagen verschiedene Autoren vor, Erzeugnisfamilien als Teilefamilien bzw. Fertigungsfamilien zu bezeichnen, wenn die Familien im Hinblick auf Formähnlichkeit bzw. (weitgehende) Übereinstimmung der in Anspruch genommenen Maschinen gebildet wurden[400]. Die vorliegende Arbeit folgt nicht dieser Vorgehensweise, sondern verwendet ausschließlich den Terminus Erzeugnisfamilie. Diese Einschränkung ist berechtigt, da hier lediglich eines der beiden Ähnlichkeitskriterien, die Verwandtschaft in bezug auf den Fertigungsablauf, Berücksichtigung findet.

Der Grund hierfür liegt darin, daß die Erzeugnisfamilienbildung auf der Basis geometrischer Ähnlichkeiten neben allgemeinen Kriterien wie eingesetzter Rohstoff oder Funktion der Erzeugnisse lediglich deren (z.B. durch bestimmte Größenparameter beschriebene) Form berücksichtigt[401]. Entsprechend zusammengefaßte Erzeugnisfamilien erlauben zwar Vereinfachungen in den zwischen den Bearbeitungsvorgängen einzelner Erzeugnisse einer Familie vorzunehmenden Umrüstprozessen[402], da die lediglich geringfügigen Formunterschiede „keine

---

[396]Vgl. Edwards, G.A.B. (1971b), S. 83; Gombinski, J. (1967), S. 559; Tilsley, R.; Lewis, F.A.; Galloway, D.F. (1977), S. 270.

[397]Vgl. Hyer, N.L.; Wemmerlöv, U. (1982), S. 682.

[398]Vgl. Burbidge, J.L. (1973b), S. 7-8; Burbidge, J.L. (1975), S. 227-228; Hyer, N.L.; Wemmerlöv, U. (1984), S. 141.

[399]Vgl. zur empirischen Untermauerung dieser Aussage durch entsprechende Ergebnisse bei der Analyse eines realen Erzeugnisspektrums Bußmann, J. et al. (1985), S. 71.

[400]Vgl. Arning, A. (1987), S. 22; Hahn, D.; Laßmann, G. (1986), S. 41-42; Saak, V. (1982), S. 23; Warnecke, H.J.; Osman, M.; Weber, G. (1980), S. 6. Abweichende terminologische Differenzierungen verwenden z.B. Bühner, R. (1986c), S. 493; Kernforschungszentrum Karlsruhe (1984), S. 29; REFA (1985), S. 478, 482, 490; Zäpfel, G. (1982), S. 193.

[401]Vgl. z.B. Bocker, H.J. et al. (1986), S. 38; Burkhardt, M. (1984), S. 112-113; Wildemann, H. (1987b), S. 89.

[402]Vgl. Freist, C.; Granow, R. (1982), S. 419, 493; Hedrich, P.; Brunner, B.; Maucher, K. (1983), S. 94; Link, J. (1978), S. 126; Ritzman, L.P.; King, B.E.; Krajewski, L.J.

oder nur unerhebliche Neueinstellungen bzw. Umrüstungen"[403] an den jeweiligen Bearbeitungsmaschinen erfordern; dies dürfte jedoch allenfalls geringfügig verkürzte Durchlaufzeiten induzieren.

Dagegen folgen aus der Abgrenzung von Erzeugnisfamilien auf der Grundlage ähnlicher Kombinationen der anzulaufenden Bearbeitungsmaschinen Vorteile, die eine deutliche Durchlaufzeitverkürzung erlauben: Die räumliche Konzentration der für die Herstellung von Erzeugnissen mit weitgehend identischen Bearbeitungsanforderungen jeweils notwendigen Betriebsmittel führt zu einer Verkürzung der beim Transport dieser Erzeugnisse zurückzulegenden Wege. Dies bewirkt eine Senkung der Transport-[404] und damit der Durchlaufzeiten der Erzeugnisfamilien[405].

Gleichzeitig vermindert sich die Komplexität des Materialflusses[406], speziell in Fällen, in denen es gelingt, eine Produktionssystemkonstellation aufzubauen, in der jedes Erzeugnis vollständig in einer Fertigungsgruppe hergestellt werden kann, weshalb Transporte nur noch *innerhalb* der Gruppen, nicht jedoch *zwischen* den einzelnen Systemen anfallen[407]. Die Zahl der Überschneidungen in den Transportwegen verringert sich, wodurch die Zeiten, während derer Erzeugnisse aufgrund voll belegter Kapazitäten auf ihre Bearbeitung warten müssen, abnehmen[408].

Zudem erlaubt es die geringere Komplexität des Materialflusses, in Gruppenfertigungssystemen den Produktionsablauf leichter als in Systemen der Werkstattfertigung zu planen, zu steuern und zu überwachen[409]. Hierdurch wird es möglich, die in den zuletzt genannten Systemen häufig viel Zeit in Anspruch

---

(1984), S. 150; Singer, P. (1980), S. 169; Zäpfel, G. (1982), S. 193.

[403] Steffens, F. (1976), Sp. 3859.

[404] Vgl. Arning, A. (1987), S. 40, 112; Greene, T.J.; Sadowski, R.P. (1984), S. 90; Krycha, K.T. (1978), S. 28.

[405] Vgl. prinzipiell zu diesem Zusammenhang z.B. Grochla, E. (1972), S. 123, 132-133; Kosiol, E. (1972), S. 95-96; Riebel, P. (1963), S. 111.

[406] Vgl. z.B. Ausschuß für Wirtschaftliche Fertigung (1984), S. 8; Child, J. (1984b), S. 37-38; Mellerowicz, K. (1981), S. 332; Warnecke, H.J.; Osman, M.; Weber, G. (1980), S. 8.

[407] Vgl. hierzu auch Hachtel, G.; Fuchs, R.M. (1987), S. 157.

[408] Vgl. Arning, A. (1987), S. 21; Warnecke, H.J. (1984a), S. 405; Warnecke, H.J.; Lederer, K.G. (1979), S. 67.

[409] Vgl. z.B. Arning, A. (1987), S. 40; Brödner, P. (1984), S. 34; Lindholm, R. (1979), S. 436; Mellerowicz, K. (1981), S. 378; Vajna, S. (1987), S. 44, 49.

nehmenden Koordinationsprozesse, beispielsweise hinsichtlich der Anfangs- und Endtermine für aufeinanderfolgende Bearbeitungsvorgänge eines Erzeugnisses in unterschiedlichen Fertigungssystemen, weitgehend zu reduzieren[410], wiederum vor allem in Fällen, in denen die einzelnen Systeme voneinander unabhängig sind[411], also zwischen Elementen unterschiedlicher Systeme keine Beziehungen bestehen. Die erzeugnisbegleitenden Belege, deren Zahl aufgrund der geringeren Komplexität des Materialflusses abnimmt[412], haben nur noch in Ausnahmefällen den zeitraubenden Weg über eine zentrale Stelle zur Planung und Steuerung des Produktionsablaufs zurückzulegen. Dieser den Informationsfluß vereinfachende Effekt tritt in besonders ausgeprägter Form auf, wenn wesentliche Teile der zur Planung und Steuerung notwendigen Informationen in die Informationssysteme der einzelnen Fertigungsgruppen integriert werden[413].

Vor dem Hintergrund dieser Überlegungen erscheint es folgerichtig, daß verschiedene Autoren – allerdings ohne Angabe von Gründen – empfehlen, für die Herstellung in flexibel automatisierten Produktionssystemen solche Erzeugnisse zu Familien zusammenzufassen, deren Fertigungsabläufe weitgehend übereinstimmen[414].

Die aufgezeigten Möglichkeiten zur Verkürzung der Erzeugnisdurchlaufzeiten induzieren bei ihrer Realisierung im allgemeinen auch eine Kostenreduktion: Die kürzeren Durchlaufzeiten bewirken, daß sich angearbeitete Erzeugnisse für einen kürzeren Zeitraum im Produktionsbereich befinden[415], was häufig auch zu einer früheren Realisierung der für die Erzeugnisse zu erzielenden Einzahlungen und – dem in Abschnitt 2.2.3 aufgezeigten Zusammenhang entsprechend – damit zu geringeren Kosten der Kapitalbindung führt[416].

---

[410]Vgl. Warnecke, H.J.; Lederer, K.G. (1979), S. 67.

[411]Vgl. de Beer, C.; de Witte, J. (1978), S. 389; Hachtel, G.; Fuchs, R.M. (1987), S. 157.

[412]Vgl. Burbidge, J.L. (1971b), S. 250; Edwards, G.A.B. (1971a), S. 344.

[413]Vgl. hierzu Bühner, R. (1986c), S. 494; Bühner, R. (1986g), S. 45-46; Witte, H. (1984), S. 78.

[414]Vgl. z.B. Martin, T. (1985), S. 15; Stute, G. (1974), S. 149; Wildemann, H. (1987b), S. 92, 256. Mellerowicz empfiehlt dieses Vorgehen generell für Gruppenfertigungssysteme. Vgl. Mellerowicz, K. (1981), S. 373.

[415]Vgl. z.B. Burbidge, J.L. (1979), S. 41; Groover, M.P. (1980), S. 558; Meredith, J. (1987), S. 251; Petrov, V.A. (1968), S. 2.

[416]Vgl. Burbidge, J.L. (1973a), S. 321; Williamson, D.T.N. (1981), S. 72. Vgl. prinzipiell zu diesem Zusammenhang Schneeweiß, C. (1987), S. 227.

Auch der zweite große Block der in Werkstattfertigungssystemen aufgrund der spezifischen fertigungsorganisatorischen Struktur anfallenden Kosten läßt sich durch den Übergang auf Gruppenfertigungssysteme verringern: Aus der hierdurch bewirkten, bereits angesprochenen Verkürzung der Transportwege resultiert eine Abnahme der anfallenden Transportkosten[417], die möglicherweise durch die Verringerung der Zahl notwendiger Transporteinrichtungen[418] noch eine Verstärkung erfährt.

Das Ausmaß der Realisierbarkeit aller eben erörterten strukturbedingten Effekte wird wesentlich von der Zahl und der Größe der installierten flexibel automatisierten Produktionssysteme beeinflußt. Mit zunehmender Zahl von Betriebsmitteln je System und der damit wachsenden Anzahl von Beziehungen zwischen diesen Betriebsmitteln verringert sich die Möglichkeit, Produktionssysteme mit Material- und Informationsflüssen geringer Komplexität aufzubauen[419]. Eine große Zahl von Unternehmen in Japan[420] und den USA[421] ging deshalb bereits dazu über, den gesamten Produktionsbereich in kleinere, auf die Herstellung jeweils einer aus Elementen mit großer Ähnlichkeit bestehenden Erzeugnisfamilie spezialisierte Fertigungssysteme aufzuteilen. Auch in der Bundesrepublik Deutschland scheint der Trend dahin zu gehen, eher kleine flexibel automatisierte Produktionssysteme höherer Ordnung einzurichten[422], um ein weitgehendes Erreichen der strukturbedingten Vorteile zu ermöglichen[423].

Die Überlegungen dieses Abschnitts zusammenfassend, läßt sich feststellen, daß

---

[417]Vgl. Burbidge, J.L. (1971b), S. 252, 403; Wöhe, G. (1986), S. 411-412. Vgl. auch die grundsätzlichen Ausführungen zum Zusammenhang zwischen Transportwegen und -kosten in Abschnitt 2.1.2.2.1.2.1.

[418]Vgl. Gallagher, C.C.; Knight, W.A. (1986), S. 82.

[419]Vgl. Kusiak, A. (1987a), S. 4. Vgl. auch die grundlegenden Darstellungen zur Produktionssystemgestaltung bei Hayes, R.H.; Schmenner, R.W. (1978), S. 110.

[420]Vgl. Bolwijn, P.T.; Brinkman, S. (1987), S. 26.

[421]Vgl. Burns, B.A. (1986), S. 138; Schonberger, R.J. (1987), S. 95.

[422]Vgl. Fix-Sterz, J.; Lay, G.; Schultz-Wild, R. (1986), S. 371. Die Autoren geben an dieser Stelle im Unterschied zu anderen Publikationen explizit an, welches Kriterium zur Abgrenzung kleiner von großen Systemen dient: Ein flexibel automatisiertes Fertigungssystem höherer Ordnung wird in die Kategorie klein eingeordnet, wenn für die Anzahl der im System installierten Bearbeitungsmaschinen die Beziehung $2 \leq |M| \leq 5$ gilt; für eine Klassifizierung als großes System ist das Erfüllen der Ungleichung $|M| > 5$ erforderlich.

[423]Ob diese Vorteile im angestrebten Umfang erreicht werden können, hängt allerdings zum Teil auch von den zur Planung, Steuerung und Kontrolle des Fertigungsablaufs eingesetzten Verfahren ab. Vgl. hierzu Ballakur, A.; Steudel, H.J. (1987), S. 640; Burbidge, J.L. (1975), S. 4.

technische und organisatorische Eigenschaften flexibel automatisierter Produktionssysteme, speziell diejenigen der Systeme höherer Ordnung, tatsächlich die Schlußfolgerung nahelegen, derartige Systeme seien bei Vorliegen der angeführten produktionspolitischen Implikationen eher als adäquate Gestaltung des Produktionsbereichs anzusehen als konventionelle Systeme der Werkstattfertigung, da sie die Schaffung der benötigten Handlungsspielräume hinsichtlich der einzelnen Elastizitätskomponenten, die Produktion von qualitativ hochwertigen Erzeugnissen sowie die Realisierung kurzer Durchlaufzeiten ermöglichen und gleichzeitig wesentliche Bestandteile der in Werkstattfertigungssystemen anfallenden Kosten vermindern. Aus dieser Argumentation läßt sich jedoch keineswegs eine pauschale Empfehlung für den Einsatz flexibel automatisierter Produktionssysteme ableiten, wie dies in einigen Publikationen der Fall ist[424]; die Vorteilhaftigkeit des Einsatzes derartiger Systeme muß vielmehr in jedem Einzelfall anhand einer Wirtschaftlichkeitsrechnung dokumentiert werden.

Hat sich jedoch ein Unternehmen entschlossen, flexibel automatisierte Produktionssysteme höherer Ordnung einzuführen, gilt es die Frage zu klären, ob deren Aufbau in einem Schritt oder in mehreren Stufen[425] erfolgen soll.

2.5 Alternativen des Aufbauprozesses flexibel automatisierter Produktionssysteme höherer Ordnung

Das Endziel der Installierung flexibel automatisierter Produktionssysteme höherer Ordnung besteht im allgemeinen darin, zu flexiblen Fertigungssystemen zu gelangen, da diese aufgrund ihrer technischen und organisatorischen Eigenschaften das größte Potential zur Realisierung der im vorhergegangenen Abschnitt erörterten Effekte zu bieten scheinen.

Der Aufbau eines solchen Systems in einem Schritt, der in der Regel die Substitution bisher eingesetzter Betriebsmittel durch ein komplett neu angeschafftes flexibles Fertigungssystem induziert, verursacht sehr hohe Investitionsauszahlungen, die angesichts der in vielen, speziell kleineren Unternehmen knappen verfügbaren Mittel für Investitionen häufig nicht aufgebracht werden können[426]. Da zudem im Zeitpunkt der Investitionsplanung Unsicherheit über die durch die

---

[424]Vgl. z.B. Schnörr, R. (1987), S. 319; Zeh, K.P.; Frank, H.E. (1984), S. 11.

[425]Vgl. zu diesen prinzipiellen Alternativen z.B. ISI; IAB; IWF (1982), S. 247.

[426]Vgl. Warnecke, H.J.; Steinhilper, R.; Schütz, W. (1982), S. 611; Wildemann, H. (1984), S. 13.

Installierung des Systems ausgelösten Aus- und vor allem Einzahlungen[427] und somit auch über die Wirtschaftlichkeit der Investition besteht, empfehlen viele Autoren einen stufenweisen Aufbau flexibler Fertigungssysteme[428], um anstelle eines großen Investitionsprojekts eine Kette mehrerer kleiner, aufeinanderfolgender Projekte zu erhalten. Dies ermöglicht zum einen die Verteilung der Anschaffungsauszahlungen auf mehrere Perioden und zum anderen eine Senkung des Investitionsrisikos dadurch, daß die Investitionskette abgebrochen werden kann, wenn sich herauskristallisiert, daß die Gesamtinvestition nicht wirtschaftlich ist, obwohl ursprünglich ein entgegengesetztes Planungsergebnis vorlag. Der Abbruch verhindert hierbei den Verlust der gesamten Anschaffungsauszahlungen, wie er im Fall der Systeminstallierung in einem Schritt aufgetreten wäre.

Ein stufenweiser Aufbau verläuft in folgenden Phasen[429]: In Stufe eins erfolgt die Bestimmung der Erzeugnisfamilien und die Bildung der zu deren Bearbeitung jeweils geeigneten flexiblen Fertigungszellen. Diese flexiblen Fertigungszellen stellen zeitlich befristete Übergangslösungen dar[430], aus deren Erweiterung um ein automatisiertes Materialflußsystem und, sofern noch nicht vorhanden, ein DNC-System Stufe zwei, die Weiterentwicklung zu flexiblen Fertigungssystemen, resultiert[431], in der des öfteren der Ersatz von Betriebsmitteln geringeren Automatisierungsgrads erfolgen muß.

Mittlerweile läßt sich allerdings – besonders in US-amerikanischen Unternehmen wie John Deere[432] und Harley-Davidson[433] – die Tendenz erkennen, von der Betrachtung abzurücken, die Existenz flexibler Fertigungszellen ziehe als logische Folge in jedem Fall den Aufbau flexibler Fertigungssysteme nach sich[434]. Vielmehr hat sich die anfängliche Euphorie, unbedingt flexible Fertigungssysteme

---

[427]Vgl. hierzu auch Wildemann, H. (1987b), S. 24.

[428]Vgl. z.B. ISI; IAB; IWF (1982), S. 247; Wildemann, H. (1984), S. 13.

[429]Vgl. auch Buzacott, J.A.; Yao, D.D. (1986), S. 892; Junghanns, W. (1976), S. 20-22; Shah, R. (1987), S. 19. Ein Praxisbeispiel für den stufenweisen Aufbau eines flexiblen Fertigungssystems findet sich bei Merchant, M.E. (1981), S. 5.

[430]Vgl. Bajna, N. (1976), S. 204; Williamson, D.T.N. (1981), S. 70.

[431]Vgl. zur Vorläuferfunktion flexibler Fertigungszellen für flexible Fertigungssysteme z.B. Burkhardt, M. (1984), S. 28; Chakravarty, A.K. (1987), S. 1350; Magee, J.F.; Copacino, W.C.; Rosenfield, D.B. (1985), S. 149; Merchant, M.E. (1981), S. 3, 4-5; Purcheck, G.F.K. (1985b), S. 915; Wild, R. (1984), S. 126; Wolf, M. (1979), S. 11.

[432]Vgl. Schonberger, R.J. (1987), S. 99.

[433]Vgl. Blackburn, J.; Millen, R. (1986), S. 168.

[434]Vgl. zu dieser Sichtweise insbesondere Gallagher, C.C.; Knight, W.A. (1986), S. 82, 145, 152.

einsetzen zu müssen, in manchen Unternehmen gelegt, als man dort erkannte, daß einerseits bereits die Existenz flexibler Fertigungszellen positive Effekte in ähnlicher Höhe auslöste, wie sie erst nach der Installierung flexibler Fertigungssysteme erwartet wurden[435], andererseits bereits realisierte flexible Fertigungssysteme die mit ihrem Einsatz verbundenen Erwartungen häufig nicht erfüllten[436]. Diese Unternehmen beschränken sich deshalb auf den Aufbau flexibler Fertigungszellen[437] und verzichten – zumindest vorläufig – auf den Einstieg in die letzte Phase des schrittweisen Aufbaus flexibel automatisierter Produktionssysteme höherer Ordnung, was durch die in Abschnitt 2.4.1 erwähnte Höhe der Auszahlungen für die aufgrund dieser Entscheidung nicht benötigten Elemente des Informations- und Materialflußsystems große Einsparungen in den notwendigen Investitionsauszahlungen impliziert.

Unabhängig davon, ob sie als Endpunkt des Aufbauprozesses oder lediglich als Zwischenschritt auf dem Weg zu flexiblen Fertigungssystemen geplant sind, soll die Installierung der flexiblen Fertigungszellen nach Auffassung einiger Autoren so vorgenommen werden, daß bereits im Unternehmen vorhandene, etwa in Werkstätten integrierte numerisch gesteuerte Betriebsmittel die Basis dieser Systeme höherer Ordnung bilden[438], indem man sie aus der bestehenden Fertigungsorganisation herauslöst und zu Gruppen zusammenfaßt, da in diesem Fall nur geringe Anschaffungsauszahlungen anfallen[439] und zudem auf Bearbeitungsmaschinen zurückgegriffen werden kann, deren Zuverlässigkeit bekannt ist, was das mit dem Aufbau neuer Produktionssysteme verbundene Risiko gering hält[440].

Da sich kaum eine Literaturstelle mit der Erarbeitung von Planungsgrundlagen für derartige organisatorische Veränderungen beschäftigt, obwohl sich in neueren Publikationen mehrfach die Meinung findet, beim Aufbau flexibel automatisierter Produktionssysteme sei die durchdachte Gestaltung der den Systemen zugrundeliegenden organisatorischen Struktur von mindestens ebenso

---

[435]Vgl. Blackburn, J.; Millen, R. (1986), S. 167-168; Haas, E.A. (1987), S. 77; Schonberger, R.J. (1987), S. 99; Warner, T.N. (1987), S. 57-58.

[436]Vgl. Büdenbender, W.; Scheller, T. (1987), S. 22; Hammer, H. (1987), S. 17.

[437]Vgl. hierzu das Praxisbeispiel bei Wildemann, H. (1987e), S. 130-131.

[438]Vgl. insbesondere Schonberger, R.J. (1987), S. 95. Vgl. auch Wildemann, H. (1987e), S. 2.

[439]Vgl. Schonberger, R.J. (1987), S. 95.

[440]Vgl. Scharf, P.; Schulz, E. (1973), S. 206.

großer Bedeutung wie deren Ausgestaltung mit einer Vielzahl subtiler technischer Elemente[441], steht die Planung derartiger organisatorischer Veränderungen im Mittelpunkt des Interesses dieser Arbeit. Zum besseren Verständnis der dabei zu berücksichtigenden Gestaltungsmaßnahmen erscheint es sinnvoll, zunächst auf deren theoretische Grundlagen einzugehen.

---

[441] Vgl. insbesondere Warner, T.N. (1987), S. 59-60. Vgl. auch Aachener Werkzeugmaschinen-Kolloquium (1987), S. 107, 108.

3 GRUNDLAGEN DER ORGANISATORISCHEN GESTALTUNG FLEXIBEL AUTOMATISIERTER PRODUKTIONSSYSTEME

3.1 Theoretische Fundierung organisatorischen Gestaltens

Die Funktion organisatorischer Gestaltungsmaßnahmen besteht darin, die Beziehungen zwischen den in einem Unternehmen (bzw. in einem Teilbereich eines Unternehmens) einzusetzenden Arbeitnehmern und Betriebsmitteln, den herzustellenden oder zur Herstellung benötigten Objekten und den zu erfüllenden Aufgaben[1] zu strukturieren[2]. Strukturierung bedeutet in diesem Zusammenhang, daß ausgehend von dem in der Erbringung einer bestimmten Marktleistung, also der Erzeugung bestimmter Objekte, bestehenden globalen Handlungsziel des betrachteten Unternehmens[3] die zu dessen Erreichung notwendigen Aufgaben zu größeren Komplexen zusammengefaßt und Personen oder Betriebsmitteln zum Zweck der Erfüllung zugeteilt werden[4].

Um dieses vielschichtige Problem analytisch besser durchdringen zu können, empfahl insbesondere Kosiol eine Differenzierung danach, ob die Gestaltungsmaßnahmen den organisatorischen Aufbau des Unternehmens bzw. eines seiner Teilbereiche oder den prozessualen Ablauf im analysierten Gebilde betreffen[5]. Während die organisatorische Gestaltung des Aufbaus von den vier eine Aufgabe bestimmenden Charakteristika[6] lediglich die Merkmale auszuführende Verrichtungen sowie zu bearbeitende Objekte berücksichtigt[7] und „die Gliederung der Unternehmung in aufgabenteilige Einheiten"[8], sogenannte Organisationseinheiten[9], sowie deren Relationen untereinander festlegt[10], umfaßt die organisatori-

---

[1]Vgl. zu dieser Auflistung der Elemente organisatorischer Gestaltungsmaßnahmen Küpper, H.U. (1982), S. 2.

[2]Vgl. Grochla, E. (1972), S. 13; Kosiol, E. (1976), S. 19-20.

[3]Vgl. Grochla, E. (1972), S. 13; Kosiol, E. (1972), S. 63; Kosiol, E. (1976), S. 41.

[4]Vgl. Bühner, R. (1987a), S. 11-12, der allerdings lediglich die Übertragung der Aufgabenkomplexe an Personen anspricht. Dagegen betont Grochla die Notwendigkeit, gerade bei automatisierten Produktionssystemen Betriebsmittel im Rahmen organisatorischer Gestaltung ebenfalls als Aufgabenträger anzusehen. Vgl. Grochla, E. (1972), S. 46.

[5]Vgl. Kosiol, E. (1976), S. 32.

[6]Vgl. hierzu Bühner, R. (1987a), S. 9-10.

[7]Vgl. Bühner, R. (1987a), S. 11.

[8]Kosiol, E. (1976), S. 32.

[9]Vgl. zur Terminologie Bühner, R. (1987a), S. 61.

[10]Vgl. z.B. Kosiol, E. (1976), S. 32.

sche Gestaltung des prozessualen Ablaufs darüber hinaus auch die beiden weiteren Merkmale, die zeitliche und die räumliche Dimension der Aufgabe[11].

Der Zweck der zuletzt genannten ablauforganisatorischen Strukturierung liegt nach Küpper in der Gestaltung der folgenden Beziehungen zwischen den einzelnen Elementen organisatorischer Gestaltungsmaßnahmen[12]:

- Gruppierungsbeziehungen,
- räumliche Beziehungen,
- zeitliche Beziehungen und
- Arbeitsbeziehungen.

Da die räumlichen Beziehungen unmittelbar aus der räumlichen Gruppierung von Betriebsmitteln oder Personen entstehen[13] und Arbeitsbeziehungen auf Transporten bestimmter Objekte zwischen Betriebsmitteln mit verschiedenen Standorten oder an Arbeitsplätzen unterschiedlicher Lokalisierung eingesetzten Personen beruhen[14], erscheint es überflüssig, beide Beziehungsarten explizit aufzuführen. Sie ergeben sich als Folge räumlicher Gruppierungsbeziehungen und sind deshalb bei deren Gestaltung mit zu berücksichtigen. Aus diesem Grund zählt in dieser Arbeit über die Strukturierung der Gruppierungsbeziehungen hinaus lediglich noch die Gestaltung zeitlicher Beziehungen zum Gegenstand ablauforganisatorischer Maßnahmen.

Gerade bei der Strukturierung dieser zeitlichen Beziehungen gilt es jedoch zu berücksichtigen, daß eine Maßnahme nur dann mit dem Attribut organisatorisch belegt werden darf, wenn sie einmalig oder nur in sehr großen zeitlichen Abständen anfallende Gestaltungsprobleme löst[15]. Deshalb zählen in dieser Arbeit Maßnahmen, „die ihrem Wesen nach Steuerungsaufgaben sind"[16] und deshalb ständig anfallen[17], wie etwa die Bestimmung der zeitlichen Reihenfolge, in der die Bearbeitung verschiedener Aufträge erfolgen soll, im Gegensatz zu anderen Publikationen[18] nicht zu den organisatorischen Gestaltungsmaßnahmen.

---

[11]Vgl. Bühner, R. (1987a), S. 11.

[12]Vgl. Küpper, H.U. (1982), S. 3.

[13]Vgl. Grochla, E. (1972), S. 132-133; Kosiol, E. (1972), S. 95-96.

[14]Vgl. Küpper, H.U. (1982), S. 4.

[15]Vgl. Kosiol, E. (1972), S. 68.

[16]Kern, W. (1965), S. 136.

[17]Vgl. Kern, W. (1965), S. 136, 142.

[18]Vgl. z.B. Küpper, H.U. (1982), S. 22, 176.

Abschließend bedarf es noch der Anmerkung, daß der Ansatz des eingangs erwähnten Handlungsziels als alleiniges Ziel nicht ausreicht, da zu dessen Erreichung im allgemeinen mehrere alternative Bündel von Gestaltungsmaßnahmen zur Verfügung stehen. Zur Auswahl des für die Unternehmung wünschenswertesten Bündels wird neben das Sachziel der Leistungserstellung (mindestens) ein Formalziel treten, mit dessen Hilfe die Wirtschaftlichkeit der einzelnen Maßnahmenbündel gemessen werden soll[19]. Die Ermittlung der wünschenswertesten Alternative setzt somit die Lösung des „Standardproblems der Organisationsplanung"[20] voraus, d.h., es ist zu planen, welche organisatorischen Veränderungen unter den vorliegenden Umweltkonstellationen die bestmögliche Erreichung eines bestimmten Formalziels erlauben[21].

Die Feststellung, welche Planungstechniken zur Behandlung der hier vorliegenden Problemstellung, bereits im Unternehmen vorhandene numerisch gesteuerte Betriebsmittel aus der bestehenden Fertigungsorganisation herauszulösen und in flexibel automatisierte Produktionssysteme zu integrieren, geeignet sind, setzt zunächst die Klärung der Frage voraus, welche der eben behandelten Gestaltungsmaßnahmen bei derartigen organisatorischen Veränderungen anfallen.

3.2 Organisatorische Aufgaben bei der Gestaltung flexibel automatisierter Produktionssysteme

Im Rahmen der Behandlung der ablauforganisatorischen Gestaltungsmaßnahmen soll zunächst die Strukturierung zeitlicher Beziehungen im Mittelpunkt des Interesses stehen. Sie versucht primär, die bei der Erfüllung der übertragenen Aufgabenkomplexe abgegebenen Leistungen der einzelnen Arbeitnehmer und Betriebsmittel in zeitlicher Hinsicht zu koordinieren, um so kurze Durchlaufzeiten der Erzeugnisse realisieren zu können[22], beispielsweise durch die Festlegung der Taktzeiten in getakteten Produktionssystemen[23]. Da in Produktionssystemen der flexiblen Automatisierung – mit Ausnahme der von der Betrachtung

---

[19]Vgl. prinzipiell zur Differenzierung von Sach- und Formalziel Kosiol, E. (1972), S. 223.

[20]Drumm, H.J. (1980), S. 311.

[21]Vgl. Drumm, H.J. (1980), S. 311.

[22]Vgl. Kosiol, E. (1976), S. 215. Kosiol verwendet für die Gestaltung zeitlicher Beziehungen die Termini Arbeitsvereinigung bzw. temporale Synthese.

[23]Vgl. Kosiol, E. (1976), S. 221-231.

ausgeklammerten flexiblen Transferstraßen – allenfalls eine lose Verkettung zwischen den einzelnen Betriebsmitteln besteht[24], erübrigt sich die Taktzeitbestimmung bei derartigen Systemen.

Die weiteren unter die Strukturierung zeitlicher Beziehungen subsumierten Maßnahmen wie die Ermittlung von Bearbeitungsreihenfolgen oder optimalen Losgrößen[25] stellen keine organisatorischen Maßnahmen im Sinne der im vorhergehenden Abschnitt vorgenommenen Abgrenzung dar, da sie gerade bei Vorliegen der in Abschnitt 2.2.2 erläuterten produktionspolitischen Implikationen veränderter Absatzmarktbedingungen, wie etwa tendenziell abnehmender Seriengrößen, in kurzen zeitlichen Abständen jeweils neu durchzuführen sind.

Somit brauchen die üblicherweise zur Strukturierung zeitlicher Beziehungen gerechneten Maßnahmen in der weiteren Argumentation keine Berücksichtigung mehr zu finden. Die ablauforganisatorische Gestaltung beschränkt sich in flexibel automatisierten Produktionssystemen deshalb auf die Strukturierung von Gruppierungsbeziehungen.

Diese entstehen nicht nur durch die bereits angesprochene *räumliche* Gruppierung bestimmter Elemente organisatorischer Gestaltungsmaßnahmen, sondern generell durch jede „sachliche Zuordnung von Elementen derselben Klasse"[26], beispielsweise von Objekten zu anderen Objekten, in flexibel automatisierten Produktionssystemen also von Erzeugnissen zu anderen Erzeugnissen. Ein zu lösendes Gruppierungsproblem besteht deshalb darin, die objektbezogenen Gruppierungsbeziehungen so zu gestalten, daß durch die wechselseitige Zuordnung von Erzeugnissen Erzeugnisfamilien entstehen.

Die Gruppierung von Betriebsmitteln führt zu deren Zusammenfassung zu Produktionssystemen[27]. Es erscheint gerechtfertigt, den Betriebsmittelbegriff in diesem Kontext auf Bearbeitungsmaschinen einzuengen, da die Anordnung ergänzend zugeordneter Betriebsmittel (z.B. Werkzeugspeicher), sofern bereits über deren konkrete technische Spezifikation entschieden wurde, im allgemeinen durch technische Erfordernisse determiniert sein dürfte. Somit besteht der Kern des Planungsproblems bei der Gestaltung der betriebsmittelbezogenen Gruppierungsbeziehungen in der Festlegung, welche Bearbeitungsmaschinen zu welchen

---

[24]Vgl. Abschnitt 2.3.2.2.

[25]Vgl. z.B. Kosiol, E. (1972), S. 93.

[26]Küpper, H.U. (1982), S. 3.

[27]Vgl. Küpper, H.U. (1982), S. 20.

Systemen zusammengefaßt werden und auf welchen Standorten die Installierung der einzelnen Maschinen erfolgt. Diese Festlegung determiniert gleichzeitig die räumlichen Beziehungen, also die Entfernungen, und – bei vorgegebenen Bearbeitungsreihenfolgen der Erzeugnisse – auch die auf Erzeugnistransporten beruhenden Arbeitsbeziehungen zwischen den einzelnen Bearbeitungsmaschinen.

Folgt man der bereits angeführten Betrachtungsweise Grochlas, automatisierte Betriebsmittel wie numerisch gesteuerte Bearbeitungsmaschinen ebenfalls als Aufgabenträger anzusehen, wird an dieser Stelle die häufig konstatierte Interdependenz zwischen aufbau- und ablauforganisatorischer Gestaltung[28] deutlich: Die technischen Eigenschaften der zu einem Produktionssystem zusammengefaßten Betriebsmittel einerseits und die Bearbeitungsanforderungen der in diesem System zu bearbeitenden Erzeugnisfamilie andererseits determinieren weitgehend den von diesem Fertigungssystem auszuführenden Anteil an der Gesamtheit aller im Unternehmen zu erfüllenden Aufgaben. Die Bildung mehrerer Produktionssysteme führt also zu aufgabenteiligen Organisationseinheiten und erfüllt damit auch die aufbauorganisatorischen Gestaltungsfunktionen.

Mit der – im weiteren unter dem Begriff fertigungsorganisatorische Gestaltung[29] zusammengefaßten – Strukturierung der Gruppierungsbeziehungen zwischen Erzeugnissen und zwischen Betriebsmitteln ist die ablauforganisatorische Gestaltung flexibel automatisierter Produktionssysteme abgeschlossen. Wie einleitend zu Abschnitt 3.1 bereits erwähnt, sind jedoch auch Arbeitnehmer als Elemente organisatorischer Gestaltungsmaßnahmen zu betrachten. Da in nahezu allen flexibel automatisierten Produktionssystemen eine Reihe von nicht durch die Systemelemente zu erfüllenden Aufgaben anfallen, die von Arbeitnehmern auszuführen sind und Quantität sowie Qualität des Systemoutputs in starkem Maße mit bestimmen[30], stellen die in einem System beschäftigten Arbeitnehmer zwar keine Elemente dieses Produktionssystems, aber dennoch wichtige Faktoren dar, die wesentlich zur Erfüllung der Systemaufgaben beitragen[31]. Aus diesem Grund

---

[28]Vgl. z.B. Bühner, R. (1987a), S. 11; Küpper, H.U. (1982), S. 9-10.

[29]Die in der Maßgeblichkeit von Erzeugnisfamilien für die Abgrenzung von Produktionssystemen begründet liegende Wahl dieser Terminologie impliziert einen gegenüber der bisherigen Begriffsverwendung ausgeweiteten Inhalt des Terminus Fertigungsorganisation.

[30]Vgl. hierzu im einzelnen Abschnitt 5.2.2.

[31]Vgl. insbesondere Bühner, R. (1986g), S. 2-3. Vgl. auch Hwang, S.L. et al. (1984), S. 855; Liebe, B. (1983), S. 8; Schleef, A. (1986), S. 26; Schultz-Wild, R. (1986), S. 156.

sind in die organisatorische Gestaltung flexibel automatisierter Produktionssysteme auch die Gruppierungsbeziehungen zwischen Arbeitnehmern einzubeziehen.

Gegenstand dieser Gruppierungsbeziehungen ist nach Küpper die Integration mehrerer Arbeitnehmer in Gruppen von Arbeitnehmern[32]. Durch die Bildung derartiger Gruppen entstehen aufgabenteilige Organisationseinheiten, womit wie bei den betriebsmittelbezogenen Gruppierungsbeziehungen gleichzeitig mit der ablauforganisatorischen auch aufbauorganisatorische Gestaltung geschieht.

Die Gruppierung der Arbeitnehmer setzt allerdings die Realisierung einiger vorab durchzuführender organisatorischer Maßnahmen voraus. Ausgangspunkt ist die aufbauorganisatorische Gestaltungsmaßnahme, zu erfüllende Aufgaben zusammenzufassen und den kleinsten aufbauorganisatorischen Einheiten, den sogenannten Stellen[33], zuzuordnen. Die Bildung dieser Stellen geschieht dabei personenunabhängig, d.h., es erfolgt lediglich die Abgrenzung des Aufgabenbereichs für einen gedachten, nicht jedoch für einen tatsächlich existierenden Arbeitnehmer[34].

Ihre Fortsetzung findet die Stellenbildung in ablauforganisatorischen Maßnahmen, die in erster Linie die *realen* Arbeitnehmer bestimmen, die die einzelnen Stellen übernehmen[35]. Aus organisatorischer Sicht interessiert im Hinblick auf die einer Stelle und damit dem dieser Stelle zugeordneten Arbeitnehmer übertragenen Aufgaben lediglich, welcher Art diese sind, nicht jedoch, welche Menge der einzelnen Aufgaben dem Arbeitnehmer zugeteilt wird. Letzteres bedarf aufgrund seiner Determiniertheit durch den konkret vorliegenden Auftragsbestand und das jeweils verfügbare Personal in kurzen zeitlichen Abständen einer Neuplanung[36]. Allerdings sind Überlegungen anzustellen, wie häufig jede Aufgabe während des Planungszeitraums *insgesamt* anfallen wird, da hiervon die Zahl der zu bildenden Stellen abhängt[37].

Die abschließende Gestaltung der Gruppierungsbeziehungen ist notwendig, da die Summe aller in einem flexibel automatisierten Produktionssystem von Ar-

---

[32]Vgl. Küpper, H.U. (1982), S. 20.

[33]Vgl. zum Stellenbegriff z.B. Bühner, R. (1987a), S. 61; Grochla, E. (1972), S. 45.

[34]Vgl. Kosiol, E. (1976), S. 89-90.

[35]Vgl. Kosiol, E. (1972), S. 92-93; Kosiol, E. (1976), S. 212-215.

[36]Vgl. Kosiol, E. (1976), S. 214-215.

[37]Vgl. Drumm, H.J. (1987), S. 971.

beitnehmern auszuführenden Aufgaben im allgemeinen das Leistungsvermögen eines einzelnen Arbeitnehmers übersteigt[38].

Die Gesamtheit der in bezug auf die in Produktionssystemen eingesetzten Arbeitnehmer durchzuführenden organisatorischen Gestaltungsmaßnahmen wird in dieser Arbeit unter dem Begriff arbeitsorganisatorische Gestaltung zusammengefaßt. Entsprechend bezeichnet der in der Literatur häufig gebrauchte, jedoch selten definierte[39] Terminus Arbeitsorganisation die Aufteilung der gesamten in einem Produktionsbereich zu erfüllenden Aufgaben auf die einzelnen Arbeitnehmer in den Systemen sowie die Zusammenfassung dieser Arbeitnehmer zu Gruppen[40].

Zur Strukturierung der Gruppierungsbeziehungen zwischen den Vertretern der vierten Gruppe der einleitend zu Abschnitt 3.1 aufgezählten Elemente organisatorischen Gestaltens, den Aufgaben, bleibt anzumerken, daß diese Gestaltungsmaßnahmen keiner expliziten Erörterung bedürfen, da sie im Rahmen der Zuordnung von Aufgaben zu Arbeitnehmern oder Betriebsmitteln bereits mit vorgenommen werden.

Somit ist die Darstellung des Prozesses ablauforganisatorischer Gestaltung bei der Bildung flexibel automatisierter Produktionssysteme als abgeschlossen anzusehen. Ein zu der aufbauorganisatorischen Strukturierung gehörender Aspekt, die Abgrenzung der einzelnen Organisationseinheiten, wurde als mit der Ablaufgestaltung gleichzeitig zu realisierender Effekt ebenfalls bereits erörtert, so daß lediglich noch die Gestaltung der zwischen den Organisationseinheiten bestehenden – materiellen und informationellen[41] – Beziehungen zu klären bleibt.

Die Struktur der materiellen Beziehungen ergibt sich nach Grochla als Resultat der ablauforganisatorischen Gestaltung[42], beispielsweise, wie bereits erwähnt, die zurückzulegenden Wege beim Transport materieller Objekte als Resultat der Gruppierung von Betriebsmitteln, und bedarf deshalb keiner gesonderten Erläuterung.

---

[38]Vgl. auch Eversheim, W.; Herrmann, P.; Müller, W. (1983), S. 849.

[39]Vgl. auch Dey, G. (1985), S. 91; Mann, W.E. (1984), S. 47.

[40]Vgl. zu einer ähnlichen, allerdings weniger umfassenden Definition Fricke, W. (1978), S. 29.

[41]Vgl. zu dieser Differenzierung Abschnitt 2.1.1.1.

[42]Vgl. Grochla, E. (1972), S. 121.

Im Bereich informationeller Beziehungen verhindert deren große Komplexität generelle Aussagen über die Notwendigkeit ihrer *expliziten* Berücksichtigung im organisatorischen Gestaltungsprozeß. Die gedankliche Analyse konstruierter Beispiele führte jedoch zu dem Ergebnis, daß diese Beziehungen

- zumindest implizit eine Berücksichtigung erfahren (z.B. ist die im Rahmen der von Grochla „autoritätsbegründete Kommunikation"[43] genannten Informationsübermittlung anfallende Aufgabe, anderen Stellen Weisungen zu erteilen, in die Zusammenstellung des Aufgabenkomplexes einer Weisungen erteilenden Stelle einzubeziehen),

- technologisch determiniert sind (z.B. der Austausch von Steuerungsinformationen zwischen dem Leitrechner eines Fertigungssystems und den damit verbundenen Betriebsmitteln) oder

- keine organisatorischen Beziehungen im Sinne der Definition dieser Arbeit darstellen (z.B. die nicht im Aufgabenkomplex einer Stelle enthaltene fallweise Weitergabe von Informationen an eine andere Stelle).

Auf der Basis dieser Überlegungen erscheint es vertretbar, auf eine explizite Berücksichtigung der informationellen Beziehungen zu verzichten, so daß zusammenfassend festzuhalten bleibt, daß die organisatorische Gestaltung flexibel automatisierter Produktionssysteme aus den drei Schritten

- Erzeugnisfamilienbildung,

- Strukturierung der Produktionssysteme und

- arbeitsorganisatorische Gestaltung

besteht.

Die gesuchte Planungstechnik, die letztendlich Entscheidungsmodelle für „die Ableitung rationaler Problemlösungen"[44] bereitstellen soll, muß also in diesen drei Gestaltungsbereichen anwendbar sein. Da sie als Hilfsmittel sowohl zur Bestimmung von Erzeugnisfamilien[45] als auch zur Gestaltung flexibler Fertigungszellen[46] eingesetzt werden kann und sich zudem, wie die nachfolgende Definition zeigen wird, zumindest aufgrund ihrer prinzipiellen Intention auch für die arbeitsorganisatorische Strukturierung eignet, besteht die Möglichkeit, als Grundlage für die Erarbeitung entsprechender Entscheidungsmodelle eine Methodik

---

[43] Grochla, E. (1972), S. 95.

[44] Bamberg, G.; Coenenberg, A.G. (1985), S. 10.

[45] Vgl. Gunn, T.G. (1982), S. 91.

[46] Vgl. Kumar, K.R.; Vannelli, A. (1987), S. 1715, 1726; Ross, M.H. (1981), S. 33.

zu verwenden, die schon vor mehreren Jahrzehnten entwickelt wurde, dann aber beinahe in Vergessenheit geriet. Erst ihre Anwendbarkeit im Zusammenhang mit flexibel automatisierten Produktionssystemen führte in den letzten Jahren zu einer Erhöhung des Interesses an dieser Methodik[47], die im Englischen mit „group technology" umschrieben wird und für die sich in (erst in kleiner Zahl vorliegenden) entsprechenden deutschsprachigen Publikationen trotz seiner Unschärfe der wörtlich übersetzte Terminus Gruppentechnologie durchgesetzt hat.

3.3 Die Gruppentechnologie als Hilfsmittel der organisatorischen Gestaltung flexibel automatisierter Produktionssysteme

3.3.1 *Der Begriff Gruppentechnologie*

Die Literatur zur Gruppentechnologie beinhaltet eine Vielzahl von Definitionen dieses Begriffs[48]. Abgesehen von einigen trivialen Erläuterungen, die die Gruppentechnologie einfach als Fertigungsstrategie[49] oder schlichtweg als „one of the most important discoveries of the century"[50] klassifizieren, besteht die allen Begriffsbestimmungen gemeinsame Basisüberlegung in der Betrachtung der Gruppentechnologie als Methodik, die ausgehend von der Ausnutzung bestimmter Ähnlichkeiten der herzustellenden Erzeugnisse[51] versucht, im Bereich der Serienfertigung eine rationelle Gestaltung von Produktionsprozessen zu erreichen[52]. Unterschiede zwischen den einzelnen Definitionen resultieren aus der fehlenden Übereinstimmung hinsichtlich der konkreten Maßnahmen, auf die sich die rationelle Gestaltung erstrecken soll. Unter diesem Aspekt lassen sich drei Kategorien von Begriffsklärungen unterscheiden:

---

[47] Vgl. zum wieder angestiegenen Interesse an gruppentechnologischen Fragestellungen auch Askin, R.G.; Subramanian, S.P. (1987), S. 101; Chase, R.B.; Aquilano, N.J. (1981), S. 649, 651; Ham, I.; Hitomi, K.; Yoshida, T. (1985), S. 7-8; Huang, P.Y.; Houck, B.L.W. (1985), S. 83, 87; Zipse, T. (1986), S. 250.

[48] Vgl. auch Abou-Zeid, M.R. (1975), S. 32; Saak, V. (1982), S. 22; Warnecke, H.J.; Osman, M.; Weber, G. (1980), S. 5.

[49] Vgl. Burbidge, J.L. (1973a), S. 323; Eversheim, W.; Fromm, W. (1986), S. 541.

[50] Burbidge, J.L. (1975), S. 2.

[51] Vgl. im einzelnen Abschnitt 2.4.2.

[52] Vgl. Hyer, N.L.; Wemmerlöv, U. (1982), S. 681; Ranson, G.M. (1972), S. 1; Waghodekar, P.H.; Sahu, S. (1984), S. 937.

- Entsprechend der Intention früher gruppentechnologischer Arbeiten[53] bezeichnet der Terminus in einigen Publikationen lediglich das Bestreben, hinsichtlich ihrer geometrischen Form ähnliche Erzeugnisse zu Erzeugnisfamilien zusammenzufassen, um durch deren gemeinsame Bearbeitung die in Abschnitt 2.4.2 dargestellten Vorteile zu erreichen[54].

- Weiter gehende Definitionen rechnen neben der Bildung von Erzeugnisfamilien auch adäquate Veränderungen von Produktionssystemen zu den Elementen der Gruppentechnologie. Nach diesem Verständnis dient ein zweiter, gelegentlich auch mit der Bezeichnung Fertigungssegmentierung belegter[55] Verfahrensschritt der Aufteilung der Menge vorhandener Betriebsmittel in mehrere Fertigungsgruppen[56], von denen jede die Bearbeitung einer der im anderen Schritt zusammengestellten Erzeugnisfamilien übernimmt[57]. Dieser Richtung sind die meisten der in der Literatur vorzufindenden Begriffsbestimmungen zuzurechnen[58].

- Die umfassendste Erklärung interpretiert den Begriff Gruppentechnologie in Analogie zum sozio-technischen Ansatz der Organisationstheorie[59]. In dessen „Zentrum steht die These, daß die betrieblichen Aufgaben im Zusammenwirken von technischen Systemen (z.B. gekennzeichnet durch das Layout der Produktionsanlagen) und sozialen Systemen ... bewältigt werden"[60], woraus die Forderung resultiert, Fertigungssysteme und die sozialen Systeme der Arbeitnehmergruppen so zu gestalten, daß wesentliche Bedürfnisse der Arbeitnehmer Beachtung finden[61].

Vertreter dieser Betrachtungsweise der Gruppentechnologie kritisieren deshalb die fehlende Berücksichtigung der die Arbeitnehmer betreffenden Aspek-

---

[53]Vgl. z.B. Mitrofanow, S.P. (1960), S. 22.

[54]Vgl. Groover, M.P. (1980), S. 538; Kaluza, B. (1984), S. 316; Starr, M.K.; Biloski, A.J. (1984), S. 357.

[55]Vgl. z.B. Wildemann, H. (1987c), S. 53.

[56]Vgl. Gallagher, C.C.; Knight, W.A. (1973), S. 83; Kusiak, A. (1987b), S. 561.

[57]Vgl. Wild, R. (1980), S. 203.

[58]Vgl. z.B. die Definitionen bei Arn, E.A. (1975), S. 1; Bocker, H.J. et al. (1986), S. 38; Gunn, T.G. (1982), S. 84-85, 91; Gupta, R.M.; Tompkins, J.A. (1982), S. 73; Warner, T.N. (1987), S. 57.

[59]Vgl. zur Erläuterung des sozio-technischen Ansatzes z.B. Jakob, H. (1980), S. 25-26.

[60]Schmied, V. (1982), S. 75.

[61]Vgl. Cherns, A. (1976), S. 784; Schmied, V. (1982), S. 75.

te in engeren Auslegungen des Begriffs[62] und erweitern das Analysespektrum um Fragestellungen der Arbeitsorganisation[63]. Die Intention der arbeitsorganisatorischen Gestaltung besteht dabei darin, sogenannte teilautonome Arbeitsgruppen[64] zu bilden, die – entsprechend dem sozio-technischen Ansatz[65] – den einzelnen Fertigungsgruppen zugeordnet werden und die Verantwortung für die Erfüllung des im jeweiligen Fertigungssystem durchzuführenden, aus ausführenden und dispositiven Elementen bestehenden Aufgabenspektrums übertragen bekommen[66].

Eine Analyse dieser umfassendsten Definition der Gruppentechnologie führt zu der Erkenntnis, daß ein entsprechend dieser Konzeption realisiertes Produktionssystem die drei begriffskonstituierenden Merkmale einer Fertigungsinsel – Erzeugnisfamilienbildung, räumliche Zentralisation der zur Produktion der einzelnen Erzeugnisfamilien jeweils notwendigen Betriebsmittel und Integration dispositiver Aufgaben in die Tätigkeitsbereiche der eingesetzten Arbeitsgruppen[67] – aufweist und somit als Fertigungsinsel bezeichnet werden kann. Gruppentechnologische Verfahren, die die angeführten arbeitsorganisatorischen Gesichtspunkte berücksichtigen, eröffnen daher die Möglichkeit, sie als Hilfsmittel zur Gestaltung einer in jüngster Zeit stark diskutierten[68] Form der Fertigungs- und Arbeitsorganisation anzuwenden.

Aufgrund der bereits angesprochenen großen Bedeutung der Arbeitnehmer in Produktionssystemen der flexiblen Automatisierung bedient sich auch die vorliegende Arbeit der zuletzt genannten umfassenden Definition der Gruppentechnologie.

---

[62]Vgl. Edwards, G.A.B.; Koenigsberger, F. (1973), S. 251, 252, 256.

[63]Entsprechende Definitionen verwenden z.B. Burbidge, J.L. (1975), S. 1; Cherns, A. (1976), S. 788; Gallagher, C.C.; Knight, W.A. (1973), S. 99-100 i.V.m. S. 3-4; Hill, W.; Fehlbaum, R.; Ulrich, P. (1981), S. 71. Die Definition von Ulrich, P.; Fluri, E. (1986), S. 169, beinhaltet sogar *ausschließlich* den Aspekt der arbeitsorganisatorischen Strukturierung.

[64]Vgl. hierzu im einzelnen Abschnitt 5.2.2.4.2.

[65]Vgl. zur Bedeutung teilautonomer Arbeitsgruppen im sozio-technischen Ansatz Herzberg, F. (1974), S. 76; Marr, R.; Stitzel, M. (1979), S. 373.

[66]Vgl. hierzu auch Warnecke, H.J.; Osman, M.; Weber, G. (1980), S. 10.

[67]Vgl. Ahlmann, H.J. (1980), S. 645; Brödner, P. (1984), S. 34; Henning, K.; Marks, S. (1986), S. 233; Moll, H.H. (1979), S. 461-462; Witte, H. (1984), S. 76.

[68]Vgl. nur Ausschuß für Wirtschaftliche Fertigung (1984), S. 3-15; Bühner, R. (1986c), S. 493-497; Bühner, R. (1987a), S. 192-200; Mönig, H. (1985), S. 83-91; Rauschenbach, T. (1985), S. 32-35.

3.3.2 *Phasen gruppentechnologischer Analysen*

Wie diese Definition bereits andeutet, laufen auf deren Basis vorgenommene gruppentechnologische Analysen im allgemeinen in mehreren Schritten ab. Einige Autoren präsentieren vergleichsweise lange Kataloge von Analyseschritten. Da diese Auflistungen jedoch lediglich aufgrund detaillierter Untergliederungen einzelner Verfahrensschritte[69] bzw. durch die Berücksichtigung nicht problemrelevanter Aspekte[70], wie etwa Überlegungen zur Strukturierung der Arbeitsvorbereitung[71], eine größere Phasenzahl aufweisen, besteht die Möglichkeit, alle Kataloge auf drei (in Kongruenz zu der gegebenen Definition stehende) Analyseschritte zurückzuführen[72]: die Bestimmung von Erzeugnisfamilien, die Gestaltung der Produktionssysteme sowie die Strukturierung der arbeitsorganisatorischen Systeme.

Gruppentechnologische Analysen umfassen somit alle als zur organisatorischen Gestaltung flexibel automatisierter Produktionssysteme gehörend vorgestellten Maßnahmen, was ihre Anwendbarkeit für die Planung entsprechender organisatorischer Veränderungen verdeutlicht.

Als methodisches Instrumentarium hierfür stehen dem Planer mehrere in der Literatur vorgestellte Verfahren zur Lösung gruppentechnologischer Probleme zur Verfügung, die sich allerdings generell auf die fertigungsorganisatorische Strukturierung beschränken und auf die Einbeziehung arbeitsorganisatorischer Aspekte trotz deren in vielen Publikationen konstatierter Notwendigkeit verzichten. Da diese Verfahren den Schwerpunkt der folgenden Diskussion bilden, bleibt die arbeitsorganisatorische Strukturierung zunächst von der Betrachtung ausgeklammert und wird erst nach der Erörterung der fertigungsorganisatorischen Gestaltung wieder aufgegriffen.

---

[69]Vgl. Edwards, G.A.B. (1971b), S. 111-114; Edwards, G.A.B. (1973), S. 306-309; Purcheck, G.F.K. (1975), S. 36.

[70]Vgl. z.B. Dähnert, H.; Brechbühl, R. (1980), S. 440.

[71]Vgl. Mitrofanow, S.P. (1960), S. 432.

[72]Vgl. hierzu auch Ausschuß für Wirtschaftliche Fertigung (1984), S. 3-4.

4 PLANUNG DER FERTIGUNGSORGANISATORISCHEN GE-STALTUNG FLEXIBEL AUTOMATISIERTER PRODUKTI-ONSSYSTEME MIT HILFE DER GRUPPENTECHNOLOGIE

4.1 Grundlegende Planungsüberlegungen

Eine fundierte Anwendung gruppentechnologischer Methoden im Rahmen des fertigungsorganisatorischen Gestaltungsprozesses flexibel automatisierter Produktionssysteme erfordert vorab die Klärung der im folgenden aufgeführten prinzipiellen Überlegungen.

4.1.1 *Gestaltung der Beziehungen zwischen Betriebsmitteln: Produktionssystembildung*

Der Aufbau von Produktionssystemen umfaßt zwei wesentliche Planungsstufen: In der ersten Stufe fällt die Entscheidung, welche prinzipielle Organisationsform zu realisieren ist. Die weitere Argumentation setzt aufgrund ihrer Konzentration auf flexible Fertigungszellen und -systeme voraus, daß diese Entscheidung bereits zugunsten der Gruppenfertigung getroffen wurde, so daß lediglich noch die Planung der zweiten Stufe verbleibt, als deren Ergebnis die konkrete Zusammensetzung der Fertigungsgruppen resultiert.

Wie in Abschnitt 3.1 bereits angedeutet, besteht die Notwendigkeit, diesem Planungsproblem, wie jedem anderen auch, eine Zielsetzung zugrunde zu legen[1]. Zur Definition eines Ziels bedarf es der Bestimmung von Inhalt und angestrebter Ausprägung des Zielmerkmals sowie der Festlegung des Zeitraums, in dem diese Ausprägung erreicht werden soll[2]. Es erscheint naheliegend, diesen Zeitraum ebenso wie den Planungszeitraum derart abzugrenzen, daß beide Zeitspannen der voraussichtlichen Lebensdauer der zu planenden Produktionssystemkonstellation entsprechen. Die Tatsache, daß sich eine einmal aufgebaute Produktionssystemkonstellation aufgrund der weitgehenden Standortgebundenheit vieler Betriebsmittel, speziell der Bearbeitungsmaschinen, nur unter Inkaufnahme hohen physischen (und damit verbunden meist auch finanziellen) Aufwands korrigieren läßt[3], verleiht der Entscheidung zugunsten einer bestimmten Systemstruktur langfristigen Charakter[4], woraus das Erfordernis folgt, den Planungszeitraum und den Zeitraum, in dem die erwünschte Ausprägung des Zielmerkmals erreicht werden soll, so abzugrenzen, daß sie sich über mehrere Jahre erstrecken.

---

[1] Vgl. prinzipiell hierzu Bohr, K.; Saliger, E. (1983), S. 964.

[2] Vgl. Saliger, E. (1981), S. 3.

[3] Vgl. Hayes, R.H.; Schmenner, R.W. (1978), S. 109.

[4] Vgl. Große-Oetringhaus, W.F. (1974), S. 276; Laßmann, G. (1976), S. 772.

Die in Arbeiten zur Gruppentechnologie angeführten Ziel*merkmale*, mit deren Hilfe alternative Produktionssystemkonstellationen bewertet werden sollen, erlauben in aller Regel keine unmittelbare Beurteilung der Wirtschaftlichkeit bestimmter Gestaltungsmaßnahmen, da ihre Inhalte nicht ökonomischer Natur sind. Vielmehr stellen sie grobe Ersatzkriterien dar[5], die sich jedoch, wie in Abschnitt 4.2.4.1 aufgezeigt wird, durchaus in ökonomische Zielsetzungen überführen lassen.

Eines der angeführten Zielmerkmale besteht darin, die Kapazitäten der in den einzelnen Produktionssystemen enthaltenen Betriebsmittel möglichst hoch auszulasten[6]. Im Vordergrund steht in der Literatur jedoch das Zielmerkmal, die Systeme so zu gestalten, daß eine Minimierung der *zwischen* den einzelnen Fertigungsgruppen bestehenden Beziehungen erfolgt[7], wobei die Autoren entsprechender Publikationen implizit auf die im Planungszeitraum erwarteten materiellen Relationen zwischen Systemen abstellen. Ihre Konkretisierung findet diese Forderung nach einer beziehungsorientierten Bildung[8] der Produktionssysteme in dem Bestreben, jede Fertigungsgruppe durch die Integration *aller* zur Herstellung der jeweils zugeordneten Erzeugnisfamilie notwendigen Betriebsmittel mit einem hohen Grad an „Bearbeitungsautonomie"[9] auszustatten, um durch die Komplettbearbeitung jeder Erzeugnisfamilie in jeweils einem Fertigungssystem Transporte *zwischen* den einzelnen Systemen zu vermeiden[10] und somit einen Materialfluß geringer Komplexität zu erreichen[11].

Das Erreichen dieses Ziels setzt jedoch häufig den Erwerb neuer Aggregate voraus[12], da das Problem der sogenannten Engpaßmaschinen auftritt. Dieser Terminus bezeichnet Bearbeitungsmaschinen, die bestimmte, an Elementen unter-

---

[5] Vgl. hierzu auch Gupta, R.M.; Tompkins, J.A. (1982), S. 74.

[6] Vgl. Carrie, A.S. (1973), S. 400; Kernforschungszentrum Karlsruhe (1984), S. 25.

[7] Vgl. z.B. Chakravarty, A.K.; Shtub, A. (1984), S. 431; Vannelli, A.; Kumar, K.R. (1986), S. 387; Warnecke, H.J.; Osman, M.; Weber, G. (1980), S. 11; Zelenović, D.M. (1982), S. 329.

[8] Vgl. prinzipiell zur Minimierung zwischen einzelnen Systemen bestehender Verbindungen als Zielsetzung der beziehungsorientierten Gestaltung organisatorischer Systeme Gagsch, S. (1980), Sp. 2165.

[9] Bajna, N. (1976), S. 204.

[10] Vgl. hierzu z.B. Bühner, R. (1986c), S. 493; Burbidge, J.L. (1963), S. 744; Greene, T.J.; Sadowski, R.P. (1984), S. 87, 89; Hedrich, P.; Brunner, B.; Maucher, K. (1983), S. 94; Purcheck, G.F.K. (1985b), S. 914; Warnecke, H.J. (1984a), S. 449.

[11] Vgl. zu diesem Zusammenhang Abschnitt 2.4.2.

[12] Vgl. Hodges, A.; Dale, B.G. (1982), S. 394.

schiedlicher Erzeugnisfamilien zu erledigende Verrichtungen ausführen und deren im analysierten Produktionsbereich vorhandene Anzahl nicht ausreicht, um diesen Maschinentyp jedem Fertigungssystem einzugliedern, dem er aufgrund der Bearbeitungsanforderungen der jeweils zugeordneten Erzeugnisfamilie angehören müßte.

Ein solches Vorgehen führt allerdings im allgemeinen zu sehr hohen Anschaffungsauszahlungen, besonders im hier interessierenden Fall der zusätzlich notwendigen Beschaffung numerisch gesteuerter Betriebsmittel. Da diese Auszahlungen in aller Regel nicht von der Summe der aufgrund der Komplettbearbeitung einzusparenden Kosten (z.B. verringerte Transportkosten) überkompensiert werden, verbietet sich bei den meisten praktischen Anwendungen der Gruppentechnologie die Erfüllung der Forderung nach Komplettbearbeitung[13].

Zudem verhindern in vielen Fällen technische Restriktionen die Abgrenzung zur Komplettbearbeitung von Erzeugnisfamilien geeigneter Produktionssysteme. Diese Restriktionen, die beispielsweise bestehen, wenn bestimmte Betriebsmittel aufgrund ihrer großen Wärmeabstrahlung oder Schallemissionen besonderer, nicht in jeder Fertigungsgruppe installierbarer Schutzeinrichtungen bedürfen[14], erlauben keine vollständige Einordnung der vorhandenen Menge an Bearbeitungsmaschinen in Fertigungsgruppen, so daß oft eine Restmenge an Maschinen in Form einer Werkstattfertigung angeordnet bleibt[15].

Hinsichtlich der vor der Anwendung gruppentechnologischer Verfahren ebenfalls zu klärenden Frage, welche Zahl an darin zusammengefaßten Maschinen die gemessen an den verfolgten Zielen ideale Größe eines Fertigungssystems darstellt, fehlen in der Literatur allgemeine Empfehlungen, da dies von betriebsspezifischen Gegebenheiten, wie etwa der konkreten Struktur des Materialflusses, abhängt. Ist diese Entscheidung getroffen, liegt damit, da eine vorgegebene Menge an Betriebsmitteln auf die Systeme aufzuteilen ist, auch die Anzahl der abzugrenzenden Systeme fest.

Bei der – für die Anwendung einiger der im folgenden behandelten gruppentechnologischen Methoden notwendigen – gegensätzlichen Vorgehensweise, zunächst die Zahl der zu bildenden Produktionssysteme festzulegen, kann ein Planer aus

---

[13]Vgl. auch King, J.R.; Nakornchai, V. (1982), S. 123; Kusiak, A. (1985a), S. 1065.

[14]Vgl. Arning, A. (1987), S. 19-20.

[15]Vgl. Ahlmann, H.J. (1980), S. 646.

identischem Grund ebenfalls nicht auf vorformulierte Empfehlungen zurückgreifen, obwohl sich in der Literatur vereinzelt Vorschläge finden, die Zahl der Systeme zu bestimmen, indem die Zahl der im gesamten Produktionsbereich vorhandenen Arbeitnehmer durch die gewünschte Anzahl von Arbeitnehmern je System dividiert wird[16]. Letztere hängt nach Meinung der diese Vorschläge unterbreitenden Autoren nicht nur von der Zahl der Maschinen ab, die ein Arbeitnehmer bedienen kann, sondern auch davon, bis zu welcher Größe einer Arbeitnehmergruppe bei deren Mitgliedern ein – als das Arbeitsverhalten mit bestimmend angesehenes[17] – Gruppenbewußtsein und Zusammengehörigkeitsgefühl entsteht[18]. Abgesehen davon, daß diese Kriterien wenig operabel sind, geht eine entsprechende Vorgehensweise davon aus, daß der im analysierten Produktionsbereich vorhandene Personalbestand unverändert in die neue Systemstruktur übernommen wird, wodurch Einsparungsmöglichkeiten keine Berücksichtigung finden. Der Planer erhält somit durch diese Vorschläge kaum eine Hilfestellung, was ihn dazu zwingt, die benötigte Information über die Zahl der zu installierenden Systeme aus der angewandten gruppentechnologischen Methode abzuleiten.

Zu klären bleibt weiterhin, auf der Basis welcher Gesamtheit an Maschinen die Einteilung in Fertigungssysteme erfolgen soll, d.h., es ist – beispielsweise aufgrund prognostizierter Daten des für die einzelnen Erzeugnisse im Planungszeitraum bestehenden Bedarfs[19] – für jeden Maschinen*typ* die Zahl der benötigten Aggregate festzulegen. Probleme ergeben sich in diesem Zusammenhang insofern, als sich die Gesamtheit während des Planungsablaufs verändern kann, indem Engpaßmaschinen als solche identifiziert werden und eine Erhöhung ihrer Zahl im Plan erfolgt. Die existierenden Verfahren zur gruppentechnologischen Gestaltung können dies nicht in Form eines Algorithmus berücksichtigen, so daß in solchen Fällen eine wiederholte Verfahrensanwendung erforderlich wird[20].

Obwohl es sich hierbei nicht um ein Problem organisatorischer, sondern technischer Art handelt, sei aufgrund der Wichtigkeit dieses Aspekts abschließend noch darauf hingewiesen, daß beim stufenweisen Aufbau flexibel automatisierter Produktionssysteme die Kompatibilität der unterschiedlichen Elemente des

---

[16]Vgl. Burbidge, J.L. (1977), S. 37.

[17]Vgl. z.B. Hentze, J. (1986b), S. 159.

[18]Vgl. Pullen, R.D. (1976), S. 452.

[19]Vgl. Edwards, G.A.B. (1971b), S. 118; Magee, J.F.; Copacino, W.C.; Rosenfield, D.B. (1985), S. 145-146; Mitrofanow, S.P. (1960), S. 432.

[20]Vgl. hierzu im einzelnen Abschnitt 4.2.3.

Informationssystems einen wichtigen Aspekt darstellt[21], d.h., es ist darauf zu achten, daß deren Eigenschaften es den einzelnen Elementen ermöglichen, miteinander zu arbeiten.

4.1.2 *Gestaltung der Beziehungen zwischen Objekten: Erzeugnisfamilienbildung*

Innerhalb dieses Problemkreises gilt es zunächst zu klären, ausgehend von welcher Gesamtheit eine Erzeugnisfamilienbildung durchgeführt werden soll.

4.1.2.1 *Abgrenzung der zu untersuchenden Erzeugnisgesamtheit*

Dieser Planungsaspekt umfaßt zwei Teilschritte, und zwar zum einen die Überlegung, ob in die zu untersuchende Grundgesamtheit nur das gegenwärtig im zu analysierenden Fertigungsbereich hergestellte Erzeugnisprogramm oder zusätzlich auch zukünftige Variationen dieses Programms einzubeziehen sind, und zum anderen die Festlegung, ob die Planung die zu untersuchende Grundgesamtheit in vollem Umfang erfaßt oder lediglich mittels daraus gezogener Stichproben analysiert.

Im Rahmen der Festlegung der Grundgesamtheit erscheint eine Beschränkung auf das gegenwärtig bearbeitete Erzeugnisspektrum nicht sinnvoll[22], was sich am Beispiel der in einem Industrieunternehmen vorgenommenen Installierung eines flexiblen Fertigungssystems veranschaulichen läßt, dessen Konzeption sich als zum großen Teil verfehlt erwies, da während des achtzehnmonatigen Zeitraums zwischen dem Abschluß der Systemplanung und der Inbetriebnahme eine starke Veränderung des Produktionsprogramms eintrat, die durch das Wegfallen nicht mehr benötigter Erzeugnisse zu einer Reduktion des vom System zu bearbeitenden Typenspektrums auf ein Sechstel der ursprünglich vorgesehenen Erzeugnisfamilie führte[23].

Konsequenterweise empfiehlt eine Vielzahl von Autoren, alle während des gesamten Planungszeitraums im zu reorganisierenden Fertigungsbereich herzustellenden Erzeugnistypen in die Analyse einzubeziehen[24]. Zur Verringerung der

---

[21]Vgl. auch Bessant, J.; Haywood, B. (1986), S. 469.

[22]Vgl. hierzu auch Bullinger, H.J.; Traut, L. (1986), S. 6-7; Elbracht, D. (1985), S. 332; Herrmann, P. (1983), S. 269.

[23]Vgl. Holz, B.; Gaebler, W. (1985), S. 31.

[24]Vgl. insbesondere van Looveren, A.J.; Gelders, L.F.; van Wassenhove, L.N. (1986), S. 6-7. Vgl. auch Abou-Zeid, M.R. (1975), S. 38; Arn, E.A. (1975), S. 53; Edwards, G.A.B. (1971a), S. 349; Kernforschungszentrum Karlsruhe (1984), S. 11-12; Klahorst, H.T. (1981), S. 116; Kusiak, A. (1985b), S. 286.

Prognoseunsicherheit hinsichtlich der Zusammensetzung des zukünftigen Erzeugnisprogramms kann dabei die „Simulation alternativer Programmvarianten"[25], d.h. die experimentelle Bearbeitung eines der Realität nachgebildeten, die alternativen Programme erfassenden Modells[26], durchgeführt werden. Die Zielsetzung besteht hierbei darin, das Programm zu ermitteln, das von allen alternativen Programmen die größte Eintrittswahrscheinlichkeit besitzt.

Die Erörterung des zweiten Planungsschritts reduziert sich bei einigen Autoren auf die mit dem gegenüber einer Totaluntersuchung verringerten Planungsaufwand begründete Empfehlung, die Analyse auf eine repräsentative Stichprobe von Erzeugnissen zu beschränken[27]. Diese – in Industrieunternehmen im allgemeinen angewandte[28] – Vorgehensweise ist jedoch skeptisch zu beurteilen, da keinerlei Anhaltspunkte für die Beantwortung der Frage existieren, wann eine Stichprobe von Erzeugnissen als repräsentativ gelten kann, und bei einem solchen Vorgehen zudem keine Gewähr besteht, die theoretisch abgrenzbaren Erzeugnisfamilien sowie die zu deren Bearbeitung notwendigen Maschinengruppen vollständig zu identifizieren[29]. Vor allem der wichtige Aspekt des Erkennens sogenannter Ausreißererzeugnisse wird durch eine Analyse auf Stichprobenbasis beeinträchtigt.

Solche Ausreißererzeugnisse entstehen, wenn bei der Einteilung der Erzeugnisse in Familien eine Restmenge verbleibt, deren Elemente aufgrund untypischer Bearbeitungsabläufe zu keiner Familie große Ähnlichkeiten aufweisen. Ihre Wichtigkeit resultiert daraus, daß bei ihrer Existenz die angestrebte Vereinfachung des Materialflusses nur partiell erreichbar ist, da die Ausreißerelemente im Laufe ihres Bearbeitungsprozesses mehrere Fertigungsgruppen zu durchlaufen haben[30].

Um eine Identifikation dieser Ausreißererzeugnisse zu ermöglichen, sollte deshalb die zu untersuchende Gesamtheit von Erzeugnissen in vollem Umfang analysiert werden. Der im Vergleich zu einer Stichprobenuntersuchung hierfür zusätzlich

---

[25]Burkhardt, M. (1984), S. 108.

[26]Vgl. zum Begriff der Simulation z.B. Müller-Merbach, H. (1973), S. 451.

[27]Vgl. Arn, E.A. (1975), S. 56, 59; Burkhardt, M. (1984), S. 37; Heinz, K.; Klaas, K.J. (1985), S. 44.

[28]Vgl. Elbracht, D. (1985), S. 332; Wildemann, H. (1987b), S. 89.

[29]Vgl. zum zuletzt genannten Aspekt auch Burbidge, J.L. (1975), S. 178.

[30]Vgl. Mellerowicz, K. (1981), S. 378; Seifoddini, H.; Wolfe, P.M. (1986), S. 271; Waghodekar, P.H.; Sahu, S. (1984), S. 945.

notwendige Planungsaufwand relativiert sich, wenn man ihm den erheblichen Aufwand vergleichend gegenüberstellt, der für die Festlegung der die Repräsentativität der Stichprobe bestimmenden Kriterien anfällt.

Im Anschluß an die Identifikation der Ausreißererzeugnisse sind Überlegungen anzustellen, ob und gegebenenfalls durch welche Maßnahmen diese beseitigt werden können, um dadurch den Materialfluß weiter zu vereinfachen. Hierfür stehen mehrere Maßnahmen zur Verfügung[31].

4.1.2.2 *Elimination von Ausreißern aus der Erzeugnisgesamtheit*

Zunächst besteht die Möglichkeit, durch konstruktive Veränderungen und/oder Variationen des Produktionsablaufs, sofern diese technisch realisierbar sind, die Ausreißererzeugnisse so anzupassen, daß sie jeweils einer Erzeugnisfamilie (und damit *einem* Fertigungssystem) zugeordnet werden können[32]. Auch der Fremdbezug anstelle der Eigenfertigung entsprechender Erzeugnisse bietet sich als möglicher Lösungsweg an[33]. Einige Autoren empfehlen, den Versuch zu unternehmen, alle Ausreißererzeugnisse in einer „Restfamilie" zusammenzufassen und diese in einer von den anderen Produktionssystemen separierten eigenen Fertigungsgruppe zu bearbeiten[34], was im allgemeinen die Notwendigkeit induziert, zusätzliche Betriebsmittel anzuschaffen. Die weitestgehende Forderung lautet, Bearbeitungsmaschinen, die zur Herstellung sowohl der Ausreißer als auch anderer Erzeugnisse notwendige Verrichtungen ausführen, mehrfach zu beschaffen, die Ausreißererzeugnisse jeweils einer Familie zuzuordnen und jedem System, dessen Erzeugnisfamilie mindestens ein Element enthält, an dem die entsprechenden Verrichtungen durchzuführen sind, mindestens ein Exemplar der mehrfach beschafften Bearbeitungsmaschinen zuzuteilen[35]. Diese Vorgehensweise steht somit in Analogie zur in Abschnitt 4.1.1 erläuterten Beschaffung zusätzlicher Exemplare eines bestimmten Maschinentyps, der im analysierten Produktionsbereich

---

[31]Vgl. hierzu auch die – allerdings nicht alle Alternativen umfassenden – Übersichten bei Burbidge, J.L. (1971a), S. 150; Burbidge, J.L. (1975), S. 174; Burbidge, J.L. (1979), S. 136.

[32]Vgl. Burbidge, J.L. (1977), S. 37; El-Essawy, I.G.K.; Torrance, J. (1972), S. 167; Waghodekar, P.H.; Sahu, S. (1984), S. 946.

[33]Vgl. Burbidge, J.L. (1977), S. 37; Burbidge, J.L. (1979), S. 136.

[34]Vgl. Abou-Zeid, M.R. (1975), S. 38; Ausschuß für Wirtschaftliche Fertigung (1984), S. 9; Bajna, N. (1976), S. 205; Greene, T.J.; Sadowski, R.P. (1984), S. 87; Ranson, G.M. (1972), S. 70-71.

[35]Vgl. Waghodekar, P.H.; Sahu, S. (1984), S. 946.

als Engpaß anzusehen ist. Ein Unterschied zwischen beiden Maßnahmen besteht jedoch darin, daß die zusätzlich beschafften Exemplare eines Engpaßmaschinentyps an allen bzw. einer Mehrzahl von Elementen der einzelnen Erzeugnisfamilien Bearbeitungsvorgänge ausführen, während die zusätzliche Beschaffung im Fall des Vorliegens von Ausreißererzeugnissen nur erfolgt, um diese Ausreißer, also eine vergleichsweise geringe Zahl von Elementen einzelner Erzeugnisfamilien, bearbeiten zu können.

Aus ökonomischer Sicht kann die Durchführung derartiger Maßnahmen jedoch nur befürwortet werden, wenn der Betrag der dadurch insgesamt eingesparten Kosten, etwa der verringerten Transportkosten, denjenigen der zusätzlich entstehenden Kosten, z.B. der Auszahlungen für die Anschaffung weiterer Bearbeitungsmaschinen, übersteigt. Dies ist vor allem bei den beiden zuletzt genannten Handlungsmöglichkeiten in Zweifel zu ziehen, bedarf jedoch im Einzelfall einer exakten Analyse. An die später zu behandelnden gruppentechnologischen Methoden ist somit der Anspruch zu stellen, für derartige Fälle Entscheidungshilfen bereitzustellen.

4.1.2.3 *Zuordnung der Erzeugnisfamilien zu den Produktionssystemen*

Die bisherige Argumentation unterstellte, daß jede Erzeugnisfamilie eindeutig einem Produktionssystem zugeordnet, d.h. nur in diesem System bearbeitet wird. Die Literatur zur Gruppentechnologie beinhaltet jedoch auch Vorschläge, diese Zuordnung variabel zu handhaben, indem in Fällen, in denen mehrere Fertigungssysteme für die Bearbeitung einer Erzeugnisfamilie in Frage kommen, ein aktueller, diese Erzeugnisfamilie betreffender Produktionsauftrag dem System zugeordnet wird, das ihn vollständig oder zumindest zum großen Teil bearbeiten kann und von allen in Frage kommenden Systemen die geringste Kapazitätsauslastung aufweist. Durch dieses Vorgehen verspricht man sich eine möglichst weitgehende Übereinstimmung der in den einzelnen Systemen zu erreichenden Kapazitätsauslastung[36].

Diese mangelnde Fixierung der Erzeugnisfamilienzuordnung ist jedoch eher kritisch zu beurteilen, da sie zur Verminderung einiger der in Abschnitt 2.4.2 genannten positiven Effekte der Gruppenfertigung führt. So geht speziell in Fällen, in denen die Betriebsmittel des von der Erzeugnisfamilie angelaufenen Produktionssystems keine Komplettbearbeitung ermöglichen, ein Teil der gegenüber

---

[36]Vgl. z.B. Tilsley, R.; Lewis, F.A.; Galloway, D.F. (1977), S. 270; Warnecke, H.J.; Osman, M.; Weber, G. (1980), S. 10.

einer Werkstattfertigung zu realisierenden Reduktion der Materialflußkomplexität verloren[37]. Daneben umfaßt die Produktionsplanung mehr Aufgaben als bei einer festen Zuordnung der Erzeugnisfamilien, da zusätzlich Entscheidungen in bezug auf die Zuteilung der jeweils zu bearbeitenden Aufträge getroffen werden müssen und bei einer Produktion in mehreren Systemen die Anfangs- und Endtermine einzelner Herstellungsschritte einer Koordination bedürfen.

Zudem fallen aufgrund der Entscheidung zugunsten einer variablen Zuordnung insgesamt in der Tendenz höhere Kosten an als bei konstanter Zuordnung, was vor allem darauf zurückzuführen ist, daß die angesprochene höhere Materialflußkomplexität aus einer größeren Zahl im Planungszeitraum durchzuführender Transporte resultiert, die sich auch in einem höheren Betrag der durch diese Entscheidung ausgelösten Transportkosten niederschlägt[38]. Daneben müssen sich die Spektren von einzelnen Systemen erfüllbarer Produktionsaufgaben überschneiden[39], was beispielsweise die Mehrfachbeschaffung erzeugnis- oder erzeugnisfamilienspezifischer Werkzeuge, Aufspannvorrichtungen etc. erfordert.

Diese Argumente sprechen dafür, prinzipiell eine konstante Zuordnung der Erzeugnisfamilien vorzunehmen und diese – die technische Realisierbarkeit vorausgesetzt – nur in speziellen Situationen zu verändern, etwa in solchen, in denen bei Beibehaltung der regulären Zuordnung die bereits voll ausgelasteten Kapazitäten eines Fertigungssystems die Einhaltung des Auslieferungstermins eines zu bearbeitenden Auftrags nicht mehr erlauben und diese Nichteinhaltung zusätzliche Kosten, z.B. in Form einer Konventionalstrafe, induziert, die die durch eine Veränderung der Zuordnung ausgelösten Kosten übersteigen.

4.2 Intuitive und methodische Ansätze der Gruppentechnologie zur fertigungsorganisatorischen Gestaltung

Im Anschluß an die Klärung der eben erörterten grundlegenden Planungsüberlegungen bedarf es aufgrund der mittlerweile existierenden großen Zahl an entsprechenden Alternativen einer Entscheidung darüber, mit Hilfe welchen konkreten Ansatzes der Gruppentechnologie die zu realisierende Konstellation flexibel automatisierter Produktionssysteme bestimmt werden soll.

---

[37]Vgl. zur Andeutung dieses Aspekts auch Ang, C.L.; Willey, P.C.T. (1984), S. 194; Ausschuß für Wirtschaftliche Fertigung (1984), S. 135.

[38]Vgl. Ang, C.L.; Willey, P.C.T. (1984), S. 194.

[39]Vgl. Gallagher, C.C.; Knight, W.A. (1973), S. 71.

Die einfachste dieser Alternativen stellt die im folgenden beschriebene intuitive Vorgehensweise dar.

4.2.1 *Intuitive Vorgehensweise*

Bei der Anwendung dieses gruppentechnologischen Ansatzes beruht die Abgrenzung in erster Linie der Erzeugnisfamilien, aber auch der zu deren Herstellung notwendigen Produktionssysteme ausschließlich auf überschlägigen Kalkülen. Die Literatur zur Gruppentechnologie beschreibt zwei Arten intuitiven Vorgehens:

Eine Alternative besteht in der Erzeugnisfamilienbildung auf der Basis einer vergleichenden Betrachtung der geometrischen Formen aller Elemente des zu analysierenden Erzeugnisspektrums[40]. Die Familien entstehen dabei durch die Zusammenfassung solcher Erzeugnisse, deren geometrische Formen aufgrund einer von einem erfahrenen Arbeitnehmer vorgenommenen visuellen Analyse als ähnlich eingestuft wurden.

Die zweite Alternative stellt die Möglichkeit dar, Familien aus Erzeugnissen mit identischer Bezeichnung aufzubauen[41], so daß beispielsweise Familien von Wellen oder Familien von Zahnrädern entstehen. Die räumliche Konzentration der zur Produktion der einzelnen Erzeugnisfamilien jeweils notwendigen Betriebsmittel führt dann zur Strukturierung der Fertigungsgruppen[42].

In Übereinstimmung mit mehreren anderen Publikationen[43] geht diese Arbeit davon aus, daß sich beide dargestellten Vorgehensweisen, obwohl Berichte über deren praktische Anwendung vorliegen[44], allenfalls zur Ermittlung einer groben Ausgangslösung für das hier interessierende Problem eignen. Begründet liegt diese Meinung zum einen in der Tatsache, daß die Übereinstimmung der Erzeugnisbezeichnungen ebensowenig Rückschlüsse auf identische Fertigungsabläufe erlaubt[45] wie die Ähnlichkeit geometrischer Formen[46], zum anderen

---

[40]Vgl. Groover, M.P. (1980), S. 541; Wemmerlöv, U.; Hyer, N.L. (1986), S. 135.

[41]Vgl. Edwards, G.A.B. (1971b), S. 88; Ingram, F.B. (1982), S. 20; Wemmerlöv, U.; Hyer, N.L. (1986), S. 135.

[42]Vgl. Burbidge, J.L. (1973b), S. 7.

[43]Vgl. Burbidge, J.L. (1973b), S. 13; Edwards, G.A.B. (1971b), S. 89; Edwards, G.A.B. (1973), S. 311.

[44]Vgl. Burbidge, J.L. (1971b), S. 398; Groover, M.P. (1980), S. 541.

[45]Vgl. Ingram, F.B. (1982), S. 20.

[46]Vgl. Abschnitt 2.4.2.

in der besonders bei einer großen Zahl zu analysierender Erzeugnisse[47] geringen Leistungsfähigkeit beider Vorgehensweisen[48]. Letzteres gilt in besonderem Maße für die visuelle Analyse, bei deren Anwendung die begrenzte Fähigkeit des Menschen zur Informationsaufnahme und -speicherung einen vollständigen Vergleich aller Elemente eines umfangreichen Erzeugnisspektrums nicht erlaubt.

Um trotz dieser häufig vorliegenden Komplexität das vorliegende Planungsproblem einer „intellektuellen Durchdringung"[49] zuzuführen, wurden Modelle zur Erfassung der für die fertigungsorganisatorische Gestaltung jeweils als notwendig erachteten Daten entwickelt. Dabei handelt es sich um Beschreibungsmodelle, d.h. um solche Modelle, die die interessierenden Sachverhalte lediglich deskriptiv abbilden, ohne die Möglichkeit zu eröffnen, aus dieser Abbildung bereits konkrete Handlungsanweisungen abzuleiten[50].

4.2.2 Methodische Ansätze der Datenerfassung

Die angesprochenen Beschreibungsmodelle beruhen durchwegs auf zwei alternativen Grundkonzeptionen der Datenerfassung, der Anwendung erzeugnisbeschreibender Codierungssysteme oder der Abbildung des Erzeugnisflusses.

4.2.2.1 Anwendung erzeugnisbeschreibender Codierungssysteme

Erzeugnisbeschreibende Codierungssysteme dienen in erster Linie als Grundlage für die Gestaltung von Erzeugnisfamilien. Sie erfassen die Ausprägungen ausgewählter Merkmale der zu analysierenden Erzeugnisse, die zum überwiegenden Teil deren Form, in seltenen Fällen zusätzlich auch einzelne Aspekte ihrer Fertigung, wie etwa die Bearbeitungszeit oder erlaubte Fertigungstoleranzen[51], charakterisieren. Die Erfassung geschieht dabei, indem das verwendete System jede Ausprägung oder Klasse von Ausprägungen der erfaßten Merkmale in eine bestimmte Ziffer abbildet. Für das häufig verwendete Merkmal Länge der Erzeugnisse könnte eine Codierung beispielhaft so vorgenommen werden,

---

[47]Vgl. Ham, I.; Hitomi, K.; Yoshida, T. (1985), S. 10.

[48]Vgl. Abou-Zeid, M.R. (1975), S. 33.

[49]Schwab, H. (1978), S. 17.

[50]Vgl. zu dieser Definition des Begriffs Beschreibungsmodell Eichhorn, W. (1972), S. 283; Köhler, R. (1975), Sp. 2710. Weiter gehende Erklärungen des Begriffs finden sich bei Saliger, E. (1981), S. 2-3; Schwab, H. (1978), S. 9.

[51]Vgl. zu weiteren für Codierungszwecke verwendeten Produktionsmerkmalen Magee, J.F.; Copacino, W.C.; Rosenfield, D.B. (1985), S. 149.

daß jedes in die Klasse der Merkmalsausprägungen 0 bis 50 mm Länge einzuordnende Erzeugnis die Ziffer 0 zugeordnet bekommt, jedes in die Klasse der Merkmalsausprägungen über 50 bis 100 mm einzuordnende die Ziffer 1 etc.

Jedes Erzeugnis läßt sich infolgedessen durch eine mehrstellige Schlüsselnummer beschreiben, die durch Kombination der die an diesem Erzeugnis vorhandenen Merkmalsausprägungen abbildenden Ziffern zu einer Ziffernfolge entsteht[52], wobei die Merkmalsreihenfolge in dieser Ziffernfolge vorab festgelegt und für alle zu beschreibenden Erzeugnisse konstant ist. Diese Vorgehensweise ermöglicht die Verwendung der in den Schlüsselnummern berücksichtigten Merkmale als Datenbasis für die Erzeugnisfamilienbildung[53], die derart erfolgt, daß Erzeugnisse mit ähnlichen Schlüsselnummern zu Familien zusammengefaßt werden.

Vor dem Hintergrund der in Abschnitt 2.4.2 angeführten Überlegungen kommt die Anwendung eines der vielen in der Literatur dokumentierten erzeugnisbeschreibenden Codierungssysteme[54] für die vorliegende Problemstellung nicht in Betracht, da diese Systeme, wie praktische Anwendungen belegen, aufgrund ihrer extremen Betonung formbeschreibender Merkmale die Zuordnung von Erzeugnissen mit identischen Kombinationen anzulaufender Maschinen zu unterschiedlichen Familien nicht ausschließen[55].

Codes lassen sich somit allenfalls dann als Hilfsmittel für die fertigungsorganisatorische Gestaltung einsetzen, wenn sie diese Kombinationen und damit den Fluß der Erzeugnisse durch den Produktionsbereich abbilden.

4.2.2.2 *Abbildung des Erzeugnisflusses*

Derartige Codes wurden in der Literatur bereits vorgeschlagen[56]. Sie erfassen den Erzeugnisfluß, indem sie jede Bearbeitungsmaschine numerisch oder alphabetisch codieren und durch Kombination der entsprechenden Symbole für jedes Erzeugnis einen Schlüssel bilden, der angibt, auf welchen Maschinen seine

---

[52]Vgl. Groover, M.P. (1980), S. 541. Daneben ist auch die Verwendung alphabetischer oder alphanumerischer Kombinationen üblich. Vgl. hierzu Ham, I.; Hitomi, K.; Yoshida, T. (1985), S. 11; Vajna, S. (1987), S. 45.

[53]Vgl. Hyer, N.L.; Wemmerlöv, U. (1984), S. 142; Kusiak, A. (1987b), S. 561; Wemmerlöv, U.; Hyer, N.L. (1986), S. 136.

[54]Vgl. hierzu insbesondere die zusammenfassenden Übersichten bei Gallagher, C.C.; Knight, W.A. (1973), S. 154-195; Gallagher, C.C.; Knight, W.A. (1986), S. 132-144.

[55]Vgl. Ballakur, A.; Steudel, H.J. (1987), S. 641; Burbidge, J.L. (1985), S. 36; Burkhardt, M. (1984), S. 30.

[56]Vgl. z.B. Burbidge, J.L. (1975), S. 170; Purcheck, G.F.K. (1975), S. 38-40.

Bearbeitung erfolgt[57]. Die Tatsache, daß die Informationen über die von den verschiedenen Erzeugnissen jeweils angelaufenen Maschinen im neu zu organisierenden Fertigungsbereich häufig ohnehin vorhanden sind, beispielsweise in Form sogenannter Laufkarten[58], führt, da vorab keine Datenerhebung zu erfolgen braucht, gegenüber erzeugnisbeschreibenden Codierungssystemen zu einer leichteren Verschlüsselung und damit zu einem verringerten zeitlichen und finanziellen Analyseaufwand[59].

Ein wesentlicher Nachteil der Codierung bleibt allerdings auch bei der erzeugnisflußorientierten Verschlüsselung erhalten: Die gewonnenen Daten, also die Schlüsselnummern, erlauben es ebensowenig wie erzeugnisbeschreibende Codes, potentielle Fertigungssysteme unmittelbar zu identifizieren[60], da sie von den beiden für eine fertigungsorganisatorische Gestaltung notwendigerweise zu erfassenden Aspekten lediglich die zwischen Betriebsmitteln zu transportierenden Erzeugnisse, nicht jedoch die Betriebsmittel selbst[61] beschreiben. Ähnlich der intuitiven Vorgehensweise bedingen Codierungen somit im Anschluß an die Bildung der Erzeugnisfamilien die zusätzliche Sammlung bzw. die – etwa auf der Basis der einzelnen Laufkarten vorzunehmende – Zusammenstellung von Informationen darüber, welche Erzeugnisfamilien auf den einzelnen Maschinen bearbeitet werden, um Produktionssysteme derart abzugrenzen, daß sich jedes System für die Herstellung einer Familie eignet.

Aus diesem Grund baut, obwohl in der Literatur immer noch die Meinung vorzufinden ist, Codierungssysteme bildeten ein unentbehrliches Element gruppentechnologischer Analysen[62], die Mehrzahl der bislang entwickelten Verfahren zur Lösung gruppentechnologischer Probleme auf einem Mittel der Datenerfassung auf, das es erlaubt, die ursprünglich unübersichtliche, z.B. auf eine Vielzahl

---

[57]Vgl. allerdings auch Petrov, V.A. (1968), S. 136, der die weitaus weniger operable Vorgehensweise empfiehlt, zunächst alle vorkommenden Maschinenfolgen aufzulisten und diese anschließend durch fortlaufende Numerierung zu verschlüsseln.

[58]Vgl. insbesondere Burbidge, J.L. (1975), S. 156.

[59]Vgl. hierzu auch Heinz, K.; Burkhardt, M. (1985), S. 733; Kusiak, A. (1987b), S. 561-562; Rajagopalan, R.; Batra, J.L. (1975), S. 567.

[60]Vgl. Burbidge, J.L. (1975), S. 228.

[61]Vgl. prinzipiell zu den für eine fertigungsorganisatorische Gestaltung notwendigen Daten Kern, W. (1980a), Sp. 10.

[62]Vgl. z.B. Bay, F.J. (1987), S. 49; Burrows, B.C. (1986), S. 77; Eversheim, W.; Fromm, W. (1986), S. 542; Hyer, N.L.; Wemmerlöv, U. (1984), S. 140, 147; Loos, U. (1977), S. 569; Ross, M.H. (1981), S. 33; Wild, R. (1984), S. 73, 126.

von Laufkarten verteilte Datenmenge anschaulich in einem Modell des Erzeugnisflusses zusammenzufassen. Ein derartiges Vorgehen ermöglicht die Erfassung der Daten sowohl über Erzeugnisse als auch über Betriebsmittel in *einem* Beschreibungsmodell.

Dieses Beschreibungsmodell, eine Matrix, heißt Maschinen-Erzeugnis-Matrix, in der Literatur auch Maschinen-Teile-[63], Inzidenz-[64] oder „Maschinen-Werkstückzuordnungsmatrix"[65], und enthält Ausprägungen eines Merkmals, das angibt, ob eine bestimmte Maschine ein bestimmtes Erzeugnis bearbeitet oder nicht: Beansprucht ein Erzeugnis j $(j = 1, ..., J)$ im Laufe seines Herstellungsprozesses die Kapazität der Maschine i $(i = 1, ..., I)$, wird der Wert e_{ij} im Schnittpunkt von Zeile i und Spalte j der $I \times J$-Matrix gleich 1 gesetzt, führt der Weg des Erzeugnisses j nicht über Maschine i, gilt $e_{ij} = 0$[66]. Alternativ ist ein Matrixelement $e_{ij} = 1$ auch anzusetzen, wenn Maschine i zwar gegenwärtig keine Bearbeitungsvorgänge an Erzeugnis j vornimmt, dies jedoch nach der Durchführung der fertigungsorganisatorischen Gestaltungsmaßnahmen der Fall sein soll[67]. Jede Zeile i der Matrix veranschaulicht somit alle Erzeugnisse, die auf Maschine i bearbeitet werden (sollen), während sich aus Spalte j alle von Erzeugnis j anzulaufenden Maschinen ablesen lassen[68].

Im folgenden wird der Frage nachgegangen, welche methodischen Ansätze zur Auswertung der ermittelten Daten und damit zur Lösung gruppentechnologischer Probleme die Literatur beinhaltet. Um den dieser Arbeit gesetzten Rahmen nicht zu sprengen, bleiben dabei Ansätze, denen vor dem Hintergrund der bislang angestellten Überlegungen nur eine unzureichende Eignung für die vorliegende Problemstellung beizumessen ist, außer Betracht. Verfahren der Datenauswertung, die zu einer nicht eindeutigen Zuordnung der Erzeugnisfamilien zu Produktionssystemen führen[69], finden deshalb aufgrund der in Abschnitt

---

[63]Vgl. z.B. King, J.R. (1980a), S. 193.

[64]Vgl. z.B. Kumar, K.R.; Kusiak, A.; Vannelli, A. (1986), S. 388; Kusiak, A. (1987a), S. 5.

[65]Wolf, M. (1979), S. 37.

[66]Vgl. z.B. auch Chakravarty, A.K.; Shtub, A. (1984), S. 432; Chan, H.M.; Milner, D.A. (1982), S. 66; Chandrasekharan, M.P.; Rajagopalan, R. (1986a), S. 451; Ham, I.; Hitomi, K.; Yoshida, T. (1985), S. 160.

[67]Vgl. hierzu Burbidge, J.L. (1975), S. 227.

[68]Die Reihenfolge, in der die Maschinen angelaufen werden, ist hierbei nicht von Bedeutung. Vgl. hierzu auch McAuley, J. (1972), S. 53, 55.

[69]Entsprechende Verfahren finden sich z.B. bei Purcheck, G.F.K. (1974), S. 28-38;

4.1.2.4 begründeten Befürwortung einer prinzipiell eindeutigen Zuordnung ebensowenig Berücksichtigung wie auf erzeugnisbeschreibenden Codierungssystemen
beruhende Ansätze.

4.2.3 Methodische Ansätze der Datenauswertung

4.2.3.1 Historische Wurzeln: Ansätze zur Auswertung von Laufkarten

Die frühesten Arbeiten zur Verwendung der Gruppentechnologie als Hilfsmittel
der Planung fertigungsorganisatorischer Gestaltungsmaßnahmen stammen von
Burbidge. Wie bereits in Abschnitt 2.3.2.1.2 erwähnt, kann der Ansatz Burbidges
ebenso wie die anderen noch vorzustellenden Verfahren sowohl im Bereich der
Hauptverrichtung Teilefertigung als auch der Hauptverrichtung Montage Anwendung finden[70]. Während im ersten Fall der Bearbeitungsablauf herzustellender
Werkstücke verschlüsselt wird bzw. in die Maschinen-Erzeugnis-Matrix eingeht,
erfassen diese Beschreibungsmodelle im zweiten Fall zu Produkten zu montie-
rende Komponenten[71], die sich aus einzelnen Werkstücken zusammensetzen.

Das von Burbidge vorgeschlagene Verfahren der „Production Flow Analysis"
umfaßt nicht nur den Aspekt der fertigungsorganisatorischen Gestaltung, sondern versucht, auf allen hierarchischen Ebenen eines Unternehmens organisatorische Einheiten so zu gestalten, daß auf jeder Ebene möglichst wenige – materielle – Beziehungen zwischen den einzelnen Organisationseinheiten bestehen[72].
Um diese Intention zu erreichen, empfiehlt Burbidge eine zunächst dreistufige[73],
in weiteren Veröffentlichungen auf fünf Schritte erweiterte Analysemethode[74]:
In der ersten Stufe werden die Betriebe eines Unternehmens, in der zweiten
die Produktionsbereiche jedes Betriebs so gestaltet, daß die Zahl der zwischen
den jeweiligen Subsystemen stattfindenden Transporte einen möglichst kleinen
Wert annimmt[75]. Schritt drei beinhaltet neben der Erzeugnisfamilienbildung die
Abgrenzung der einzelnen Fertigungssysteme jedes Produktionsbereichs, deren

---

Purcheck, G.F.K. (1975), S. 36-42; Tilsley, R.; Lewis, F.A.; Galloway, D.F. (1977),
S. 270-271.

[70]Vgl. Burbidge, J.L. (1975), S. 21.

[71]Vgl. Burbidge, J.L. (1977), S. 34.

[72]Vgl. Burbidge, J.L. (1982), S. 339.

[73]Vgl. Burbidge, J.L. (1963), S. 745.

[74]Vgl. Burbidge, J.L. (1985), S. 36.

[75]Vgl. z.B. Burbidge, J.L. (1979), S. 136; Burbidge, J.L. (1985), S. 36.

interne Betriebsmittelanordnung im vierten Schritt festgelegt wird[76]. Der fünfte Schritt dient schließlich der Zusammenfassung von Elementen jeder Erzeugnisfamilie derart, daß die Bearbeitung von zu Teilfamilien kombinierten Erzeugnissen auf einer Maschine jeweils mit einem bestimmten, für alle Teilfamilienmitglieder übereinstimmenden Werkzeug erfolgt[77].

Da dieser letzte Schritt einer Losgrößenbestimmung gleichkommt, die in Abschnitt 3.2 als nicht zu den organisatorischen Gestaltungsmaßnahmen gehörend klassifiziert wurde, findet er in der weiteren Argumentation ebensowenig Berücksichtigung wie die ersten beiden Analysestufen, deren Realisierung aufgrund des damit verbundenen erheblichen physischen und finanziellen Aufwands lediglich bei der völligen Neueinrichtung von Betrieben oder Produktionsbereichen in Frage kommen dürfte.

Das Hauptaugenmerk legt Burbidge auf den dritten Schritt seines Ansatzes. Zur Abgrenzung der Erzeugnisfamilien greift er auf die für alle Erzeugnisse vorhandenen, die jeweils anzulaufenden Maschinen bereits in codierter Form angebenden Laufkarten zurück, die er in einzelne Stapel mit jeweils identischen Schlüsselnummern sortiert. Stapel mit Schlüsselnummern, die ähnliche Maschinenfolgen codieren, werden zusammengefaßt; die durch die derart kombinierten Laufkarten symbolisierten Erzeugnisse bilden Familien. Unter Zuhilfenahme einer die Zuordnung einzelner Laufkartenstapel (i.e. der hierdurch symbolisierten Erzeugnisse) zu Maschinen abbildenden Matrix erfolgt zudem die Planung der Produktionssysteme durch die Zusammenfassung der zur angestrebten Komplettbearbeitung[78] jeder Erzeugnisfamilie in jeweils einem System notwendigen Betriebsmittel, wobei eine Restriktion in der vorab festgelegten Zahl zu installierender Systeme besteht[79].

Dieser Ansatz Burbidges muß aufgrund seiner Umständlichkeit in der Anwendung und der fehlenden Geschlossenheit als methodisch unbefriedigend sowie besonders bei einer jeweils großen Zahl zu analysierender Erzeugnisse und Maschinen wenig operabel eingestuft werden. Ähnliches gilt für die verschiedenen Weiterentwicklungen dieses Verfahrens, wie etwa die Analyse von El-Essawy und Torrance, die in einem dreistufigen, zwar partiell computergestütz-

---

[76]Vgl. Burbidge, J.L. (1975), S. 149.

[77]Vgl. z.B. Burbidge, J.L. (1985), S. 36, 42.

[78]Vgl. Burbidge, J.L. (1971a), S. 144; Burbidge, J.L. (1975), S. 170.

[79]Vgl. Burbidge, J.L. (1963), S. 748-749.

ten, hauptsächlich jedoch manuell durchzuführenden[80] Ansatz zunächst grobe Abgrenzungen der Erzeugnisfamilien und Produktionssysteme vornehmen und diese anschließend unter Einbeziehung von Überlegungen hinsichtlich der Kapazitätsauslastung und des Materialflusses manuell variieren[81] . Aufgrund der nur unzureichenden Beschreibung in der Quellenliteratur bleiben die konkreten Unterschiede dieses Verfahrens zur „Production Flow Analysis" unklar[82]. Konstatiert werden kann jedoch eine große Ähnlichkeit beider Ansätze[83].

De Beer, van Gerwen und de Witte modifizieren zwar das Verfahren der „Production Flow Analysis" derart, daß sie bei der Planung der Maschinenzuordnung zu Fertigungssystemen die Häufigkeit berücksichtigen, mit der bestimmte Maschinenkombinationen in den in die Analyse eingehenden Codes des Erzeugnisflusses vorkommen[84], jedoch fehlt auch ihrem Ansatz – ebenso wie einer später publizierten Variante, die auf Kombinationen auszuführender Verrichtungen anstelle von Maschinen abstellt[85] – ein Algorithmus zur Identifikation potentieller Erzeugnisfamilien und Produktionssysteme[86].

Ballakur und Steudel versuchen, den gegen die vorstehenden Planungsansätze vorzubringenden Kritikpunkt des Fehlens einer explizit formulierten Zielfunktion[87] durch einen Ansatz zu beseitigen, der nach ihrer Meinung weitgehend Burbidges Vorgehen entspricht[88], jedoch die Planung der fertigungsorganisatorischen Gestaltung unter Einbeziehung bestimmter Zielmerkmale vornimmt, beispielsweise unter Einbeziehung der bei deren Zuordnung zu einem bestimmten Produktionssystem zu erreichenden Kapazitätsauslastung einer Maschine[89]. Die ohnehin bereits hohe Komplexität des Ansatzes von Burbidge und der große Rechenaufwand, der aus der Notwendigkeit der für jede mögliche Zuordnung durchzuführenden Berechnung der Zielwerte zusammen mit der mehrfach im Verfahren

---

[80]Vgl. Chan, H.M.; Milner, D.A. (1982), S. 67; Greene, T.J.; Sadowski, R.P. (1984), S. 94.

[81]Vgl. El-Essawy, I.G.K.; Torrance, J. (1972), S. 166-168.

[82]Vgl. Wemmerlöv, U.; Hyer, N.L. (1986), S. 142.

[83]Vgl. auch Mosier, C.; Taube, L. (1985), S. 385.

[84]Vgl. de Beer, C.; van Gerwen, R.; de Witte, J. (1976), S. 439-440.

[85]Vgl. de Beer, C.; de Witte, J. (1978), S. 390-391.

[86]Vgl. auch Wemmerlöv, U.; Hyer, N.L. (1986), S. 138.

[87]Vgl. mit Bezug auf den Ansatz von Burbidge Mosier, C.; Taube, L. (1985), S. 384.

[88]Vgl. Ballakur, A.; Steudel, H.J. (1987), S. 649.

[89]Vgl. Ballakur, A.; Steudel, H.J. (1987), S. 646-649.

vorhandenen Möglichkeit resultiert, bereits vorgenommene Zuordnungen wieder zu revidieren[90], läßt jedoch auf eine geringe Praktikabilität des Ansatzes von Ballakur und Steudel schließen.

4.2.3.2 *Heuristische Verfahren zur Umstrukturierung einer Maschinen-Erzeugnis-Matrix*

4.2.3.2.1 *Vorbemerkungen*

Da er offenbar die Unzulänglichkeiten seiner Sortiermethode selbst erkannte, griff Burbidge bereits früh auf die Maschinen-Erzeugnis-Matrix als Grundlage der Datenauswertung zurück[91]. Zur Ermittlung potentieller Produktionssysteme schlägt er folgende, stark vereinfacht wiedergegebene Methode vor[92] [93]:

Zunächst bestimmt das Verfahren aus der auszuwertenden Maschinen-Erzeugnis-Matrix sogenannte Kernmaschinen, die dadurch charakterisiert sind, daß sie aufgrund ihrer niedrigen Erzeugnisflexibilität eine im Vergleich zu den anderen in die Analyse aufgenommenen Bearbeitungsmaschinen nur geringe Zahl unterschiedlicher Erzeugnisse bearbeiten. Die Wahl dieser Betriebsmittel als Basis für die zu bildenden Produktionssysteme beruht auf der Annahme, daß sie wegen ihrer geringen Erzeugnisflexibilität mit großer Wahrscheinlichkeit nur Elemente *einer* Erzeugnisfamilie bearbeiten und deshalb nur in *einer* Fertigungsgruppe vorkommen, deren Kern sie bilden. Durch sukzessive Zuordnung von Betriebsmitteln mit immer höherer Erzeugnisflexibilität entsteht schließlich die gewünschte Zahl von Fertigungsgruppen.

Diese Methode der Fertigungssystembildung gestaltet sich allerdings sehr langwierig und ist, wie Burbidge selbst feststellt[94], mehr von intelligentem Probieren als vom Vorhandensein eines systematischen Vorgehens geprägt, was in der Literatur auch häufig als Kritik an den Arbeiten Burbidges vorgebracht wird[95].

---

[90]Vgl. Ballakur, A.; Steudel, H.J. (1987), S. 648.

[91]Vgl. z.B. Burbidge, J.L. (1971a), S. 146-147.

[92]Vgl. zu ausführlichen Darstellungen Burbidge, J.L. (1975), S. 184-186; Burbidge, J.L. (1977), S. 36-37.

[93]Einen sehr ähnlichen Ansatz stellt auch Wolf vor. Vgl. Wolf, M. (1979), S. 42.

[94]Vgl. Burbidge, J.L. (1977), S. 37.

[95]Vgl. z.B. de Beer, C.; de Witte, J. (1978), S. 390; Faber, Z.; Carter, M.W. (1986), S. 313; Ham, I.; Hitomi, K.; Yoshida, T. (1985), S. 159.

Ausgehend von dieser Kritik entwickelten sich Bestrebungen, Algorithmen zu erarbeiten, die die Auswertung der in einer Maschinen-Erzeugnis-Matrix enthaltenen Informationen in systematischer Weise erlauben, um so zu Empfehlungen zu gelangen, die Bildung welcher Erzeugnisfamilien und Produktionssysteme vorgenommen werden sollte. Dabei gilt es jedoch zu berücksichtigen, daß diese Empfehlungen auf der Basis der Algorithmen in aller Regel nur Leitlinien für die endgültige Entscheidung über die zu realisierende fertigungsorganisatorische Konfiguration darstellen können, da in vielen praktischen Fällen in der Realität vorhandene, jedoch nicht im Modell abgebildete Faktoren diese Entscheidung mit determinieren[96].

Die entwickelten Algorithmen lassen sich in zwei Gruppen einteilen. Während sich die Verfahren der einen Gruppe des statistischen Instrumentariums der Clusteranalyse bedienen, stellen die der anderen Gruppe Lösungsansätze dar, die die erwünschten Informationen durch eine Umstrukturierung der auszuwertenden Maschinen-Erzeugnis-Matrix zu erreichen versuchen. Diese zuletzt genannten Ansätze sollen zunächst im Mittelpunkt der Argumentation stehen.

4.2.3.2.2 *Prinzipielle Vorgehensweise der Verfahren*

Die Verfahren zur Umstrukturierung einer Maschinen-Erzeugnis-Matrix basieren auf dem Grundgedanken, daß Hinweise auf die zu realisierenden fertigungsorganisatorischen Gestaltungsmaßnahmen direkt aus der Matrix zu ersehen sind. Dazu bedarf es lediglich der Umwandlung des in Form dieser Matrix vorliegenden Beschreibungsmodells in ein Ermittlungsmodell[97], das *dieselben Elemente* in einer *veränderten Anordnung* beinhaltet.

Diese veränderte Anordnung resultiert aus der Variation der Zeilen- und Spaltenfolge der Matrix, die zu deren Transformation in blockdiagonale Form führen soll[98], also zu einer Umstrukturierung derart, daß die entstehende Maschinen-Erzeugnis-Matrix weitestgehend in disjunkte, durch die räumliche Konzentration von Matrixelementen mit identischen Ausprägungen entstehende Teilmatrizen,

---

[96] Vgl. hierzu im einzelnen Rajagopalan, R.; Batra, J.L. (1975), S. 577; Wemmerlöv, U.; Hyer, N.L. (1986), S. 145.

[97] Die verwendete Terminologie lehnt sich an diejenige Köhlers an, wonach ein Ermittlungsmodell durch die aus der Anwendung mathematischer Methoden resultierende Veränderung eines Beschreibungsmodells entsteht. Vgl. Köhler, R. (1975), Sp. 2710.

[98] Vgl. z.B. Burbidge, J.L. (1985), S. 39; Chan, H.M.; Milner, D.A. (1982), S. 66; Wemmerlöv, U.; Hyer, N.L. (1986), S. 140.

sogenannte Blöcke, zerfällt. Dabei bestehen alle Blöcke auf der Hauptdiagonale vollständig oder zum überwiegenden Teil aus Elementen mit der Ausprägung 1, alle anderen aus Elementen mit dem Wert 0[99].

Abbildung 4 veranschaulicht anhand einer gering dimensionierten Matrix den Idealfall einer blockdiagonalen Struktur, in dem jeder der durch die eingezeichneten Linien abgegrenzten Blöcke ausschließlich Elemente mit jeweils identischer Ausprägung enthält.

Abb. 4: Beispiel einer blockdiagonalen Maschinen-Erzeugnis-Matrix

M \ E	1	2	3	4	5
1	1	1	1	0	0
2	1	1	1	0	0
3	0	0	0	1	1
4	0	0	0	1	1

Die in Abschnitt 4.2.2.2 gegebene Definition der Maschinen-Erzeugnis-Matrix klärt die Frage nach der Bedeutung dieses Vorgehens im Hinblick auf die Planung der hier interessierenden fertigungsorganisatorischen Gestaltungsmaßnahmen: Aus der Zusammenfassung der Matrixelemente mit der Ausprägung 1 zu Blöcken resultiert eine räumliche Konzentration von Matrixspalten, die Erzeugnisse mit ähnlichen, im Idealfall sogar identischen Fertigungsabläufen repräsentieren (in der Matrix der Abb. 4 die Erzeugnisse 1, 2 und 3 sowie 4 und 5), und Matrixzeilen, die die zur Bearbeitung dieser Erzeugnisse notwendigen Maschinen charakterisieren (im Beispiel die Maschinen 1 und 2 sowie 3 und 4). Jeder Block auf der Hauptdiagonale repräsentiert somit eines der Fertigungssysteme, deren Abgrenzung sich dem gebildeten Ermittlungsmodell zufolge empfiehlt, sowie die darin zu bearbeitende Erzeugnisfamilie[100]. Somit führt die Beispielmatrix zu der Empfehlung, zwei Produktionssysteme aufzubauen, von denen das aus den Maschinen 1 und 2 bestehende die Erzeugnisse 1, 2 und 3, das aus den Maschinen 3 und 4 bestehende die Erzeugnisse 4 und 5 bearbeitet.

---

[99]Vgl. Chandrasekharan, M.P.; Rajagopalan, R. (1987), S. 836; Eckes, T.; Roßbach, H. (1980), S. 89; King, J.R.; Nakornchai, V. (1986), S. 285.

[100]Vgl. zur Ableitung von Handlungsempfehlungen aus der umstrukturierten Maschinen-Erzeugnis-Matrix auch Burbidge, J.L. (1982), S. 345; Wemmerlöv, U.; Hyer, N.L. (1986), S. 140.

Nach der Darstellung der grundlegenden Vorgehensweise gilt es nun die Frage zu klären, welche konkreten Verfahren zur Umstrukturierung einer Maschinen-Erzeugnis-Matrix in blockdiagonale Form eingesetzt werden können. Als problematisch erweist sich dabei, daß die komplexe Struktur realer Planungsgegenstände die Ermittlung der „besten" fertigungsorganisatorischen Konstellation auf der Basis des Vergleichs aller möglichen Alternativen nicht erlaubt: Bei einer $I \times J$-Matrix bestehen $I! \cdot J!$ verschiedene Möglichkeiten der Zeilen- und Spaltenanordnung, was bereits bei einer 4×5-Matrix die Ermittlung von 2880 alternativen Anordnungen bedingen würde. Reale Planungsprobleme beinhalten jedoch Matrizen weitaus größerer Dimension. Beispielsweise findet sich in der Literatur die Einstufung einer 40×100-Matrix als Bestandteil eines Planungsproblems mittlerer Größe[101].

Die Unmöglichkeit der vollständigen Enumeration aller alternativen Umstrukturierungsmöglichkeiten einer Maschinen-Erzeugnis-Matrix bedingt die Notwendigkeit des Einsatzes heuristischer Lösungsverfahren[102], also solcher Verfahren, die nicht alle möglichen Lösungen eines zu behandelnden Problems generieren, sondern bestimmte, auf plausiblen Überlegungen beruhende Steuerungsregeln beinhalten, von denen es abhängt, welche möglichen Lösungen erzeugt und welche vom Lösungsprozeß ausgeschlossen werden. Dieses Vorgehen bewirkt einerseits eine Verringerung des zeitlichen Lösungsaufwands, beinhaltet aber andererseits die Gefahr, die im Hinblick auf die zugrunde gelegte Zielsetzung optimale Lösung nicht ermitteln zu können, da sie während der Anwendung des Verfahrens aus der Menge der zu erzeugenden Lösungen eliminiert wurde[103].

Welche heuristischen Verfahren zur Umstrukturierung von Maschinen-Erzeugnis-Matrizen bislang existieren, zeigt der folgende Literaturüberblick. Um später die Verbindung zu den clusteranalytischen Algorithmen verdeutlichen zu können, wird dabei danach differenziert, ob die den einzelnen Verfahren zugrundeliegenden Umstrukturierungsregeln explizit auf die Ähnlichkeit der einzelnen Matrixelemente abstellen oder nicht.

---

[101]Vgl. Chandrasekharan, M.P.; Rajagopalan, R. (1987), S. 846.

[102]Vgl. prinzipiell zum dargestellten Zusammenhang Adam, D. (1983), S. 486-487 und die dort angeführte Literatur.

[103]Vgl. zur Charakterisierung heuristischer Verfahren insbesondere Streim, H. (1975), S. 147-151. Vgl. auch Kruschwitz, L.; Fischer, J. (1981), S. 449-450; Müller-Merbach, H. (1973), S. 290.

4.2.3.2.3 *Verfahren ohne explizite Berücksichtigung der Ähnlichkeit von Matrixelementen*

Der in der Literatur meistzitierte Repräsentant der die Ähnlichkeit von Matrixelementen nicht explizit berücksichtigenden Verfahren ist der im folgenden erläuterte Ansatz von King.

In diesem Ansatz[104] interpretiert King zunächst Zeilen und Spalten der auszuwertenden Maschinen-Erzeugnis-Matrix als im Dualsystem dargestellte Zahlen und wandelt diese in die entsprechenden Werte des Dezimalsystems um, was für die Matrixzeilen nach folgender Transformationsvorschrift geschieht[105]:

$$q_i = \sum_{j=1}^{J} e_{ij} \cdot 2^{J-j}; \qquad i = 1, ..., I$$

Die errechneten, von King als dezimale Äquivalente bezeichneten Zahlen bilden die Basis für die Umordnung der Matrixzeilen und -spalten: Zunächst variiert das Verfahren die Zeilensequenz so, daß – beginnend mit der obersten Zeile – eine Reihung der dezimalen Äquivalente nach abnehmender Größe entsteht; anschließend wird jede Spalte so angeordnet, daß sich deren in analoger Weise berechnete Dezimalwerte von links nach rechts vermindern. Dieser Prozeß setzt sich solange iterativ fort, bis die Anordnung der Zeilen und Spalten keine weitere Verschiebung erfordert.

Folgendes einfache Beispiel soll die Verfahrenstechnik verdeutlichen: Die relevanten Bearbeitungsvorgänge seien durch die Maschinen-Erzeugnis-Matrix der Abb. 5 beschrieben.

Abb. 5: Maschinen-Erzeugnis-Matrix

M \ E	1	2	3	4	5
1	1	0	0	0	1
2	0	1	1	0	0
3	1	0	0	1	1
4	0	1	1	0	0

---

[104]Vgl. zum Verfahrensablauf King, J.R. (1980a), S. 195-197; King, J.R. (1980b), S. 219.

[105]Vgl. hierzu auch die bei Chandrasekharan, M.P.; Rajagopalan, R. (1986b), S. 1223 angeführte Formel. Vgl. prinzipiell zu Umwandlungen zwischen Dual- und Dezimalsystem z.B. Ohse, D. (1983), S. 59-60.

Eine Interpretation der ersten Zeile dieser Matrix als Dualzahl liefert den Wert 10001; dessen Transformation in das Dezimalsystem führt zu

$$q_1 = 1 \cdot 2^4 + 0 \cdot 2^3 + 0 \cdot 2^2 + 0 \cdot 2^1 + 1 \cdot 2^0 = 17$$

Aus den weiteren Zeilen resultieren die Dezimalzahlen

$$q_2 = q_4 = 12; q_3 = 19$$

Da die Werte q_2 und q_4 übereinstimmen und King die Beibehaltung der originären Reihenfolge in den dezimalen Äquivalenten identischer Zeilen empfiehlt[106], ist die Zeilenfolge der ursprünglichen Matrix in der in Abb. 6 verdeutlichten Weise zu modifizieren:

Abb. 6: Maschinen-Erzeugnis-Matrix nach Anwendung des ersten Verfahrensschritts von King

M \ E	1	2	3	4	5
3	1	0	0	1	1
1	1	0	0	0	1
2	0	1	1	0	0
4	0	1	1	0	0

Die Umwandlung der aus der ersten Spalte gebildeten Dualzahl (1100) in einen Dezimalwert ergibt nun

$$r_1 = 1 \cdot 2^3 + 1 \cdot 2^2 + 0 \cdot 2^1 + 0 \cdot 2^0 = 12$$

Als dezimale Äquivalente der restlichen Spalten errechnen sich

$$r_2 = r_3 = 3; r_4 = 8; r_5 = 12$$

Nach der erforderlichen Umgruppierung der Spalten weist die Matrix die aus Abb. 7 zu ersehende Struktur auf:

---

[106] Analoges gilt hinsichtlich der Spaltenverschiebung. Vgl. King, J.R. (1980a), S. 197; King, J.R. (1980b), S. 219.

Abb. 7: Blockdiagonale Maschinen-Erzeugnis-Matrix nach Anwendung des Algorithmus von King

M \\ E	1	5	4	2	3
3	1	1	1	0	0
1	1	1	0	0	0
2	0	0	0	1	1
4	0	0	0	1	1

Das Verfahren endet an diesem Punkt, da die erneute Berechnung der dezimalen Äquivalente der Zeilen, die als nächster Verfahrensschritt durchzuführen wäre, zu nachstehenden Werten führt:

$$q'_3 = 28; q'_1 = 24; q'_2 = q'_4 = 3$$

Es zeigt sich somit, daß die Anordnung der Zeilen nach abnehmender Größe der Dezimalwerte bereits vorliegt, weshalb sich weitere Iterationen erübrigen.

Legt man die im vorherigen Abschnitt dargestellte Interpretation einer blockdiagonalen Matrix zugrunde, ermöglicht die ermittelte Struktur die Ableitung der in Abb. 7 durch die eingetragenen Linien verdeutlichten Empfehlung, zwei aus den Maschinen 1 und 3 (System I) bzw. 2 und 4 (System II) bestehende Fertigungssysteme aufzubauen, wobei die Produktionsaufgabe des Systems I (II) in der Bearbeitung der aus den Erzeugnissen 1, 4 und 5 (2 und 3) zusammengesetzten Erzeugnisfamilie läge.

King entwickelte mit der erörterten Vorgehensweise ein methodisch elegantes Verfahren, das allerdings nicht immer die Gewähr bietet, die auszuwertende Maschinen-Erzeugnis-Matrix in vollständig überschneidungsfreie Blöcke zu zerlegen. Vielmehr dürften häufig Situationen auftreten, in denen einzelne Matrixelemente mit der Ausprägung 1 außerhalb der Hauptdiagonalblöcke stehen[107]. Ein derartiges Matrixelement läßt sich je nach Betrachtungsweise als Indikator sowohl für ein Ausreißererzeugnis als auch für eine Engpaßmaschine interpretieren. Würde z.B. in der Matrix der Abb. 7 das Element e_{33} nicht die Ausprägung 0 aufweisen, sondern $e_{33} = 1$ gelten, könnte dies einerseits bedeuten, daß Erzeugnis 3 ein Ausreißererzeugnis darstellt, da es im Laufe seines Produktionsprozesses trotz der Zuordnung zu System II auch Maschine 3 und damit System

---

[107]Vgl. King, J.R. (1980a), S. 198; King, J.R. (1980b), S. 221.

I anlaufen muß. Andererseits bestünde die Interpretationsmöglichkeit, Maschine 3 als Engpaßmaschine zu betrachten, da Elemente zweier Erzeugnisfamilien ihre Kapazität in Anspruch nehmen, und daraus die Empfehlung abzuleiten, ein zweites Exemplar dieser Maschine anzuschaffen und in System II zu integrieren. Die Entscheidung für eine der beiden Interpretationsmöglichkeiten wird in einem solchen Fall in erster Linie von der Zahl der von Erzeugnis 3 im Planungszeitraum herzustellenden Mengeneinheiten abhängen: Bei einer hohen Ausprägung dieser Zahl dürfte Maschine 3 als Engpaßmaschine, bei einer niedrigen Ausprägung Erzeugnis 3 als Ausreißererzeugnis anzusehen sein.

In derartigen Situationen läßt sich exemplarisch am Ansatz Kings der in Abschnitt 4.2.3.2.1 für alle Algorithmen der Datenauswertung konstatierte Leitliniencharakter im Hinblick auf die Entscheidung demonstrieren, welche konkrete fertigungsorganisatorische Konstellation realisiert werden soll: Zwar bietet das Verfahren rechentechnische Möglichkeiten für den Versuch, auch in einer solchen Situation eine in disjunkte Blöcke zerlegte Maschinen-Erzeugnis-Matrix zu erhalten, etwa durch die erneute Anwendung des Algorithmus auf eine Matrix, in der man die Zahl der berücksichtigten Exemplare einer jeden Engpaßmaschine gegenüber der ursprünglichen Matrix erhöht[108]; die Entscheidung, ob die auf der Basis dieser veränderten Maschinen-Erzeugnis-Matrix ermittelte Aufgliederung der potentiellen Fertigungssysteme und Erzeugnisfamilien tatsächlich realisiert wird, hängt jedoch von zusätzlich anzustellenden technischen und vor allem ökonomischen Überlegungen ab[109].

Doch nicht nur die fehlende Überschneidungsfreiheit der Blöcke kann in Kings Verfahren Probleme aufwerfen: Als Hauptargument gegen die Anwendung dieses Algorithmus findet sich in der Literatur der durch Beispiele belegte Kritikpunkt, daß das Verfahren keine Garantie beinhaltet, überhaupt eine annähernd blockdiagonale Form der Maschinen-Erzeugnis-Matrix aufzufinden, da die durch Umordnung erreichte Struktur in starkem Maße von der originären Zeilen- und Spaltenfolge abhängt[110].

Zudem gestaltet sich das Verfahren bei der Umstrukturierung umfangreicher

---

[108]Vgl. zu einer detaillierten Erörterung King, J.R. (1980b), S. 223-225.

[109]Vgl. auch die diesbezüglichen Ausführungen bei King, J.R. (1980b), S. 223.

[110]Vgl. Chandrasekharan, M.P.; Rajagopalan, R. (1986b), S. 1223-1226; Faber, Z.; Carter, M.W. (1986), S. 313; Gallagher, C.C.; Knight, W.A. (1986), S. 40.

Matrizen sehr zeitaufwendig[111]. Um auch komplexes Datenmaterial verarbeiten zu können, entwickelte King zusammen mit Nakornchai einen weiteren Algorithmus, der auf die aufwendige explizite Ermittlung der dezimalen Äquivalente verzichtet und die Umstrukturierung in einer weniger Zeit in Anspruch nehmenden Weise vornimmt: Zunächst verändert der Algorithmus die Zeilenfolge derart, daß die Zeilen, die in der letzten, also der ganz rechts stehenden Spalte die Ausprägung 1 aufweisen, unter Beibehaltung ihrer bisher untereinander bestehenden Reihenfolge die obersten Zeilen der umgeordneten Matrix bilden. Der zweite (dritte) Schritt wiederholt dieses Vorgehen für die Zeilen, die in der vorletzten (drittletzten) Spalte Elemente mit der Ausprägung 1 beinhalten, etc. Nach Abschluß der auf diese Art vorgenommenen Variation der Zeilensequenz verändert das Verfahren in analoger Weise die Spaltenfolge. Die iterative Variation von Zeilen- und Spaltenfolge endet mit dem Auffinden einer Matrixstruktur, die sich bei einer erneuten Anwendung der Umstrukturierungsregel nicht mehr verändern würde[112].

Ein weiterer, von Chan und Milner entwickelter Ansatz bedient sich einer sehr ähnlichen Umstrukturierungsregel. Der Unterschied besteht lediglich darin, daß der Prozeß der sukzessiven Umordnung mit den Zeilen beginnt, die nicht in der letzten, sondern in der ersten Spalte die Ausprägung 1 aufweisen. Zudem schalten Chan und Milner dem eigentlichen Sortieralgorithmus einen Verfahrensschritt vor, der die Zeilen nach steigender, die Spalten nach fallender Zahl der in ihnen enthaltenen Matrixelemente mit dem Wert 1 anordnet[113].

Dagegen stellen Vannelli und Kumar eine völlig andersartige Vorgehensweise vor: Ihre beiden heuristischen Verfahren zur Umstrukturierung der Maschinen-Erzeugnis-Matrix[114] basieren auf graphentheoretischen Überlegungen. Maschinen und Erzeugnisse bilden dabei zwei Mengen von Knoten. Ein Knoten aus der Maschinenmenge ist mit einem aus der Erzeugnismenge durch eine Kante verbunden[115], wenn das entsprechende Erzeugnis auf der durch den anderen Kno-

---

[111]Vgl. Chan, H.M.; Milner, D.A. (1982), S. 67; King, J.R.; Nakornchai, V. (1982), S. 124-125.

[112]Vgl. King, J.R.; Nakornchai, V. (1982), S. 125-130; King, J.R.; Nakornchai, V. (1986), S. 286-289. Vgl. auch die zusammenfassende Darstellung bei Wemmerlöv, U.; Hyer, N.L. (1986), S. 143.

[113]Vgl. Chan, H.M.; Milner, D.A. (1982), S. 68.

[114]Vgl. Vannelli, A.; Kumar, K.R. (1986), S. 391, 393-394.

[115]Vgl. zur Terminologie der Graphentheorie z.B. Müller-Merbach, H. (1973), S. 238.

ten symbolisierten Maschine bearbeitet wird[116]. Die beiden Algorithmen dienen dazu, den derart entstehenden Graphen in disjunkte, in sich zusammenhängende Untergraphen aufzuspalten, was aufgrund der Interpretation des Graphen einer Blockdiagonalisierung der Maschinen-Erzeugnis-Matrix entspricht. Dabei besteht die Intention beider Algorithmen darin, die Anzahl der entstehenden Ausreißererzeugnisse und Engpaßmaschinen zu minimieren[117].

Kumar, Kusiak und Vannelli entwickelten für ein identisch formuliertes Problem ein Eröffnungsverfahren[118] zur Ermittlung einer aus einer bestimmten Anzahl von Untergraphen bestehenden „Ausgangslösung ..., die durch das Verfahren nicht weiter verbessert wird"[119], und ein Iterationsverfahren[120], das eine Verbesserung der Ausgangslösung erreichen soll[121], indem die Zahl der Beziehungen zwischen den Untergraphen eine Verringerung erfährt.

Wie die vorstehende Literaturübersicht zeigt, existieren mittlerweile mehrere verschiedene Ansätze zur Umstrukturierung der Maschinen-Erzeugnis-Matrix, die die Ähnlichkeit von Matrixelementen nicht explizit berücksichtigen. Dagegen findet sich in der Literatur bislang nur ein heuristisches Verfahren zur Umordnung der Matrix, das vom konträren Ansatzpunkt ausgeht.

4.2.3.2.4 *Ein Verfahren mit expliziter Berücksichtigung der Ähnlichkeit von Matrixelementen*

Vorgestellt wurde dieses Verfahren von McCormick, Schweitzer und White[122], erstmals auf die hier untersuchte Problemstellung angewandt von King[123], der jedoch nur Ausgangs- und Endmatrix des von ihm untersuchten Beispiels anführt und auf die Darstellung der einzelnen Verfahrensschritte verzichtet.

Der erste dieser Schritte besteht in der Berechnung eines Maßes $\varepsilon_{ij,\,j+1}$, das bei Übereinstimmung der in Zeile i unmittelbar benachbarten Matrixelemente e_{ij}

---

[116]Vgl. Vannelli, A.; Kumar, K.R. (1986), S. 393.

[117]Vgl. Vannelli, A.; Kumar, K.R. (1986), S. 388.

[118]Vgl. Kumar, K.R.; Kusiak, A.; Vannelli, A. (1986), S. 391-393.

[119]Müller-Merbach, H. (1973), S. 292.

[120]Vgl. Kumar, K.R.; Kusiak, A.; Vannelli, A. (1986), S. 393-394.

[121]Vgl. zu dieser Zielsetzung von Iterationsverfahren Müller-Merbach, H. (1973), S. 292.

[122]Vgl. McCormick, W.T.; Schweitzer, P.J.; White, T.W. (1972), S. 993-996.

[123]Vgl. King, J.R. (1980b), S. 217-219.

und $e_{i,\,j+1}$ den Wert 1, sonst den Wert 0 annimmt. Dies zeigt, daß der Begriff Ähnlichkeit im Zusammenhang mit dem Ansatz von McCormick, Schweitzer und White sehr restriktiv auszulegen ist: Durch das errechnete Maß wird lediglich die Ähnlichkeit zweier unmittelbar benachbarter Matrixelemente erfaßt, die nur dann vorliegt, wenn beide Elemente übereinstimmen. Als Übereinstimmung zählt dabei jedoch nur der Fall, in dem beide Elemente die Ausprägung 1 aufweisen, nicht derjenige, in dem bei beiden die Ausprägung 0 vorliegt[124]. Es gilt somit für alle i ($i = 1, ..., I$) und für alle j ($j = 1, ..., J$):

$$\varepsilon_{ij,\,j+1} = \begin{cases} 1 & \text{für } e_{ij} = e_{i,\,j+1} = 1 \\ 0 & \text{sonst} \end{cases}$$

Analog zu diesem Vorgehen errechnet das Verfahren auch ein Maß $\varepsilon_{ji,\,i+1}$ für die in zwei unmittelbar benachbarten Zeilen i und $i+1$ einer Spalte j stehenden Matrixelemente. Die Berechnung der beiden Arten von Maßzahlen erfolgt unter der Prämisse $e_{0j} = e_{i0} = e_{j,\,I+1} = e_{i,\,J+1} = 0$.

Im Anschluß an die Ermittlung aller Maßzahlen werden diese zu einer die „Güte" der erreichten blockdiagonalen Form der Matrix messenden „Effektivitätsziffer" ε aggregiert, was nach folgender Berechnungsvorschrift geschieht:

$$\varepsilon = \sum_{i=1}^{I} \sum_{j=1}^{J} (\varepsilon_{ij,\,j+1} + \varepsilon_{ji,\,i+1})$$

$$= \sum_{i=1}^{I} \sum_{j=1}^{J} \varepsilon_{ij,\,j+1} + \sum_{j=1}^{J} \sum_{i=1}^{I} \varepsilon_{ji,\,i+1}$$

Durch Veränderungen der Zeilen- und Spaltenreihenfolge strebt das Verfahren eine Maximierung von ε an, was aufgrund der gewählten Definition nur durch die räumliche Konzentration der Matrixelemente mit der Ausprägung 1 und damit durch die Bildung von Blöcken zu erreichen ist[125].

Zur Umstrukturierung der Matrix und damit zur Lösung des vorliegenden Maximierungsproblems beinhaltet das Verfahren folgenden heuristischen Ansatz[126]: Zunächst wird eine Spalte der originären Matrix in eine Spalte einer neuen, noch elementfreien Matrix zufällig eingetragen. Im Anschluß daran ist jede der

---

[124]Vgl. zur Diskussion der Zweckmäßigkeit dieses Vorgehens Abschnitt 4.2.3.3.3.1.2.

[125]Vgl. McCormick, W.T.; Schweitzer, P.J.; White, T.W. (1972), S. 995.

[126]Vgl. McCormick, W.T.; Schweitzer, P.J.; White, T.W. (1972), S. 996.

$J-1$ verbleibenden Spalten der Ursprungsmatrix versuchsweise in jede der beiden unmittelbar an die bereits fixierte Ausgangsspalte angrenzenden Spalten der neuen Matrix einzuordnen. Das Verfahren plaziert diejenige Spalte, die hierbei die größte Steigerung des ε-Wertes bewirkt, an der Stelle, an der sie diese Steigerung erreicht. Die Zahl der eingetragenen Spalten (ν) erhöht sich damit auf zwei. Es schließt sich die sukzessive Zuordnung aller anderen Spalten an, wobei jeweils $\nu+1$ Möglichkeiten des Eintragens in die neue Matrix bestehen. Beispielsweise kann die dritte zuzuordnende Spalte unmittelbar vor, unmittelbar nach oder zwischen den beiden bereits eingetragenen Spalten plaziert werden. Nach vollständiger Zuordnung der Spalten ($\nu = J$) findet das dargestellte Vorgehen in analoger Weise für die Matrixzeilen Anwendung, wobei die durch die beschriebene Veränderung der Spaltenfolge gefundene Matrix die neue Ausgangsmatrix bildet.

Die im folgenden erläuterte Umordnung des in Abb. 5 angegebenen Beispiels einer Maschinen-Erzeugnis-Matrix soll der Verdeutlichung des Verfahrens dienen.

In der Ursprungsmatrix finden sich drei Paare unmittelbar benachbarter Elemente mit der übereinstimmenden Ausprägung 1 (e_{22} und e_{23}, e_{34} und e_{35}, e_{42} und e_{43}). Da für jedes dieser Paare $\varepsilon_{ij,\,j+1}$ den Wert 1 annimmt und zudem gilt

$$\varepsilon_{ji,\,i+1} = 0 \qquad \forall i,j,$$

folgt nach der oben angeführten Formel $\varepsilon = 3$.

Der Prozeß der Umordnung beginnt in diesem Beispiel mit dem Eintragen der (zufällig ausgewählten) Spalte 5 der Ausgangsmatrix in die zweite Spalte der neuen Matrix, für die aufgrund der Elementfreiheit zunächst gilt: $\varepsilon = 0$. Bei einer Einordnung in die unmittelbare Nachbarschaft der Spalte 5 liefern die bisherigen Spalten 1 und 4 einen positiven Beitrag zum Wert ε, wobei der Beitrag der bisherigen Spalte 1 höher ist, weshalb sie zunächst zugeordnet wird. Hierbei besteht die Wahlmöglichkeit zwischen der Einordnung in die erste und in die dritte Spalte, da beide Zuordnungen einen übereinstimmenden Zuwachs von ε in Höhe von 2 bewirken; im Beispiel wurde die Eintragung in die erste Spalte gewählt. Die Zuordnung der bisherigen Spalte 4 in die dritte Spalte der neuen Matrix erhöht ε nochmals um 1, wohingegen die Einordnung einer der beiden noch verbleibenden Spalten in unmittelbarer Nachbarschaft der bereits zugeordneten keine weitere Steigerung verursacht. Die bisherige Spalte 2 wird deshalb willkürlich zur neuen vierten Spalte, was die Möglichkeit eröffnet, durch das Eintragen der bisherigen Spalte 3 in die fünfte Spalte die Effektivitätsziffer nochmals um 2 zu erhöhen, so daß insgesamt aus der Matrix der Abb. 8 $\varepsilon = 5$ resultiert:

Abb. 8: Maschinen-Erzeugnis-Matrix nach Anwendung des Algorithmus von McCormick, Schweitzer und White auf die Spaltenfolge

M \ E	1	5	4	2	3
1	1	1	0	0	0
2	0	0	0	1	1
3	1	1	1	0	0
4	0	0	0	1	1

In diesem relativ gering dimensionierten Beispiel ist leicht ersichtlich, daß die Variation der Zeilenfolge eine weitere Verbesserung der Effektivitätsziffer bestenfalls in Höhe von 4 ermöglicht, da nur in vier Spalten mehr als ein Element mit dem Wert 1 steht und keine dieser Spalten mehr als zwei Elemente e_{ij} mit $e_{ij} = 1$ enthält.

Als maximale Effektivitätsziffer ergibt sich somit $\varepsilon = 5 + 4 = 9$. Sie ist durch mehrere alternative Matrixstrukturen erreichbar, z.B. durch die aus der Zeilenfolge 3-1-2-4 resultierende Alternative, die der in Abschnitt 4.2.3.2.3 mit Hilfe des Algorithmus von King errechneten Lösung entspricht.

Aufgrund der im Verfahren vorgesehenen Freiheitsgrade besteht natürlich die Möglichkeit, daß bei wiederholter Anwendung des Algorithmus auf eine Ursprungsmatrix mehrere, in der Zeilen- und Spaltenreihenfolge unterschiedliche Endmatrizen resultieren. Berechnungen einiger Autoren haben jedoch ergeben, daß in solchen Fällen die Effektivitätsziffern der alternativen Endmatrizen nur geringfügig differieren[127]. Die für das vorliegende Beispiel ergänzend durchgeführten, in Anhang 4 dokumentierten Vergleichsrechnungen unterstützen diese These ebenfalls, denn es ergaben sich aufgrund von Variationen der Ausgangsspalten und -zeilen des Algorithmus zwar in der Spalten- und Zeilenreihenfolge, nicht aber in der Blockstruktur und der Effektivitätsziffer divergierende Matrizen.

---

[127]Vgl. McCormick, W.T.; Schweitzer, P.J.; White, T.W. (1972), S. 996; King, J.R. (1980b), S. 218.

Das vorgestellte Verfahren findet sich in kaum einem Katalog diverser gruppentechnologischer Lösungsansätze. Der Grund hierfür dürfte in erster Linie in dem in Relation zu anderen Verfahren hohen Rechenaufwand zu suchen sein[128]. Für die ausführliche Darstellung des Algorithmus an dieser Stelle gab allerdings auch nicht dessen Beurteilung als besonders praktikables oder weit verbreitetes Analyseinstrument den Ausschlag, sondern vielmehr die in der Literatur bislang nicht berücksichtigte Tatsache, daß er durch die explizite Verwendung einer die Ähnlichkeit zweier benachbarter Matrixelemente abbildenden Zahl das Bindeglied zwischen den mathematischen Heuristiken zur Umordnung der Maschinen-Erzeugnis-Matrix und der zweiten Gruppe von Lösungsansätzen darstellt, in denen „das Konzept der Ähnlichkeit ... zentrale Bedeutung besitzt"[129], da ihre Vertreter aus den Daten der Maschinen-Erzeugnis-Matrix Maßzahlen berechnen, die Auskunft über die zwischen Erzeugnissen bzw. zwischen Maschinen bestehenden Ähnlichkeiten geben[130]: der Gruppe der clusteranalytischen Verfahren.

4.2.3.3 *Clusteranalytische Verfahren*

4.2.3.3.1 *Einordnung und Charakterisierung der Clusteranalyse*

Die Techniken der Clusteranalyse zählen zu den multivariaten statistischen Analyseverfahren[131]. Deren Anwendungsbereich liegt in der Aufbereitung und Auswertung statistischen Datenmaterials[132], das durch die Erhebung der Ausprägungen *zahlreicher* Merkmale einer im allgemeinen großen Zahl zu analysierender Objekte[133] gewonnen wird.

---

[128]Vgl. hierzu King, J.R. (1980b), S. 221, 225.

[129]Eckes, T.; Roßbach, H. (1980), S. 36.

[130]Vgl. auch Faber, Z.; Carter, M.W. (1986), S. 301.

[131]Vgl. Kern, W.; Hagemeister, S. (1986), S. 79; Weber, G. (1983), S. 52.

[132]Vgl. Hartung, J.; Elpelt, B. (1986), S. 1.

[133]Im Zusammenhang mit der Clusteranalyse bezeichnet der Terminus Objekt einen anderen Begriffsinhalt als in der bisherigen Argumentation der Arbeit, in der er lediglich die Gegenstände umschrieb, an denen bestimmte Produktionsaufgaben zu erfüllen sind. Der wesentlich umfassendere Objektbegriff der Clusteranalyse erfaßt dagegen „beispielsweise Lebewesen, Gegenstände, Institutionen" (Opitz, O. (1980), S. 1). Da es in der entsprechenden Literatur jeweils üblich ist, einen der beiden Sachverhalte mit der Bezeichnung Objekt zu belegen, verwendet diese Arbeit aus Gründen der terminologischen Übereinstimmung mit anderen Publikationen den Begriff in beiden Bedeutungen. Dies erscheint vertretbar, da der gemeinte Begriffsinhalt aus dem jeweiligen Kontext hervorgeht.

Wie die pluralische Verwendung des Begriffs Technik bereits andeutet, bezeichnet der Terminus Clusteranalyse keineswegs *ein* konkret spezifiziertes Verfahren. Vielmehr dient er „als Sammelname für eine Vielzahl unterschiedlicher Methoden"[134], deren Intention allerdings trotz der Divergenz der einzelnen Verfahren identisch ist: Eine Clusteranalyse soll die Menge der zu analysierenden Objekte derart in Klassen („Cluster") einteilen, daß zum einen in jedem Cluster Objekte zusammengefaßt werden, die hinsichtlich der betrachteten Merkmale eine hohe Ähnlichkeit aufweisen, und zum anderen die Elemente verschiedener Cluster sich möglichst stark unterscheiden[135]. Das angestrebte, als Klassifikation bezeichnete[136] Ergebnis besteht also im Idealfall aus intern homogenen, extern jedoch heterogenen Clustern[137].

4.2.3.3.2 *Die Anwendung clusteranalytischer Verfahren zur fertigungsorganisatorischen Gestaltung*

4.2.3.3.2.1 *Prinzipielle Einsatzmöglichkeiten*

Angewandt auf die Planung der fertigungsorganisatorischen Gestaltung, kann die Clusteranalyse einerseits zur Ermittlung potentieller Fertigungssysteme (Cluster) aus der Menge der vorhandenen Betriebsmittel (Objekte) auf der Basis der von den einzelnen Betriebsmitteln bearbeiteten Erzeugnisse (Merkmale) dienen. Eine multivariate Analyse liegt hierbei vor, weil jedes Erzeugnis als eigenständiges Merkmal interpretiert wird.

Andererseits besteht – bei Interpretation der Erzeugnisse als Objekte und der Maschinen als Merkmale – die Möglichkeit der Zusammenfassung ähnlicher Erzeugnisse zu Erzeugnisfamilien. Eine umfassende Planung fertigungsorganisatorischer Gestaltungsmaßnahmen der Gruppentechnologie mit Hilfe clusteranalytischer Verfahren setzt somit im allgemeinen sowohl eine Clusterung der Maschinen als auch der Erzeugnisse voraus[138]. Während Eignung und Zweckmäßigkeit

---

[134]Kern, W.; Hagemeister, S. (1986), S. 79. Vgl. auch Bock, H.H. (1980), S. 212; Späth, H. (1977), S. 12.

[135]Vgl. z.B. Bock, H.H. (1980), S. 211; Eckes, T.; Roßbach, H. (1980), S. 9; Martinek, M.; Steidl, P.E. (1974), S. 85.

[136]Vgl. Bock, H.H. (1974), S. 22.

[137]Vgl. z.B. Ambrosi, K. (1978), S. 79; Martinek, M.; Steidl, P.E. (1974), S. 86; Vogel, F. (1975), S. 4, 78.

[138]Vgl. auch Chan, H.M.; Milner, D.A. (1982), S. 67; King, J.R. (1980b), S. 216, 225; King, J.R.; Nakornchai, V. (1982), S. 131.

der Anwendung clusteranalytischer Vorgehensweisen zur Bestimmung von Erzeugnisfamilien in der Literatur unumstritten sind[139], bestehen Zweifel an der Brauchbarkeit derartiger Verfahren für die Strukturierung von Produktionssystemen. Dies bedingt die Notwendigkeit einer Auseinandersetzung mit den hierfür angeführten Begründungen.

4.2.3.3.2.2 Zur Anwendbarkeit der Clusteranalyse für die Bestimmung potentieller Produktionssysteme

Vorbehalte gegen die Anwendung clusteranalytischer Verfahren für die Ermittlung von Produktionssystemkonstellationen werden aus zwei im Hinblick auf die vorliegende Problemstellung relevanten Begründungen abgeleitet. Die erste besagt, die Bestimmung eines die Ähnlichkeit der Objekte abbildenden Maßes gestalte sich schwierig[140]. Hiergegen ist einzuwenden, daß manche clusteranalytische Verfahren ohne explizite numerische Festlegung eines solchen Maßes auskommen. Deren Anwendung setzt beispielsweise lediglich die Möglichkeit voraus, die Ähnlichkeiten zwischen verschiedenen Objektpaaren in eine Rangfolge zu bringen[141]. Sollte das gewählte clusteranalytische Verfahren jedoch auf einem numerischen Maß aufbauen, stellt dessen Berechnung in formaler Hinsicht im allgemeinen kein Problem dar[142], so daß sich die angeführte Schwierigkeit lediglich insoweit ergibt, als das Maß unter Würdigung substanzwissenschaftlicher Aspekte sinnvoll sein muß. Daß die existierenden Verfahrensarten der Clusteranalyse dies im Hinblick auf fertigungsorganisatorische Fragen zu leisten vermögen, hoffen wir durch die in den Abschnitten 4.2.3.3.4 und 4.2.4.2 dargestellten Lösungsansätze der Gruppentechnologie hinreichend zu belegen.

Die zweite Begründung lautet, ein clusteranalytisches Verfahren erzeuge möglicherweise Klassifikationen, „die von vornherein irrelevant sind"[143]. Da Bremer nicht erläutert, anhand welchen Kriteriums die Irrelevanz möglicher Lösungen zu bestimmen ist, läßt sich diese These nicht widerlegen. Sollte, was aufgrund der generellen Intention der Clusteranalyse naheliegt, Irrelevanz einer Klassifikation gegeben sein, wenn Objekte, die als im Hinblick auf die untersuchte

---

[139]Vgl. Bock, H.H. (1980), S. 212; Freist, C.; Granow, R. (1983), S. 506, 508; Hartung, J.; Elpelt, B. (1986), S. 444; Kälberer, G. (1977), S. B143; Singer, P. (1980), S. 169.

[140]Vgl. Bremer, J.G. (1979), S. 59.

[141]Vgl. Bock, H.H. (1974), S. 21; Bock, H.H. (1980), S. 214.

[142]Vgl. hierzu im einzelnen Abschnitt 4.2.3.3.3.1.

[143]Bremer, J.G. (1979), S. 59.

Fragestellung sehr unähnlich angesehen werden, identischen Clustern bzw. ähnliche Objekte verschiedenen Klassen angehören, verliert auch dieser Einwand seine Stichhaltigkeit: Die bereits angesprochene sachgerechte Definition eines Maßes der Objektähnlichkeit und die sorgfältige Auswahl der anzuwendenden clusteranalytischen Verfahrensvariante sorgen in aller Regel für die Elimination „irrelevanter" Lösungen.

Bei Beachtung der den einzelnen Verfahren inhärenten Unzulänglichkeiten, deren nähere Erläuterung Gegenstand des Abschnitts 4.2.3.3.3.2 ist, erscheint deshalb die Anwendbarkeit der Clusteranalyse auch für die Planung der Gestaltung von Fertigungssystemen gesichert[144].

Allerdings erfordert die methodische Vielfalt der Clusteranalyse sorgfältige Überlegungen zur Auswahl der für die vorliegende Fragestellung am besten geeigneten Vorgehensweise. Dazu bedarf es einer Entscheidung hinsichtlich folgender Kernprobleme:

- Auf welche Weise soll die Messung der zwischen den Objekten bestehenden Ähnlichkeiten erfolgen[145]?

- Welche spezielle Struktur der Klassifikation ist erwünscht, und durch welche Verfahrensvariante soll sie erreicht werden[146]?

- Anhand welcher Beurteilungskriterien ist die entstehende Klassifikation zu bewerten[147]?

4.2.3.3.3 *Auswahlentscheidungen bei der Anwendung clusteranalytischer Verfahren*

4.2.3.3.3.1 *Messung der Objektähnlichkeit*

4.2.3.3.3.1.1 *Grundlagen*

Den Ausgangspunkt einer Clusteranalyse bildet eine Datenmatrix $X = (x_{kl})$, deren Elemente x_{kl} die jeweilige Ausprägung des Merkmals l $(l = 1, ..., L)$ bei

---

[144]Gagsch und Klösgen konstatieren die Brauchbarkeit der Clusteranalyse sogar generell für Maßnahmen der organisatorischen Gestaltung. Vgl. Gagsch, S. (1980), Sp. 2167; Klösgen, W. (1977), S. 111.

[145]Vgl. Dillon, W.R.; Goldstein, M. (1984), S. 158.

[146]Vgl. Dillon, W.R.; Goldstein, M. (1984), S. 158.

[147]Vgl. Hartung, J.; Elpelt, B. (1986), S. 454; Opitz, O. (1980), S. 70.

Objekt k $(k = 1, ..., K)$ bezeichnen[148]. Üblicherweise erfolgt die Clusterbildung jedoch nicht *unmittelbar* auf der Basis der Datenmatrix, sondern ausgehend von der aus der Datenmatrix abgeleiteten Beschreibung der Objektähnlichkeiten. Die daraus resultierende, am Ende von Abschnitt 4.2.3.2.4 im Zusammenhang mit der Maschinen-Erzeugnis-Matrix bereits angedeutete zentrale Bedeutung der Ähnlichkeit wird in der Literatur als wesentliches Charakteristikum clusteranalytischer Verfahren angesehen[149].

Von den beiden in Abschnitt 4.2.3.3.2.2 angeführten Alternativen zur Beschreibung der Objektähnlichkeit findet die Ermittlung einer Rangfolge der Ähnlichkeiten im Rahmen gruppentechnologischer Analysen keine Verwendung, weshalb diese Alternative aus der weiteren Betrachtung ausgespart bleibt. Wie viele andere clusteranalytische Verfahren bauen auch die der Gruppentechnologie auf der Berechnung von Maßzahlen auf[150], von denen jede angibt, wie ähnlich bzw. unähnlich sich jeweils *zwei* Objekte hinsichtlich *aller* in die Analyse einbezogenen Merkmale sind[151]. Diese Maßzahlen werden als Distanz- bzw. Ähnlichkeitsmaße bezeichnet[152].

Aufgrund der existierenden Vielzahl derartiger Maße beinhaltet die Entscheidung, eine bestimmte Maßzahl zu verwenden, ein Element der Subjektivität. Die Zahl der zur Verfügung stehenden Alternativen erfährt jedoch durch gewisse Restriktionen eine Einschränkung[153]. Vor allem setzt die sinnvolle Anwendung von Distanz- bzw. Ähnlichkeitsmaßen die Berücksichtigung der den in der ausgewerteten Datenmatrix enthaltenen Elementen zugrundeliegenden Meßskala voraus[154].

Da für diese Arbeit ausschließlich binäre und quantitative Merkmale von Relevanz sind, schließt die nachstehende Übersicht lediglich solche Distanz- bzw.

---

[148]Vgl. zur Definition der Datenmatrix z.B. Eckes, T.; Roßbach, H. (1980), S. 12-13; Kaufmann, H.; Pape, H. (1984), S. 372; Opitz, O. (1980), S. 28; Zimmermann, G. (1977), S. 381.

[149]Vgl. z.B. Bock, H.H. (1974), S. 14; Dillon, W.R.; Goldstein, M. (1984), S. 161; Johnson, R.A.; Wichern, D.W. (1982), S. 532; Kälberer, G. (1980), S. 109; Steinhausen, D.; Langer, K. (1977), S. 14.

[150]Vgl. hierzu de Witte, J. (1980), S. 503-504, 506-507.

[151]Vgl. hierzu auch Bock, H.H. (1980), S. 213.

[152]Als Oberbegriff für beide Termini findet sich in der Literatur der Ausdruck Proximitätsmaße. Vgl. Dichtl, E. (1974), Sp. 427.

[153]Vgl. Bock, H.H. (1980), S. 214.

[154]Vgl. Martinek, M.; Steidl, P.E. (1974), S. 87.

Ähnlichkeitsmaße ein, deren Berechnung bei Vorliegen derartiger Meßskalen als sinnvoll zu betrachten ist.

4.2.3.3.3.1.2 *Messung der Objektähnlichkeit bei binären Merkmalen*

Als binär wird das in einer Datenmatrix erfaßte Merkmal l dann bezeichnet, wenn die Matrixelemente x_{kl} für alle k lediglich die Ausprägungen 0 und 1 annehmen können, wobei die Ausprägung 1 (0) das Vorhandensein (Nichtvorhandensein) der betrachteten Eigenschaft anzeigt[155].

Die Messung der Objektähnlichkeiten erfolgt bei binären Merkmalen üblicherweise mit Hilfe sogenannter *Ähnlichkeitsmaße*[156]. Für je zwei Objekte k und m soll ein solches Ähnlichkeitsmaß s_{km} den folgenden Bedingungen genügen $(k, m = 1, ..., K)$[157]:

(1) $s_{km} = s_{mk}$ (Symmetrie)

(2) $s_{km} \leq s_{kk}$ (Der Vergleich eines Objekts mit sich selbst ergibt das *Maximum* der Ähnlichkeitsfunktion.)

Ein großer Teil der in der Literatur vorgestellten Ähnlichkeitsmaße fußt auf der prinzipiellen Überlegung, daß das Ausmaß der bei beiden verglichenen Objekten übereinstimmenden Eigenschaften den Grad der Ähnlichkeit beider Objekte bestimmt[158]. Derart konstruierte Ähnlichkeitsmaße erfüllen zusätzlich die Bedingungen $s_{km} \geq 0$ sowie $s_{kk} = 1$[159] und wachsen „zwischen 0 und 1 proportional mit der Zahl der Übereinstimmungen"[160]. Wie anhand der nachfolgenden expliziten Definitionen einzelner Ähnlichkeitsmaße noch zu zeigen sein wird, besteht jedoch Uneinigkeit darüber, was unter Übereinstimmung konkret zu verstehen ist.

Als Basis der Errechnung von Ähnlichkeitsmaßen dienen im allgemeinen vier – hier mit α_{km}, β_{km}, γ_{km} und δ_{km} bezeichnete – Größen, die die absoluten Häufigkeiten der bei einem Vergleich zweier Objekte k und m festgestellten

---

[155] Vgl. z.B. Bock, H.H. (1974), S. 48; Steinhausen, D.; Langer, K. (1977), S. 53.

[156] Begriffe mit synonymer Bedeutung sind Ähnlichkeitsfunktion und -koeffizient.

[157] Vgl. Bock, H.H. (1974), S. 25; Kaufmann, H.; Pape, H. (1984), S. 374.

[158] Vgl. Dillon, W.R.; Goldstein, M. (1984), S. 163; Opitz, O. (1980), S. 55.

[159] Vgl. Kaufmann, H.; Pape, H. (1984), S. 374.

[160] Kaiser, A. (1978), S. 234.

Übereinstimmungen bzw. Nichtübereinstimmungen der Merkmalsausprägungen angeben[161]. Für diese Häufigkeiten gilt[162]:

$$\alpha_{km} = \sum_{l=1}^{L} x_{kl} \cdot x_{ml}$$

$$\beta_{km} = \sum_{l=1}^{L} (1 - x_{kl}) \cdot x_{ml}$$

$$\gamma_{km} = \sum_{l=1}^{L} x_{kl} \cdot (1 - x_{ml})$$

$$\delta_{km} = \sum_{l=1}^{L} (1 - x_{kl}) \cdot (1 - x_{ml})$$

Die Größen α_{km}, β_{km}, γ_{km} bzw. δ_{km} geben somit an, wie oft die (x_{kl}, x_{ml})-Wertepaare (1,1), (0,1), (1,0) bzw. (0,0) bei einem Vergleich der Objekte k und m ($l = 1, ..., L$) auftreten.

Eine Analyse der in Abschnitt 4.2.3.2.4 im Rahmen des Verfahrens von Mc-Cormick, Schweitzer und White definierten Maßzahl $\varepsilon_{ji,\,i+1}$ verdeutlicht nun, warum dieses Verfahren als Bindeglied zu clusteranalytischen Techniken bezeichnet wurde: Da eine Maschinen-Erzeugnis-Matrix in der Terminologie der Clusteranalyse als Datenmatrix anzusehen ist, stellt $\varepsilon_{ji,\,i+1}$ einen Spezialfall der Größe α_{km} dar. Beide Werte stimmen für $L = 1$ überein, wenn die Objekte $k\,(= i)$ und $m\,(= i + 1)$ in der Matrix unmittelbar benachbarte Felder der einzigen Spalte belegen.

Die Kombination der Häufigkeitsziffern α_{km} bis δ_{km} mittels unterschiedlicher Aggregationsvorschriften führt zu den in clusteranalytischen Verfahren verwendeten Ähnlichkeitsmaßen. Beispielsweise errechnet sich ein gebräuchlicher Ähnlichkeitskoeffizient, der in der Literatur mit den Bezeichnungen Tanimoto-[163],

---

[161]Vgl. z.B. Bock, H.H. (1974), S. 49; Sint, P.P. (1978), S. 48; Steinhausen, D.; Langer, K. (1977), S. 53; Zimmermann, G. (1977), S. 384.

[162]Vgl. Mardia, K.V.; Kent, J.T.; Bibby, J.M. (1979), S. 382. Vgl. auch die formal abweichende, jedoch zu identischen Ergebnissen führende Definition bei Späth, H. (1977), S. 24.

[163]Vgl. Dichtl, E. (1974), Sp. 429; Späth, H. (1976), S. 329.

Jaccard-[164] oder S-Koeffizient[165] belegt wird[166], als

$$s_{km} = \frac{\alpha_{km}}{\alpha_{km} + \beta_{km} + \gamma_{km}} \qquad (0 \leq s_{km} \leq 1)$$

Im Unterschied dazu bestimmt sich der Simple-Matching-[167] oder M-Koeffizient[168] nach der Formel

$$s_{km} = \frac{\alpha_{km} + \delta_{km}}{\alpha_{km} + \beta_{km} + \gamma_{km} + \delta_{km}} \qquad (0 \leq s_{km} \leq 1)$$

Der wesentliche Unterschied zwischen beiden Maßen beruht also auf der bereits angedeuteten unterschiedlichen Auslegung des Begriffs Übereinstimmung: Während der M-Koeffizient sowohl die Identität hinsichtlich des Vorhandenseins als auch hinsichtlich des Fehlens einzelner Eigenschaften berücksichtigt, wertet der Tanimoto-Koeffizient lediglich den gemeinsamen Besitz von Eigenschaften als Übereinstimmung zwischen zwei Objekten[169]. Aufgrund dieser Ungleichbehandlung, die methodisch als ungleiche Gewichtung der einzelnen Merkmale betrachtet werden kann, ist die Anwendung des Tanimoto-Koeffizienten in der Literatur nicht unumstritten[170]. Es existieren jedoch Problemstellungen, in deren Rahmen das gemeinsame Vorhandensein der Ausprägung 1 ein stärkeres Anzeichen für die Ähnlichkeit zweier Objekte darstellt als das der Ausprägung 0^{171}.

Speziell im Hinblick auf gruppentechnologische Fragestellungen ist eine solche implizite Ungleichgewichtung zu vertreten, ja sogar sinnvoll, da beispielsweise bei der Suche nach Maschinen mit einem ähnlichen Spektrum zu bearbeitender Erzeugnisse die Anwendung des M-Koeffizienten im Vergleich zur Verwendung des S-Koeffizienten die abwegige Konsequenz hätte, daß sich aufgrund der „gemeinsamen Nichtbearbeitung" von Erzeugnissen auf zwei Maschinen eine Erhöhung der die Ähnlichkeit zwischen diesen beiden Betriebsmitteln abbildenden Maßzahl ergibt, wie das folgende einfache Beispiel verdeutlicht.

---

[164]Vgl. Eckes, T.; Roßbach, H. (1980), S. 47; Kaiser, A. (1978), S. 235; Kern, W.; Hagemeister, S. (1986), S. 82; Sint, P.P. (1978), S. 49.

[165]Vgl. Kaufmann, H.; Pape, H. (1984), S. 379; Zimmermann, G. (1977), S. 384.

[166]Vgl. zur begrifflichen Konfusion hinsichtlich dieses Maßes Späth, H. (1976), S. 329.

[167]Vgl. z.B. Sint, P.P. (1978), S. 49; Steinhausen, D.; Langer, K. (1977), S. 55.

[168]Vgl. z.B. Bock, H.H. (1974), S. 51; Kaufmann, H.; Pape, H. (1984), S. 378.

[169]Vgl. hierzu auch Kaiser, A. (1978), S. 235; Kaufmann, H.; Pape, H. (1984), S. 378-379; Sint, P.P. (1978), S. 49.

[170]Vgl. hierzu Vogel, F. (1975), S. 100-101.

[171]Vgl. Bock, H.H. (1974), S. 50; Johnson, R.A.; Wichern, D.W. (1982), S. 537.

Der für die Fragestellung relevante Betriebsmittelpark bestehe aus drei Maschinen, wobei die fünf zu produzierenden Erzeugnisse lediglich die Maschine 1, nicht aber die Maschinen 2 und 3 in Anspruch nehmen. Dies führt zur Maschinen-Erzeugnis-Matrix der Abb. 9.

Abb. 9: Maschinen-Erzeugnis-Matrix

M \ E	1	2	3	4	5
1	1	1	1	1	1
2	0	0	0	0	0
3	0	0	0	0	0

Für die absoluten Häufigkeiten der Übereinstimmung bzw. Nichtübereinstimmung der Merkmalsausprägungen gilt:

$$\alpha_{12} = \alpha_{13} = \alpha_{23} = 0$$
$$\beta_{12} = \beta_{13} = \beta_{23} = 0$$
$$\gamma_{12} = \gamma_{13} = 5$$
$$\gamma_{23} = 0$$
$$\delta_{12} = \delta_{13} = 0$$
$$\delta_{23} = 5$$

Die Berechnung der Tanimoto-Koeffizienten ergibt somit:

$$s_{12} = s_{13} = s_{23} = 0$$

Aus der Anwendung des M-Koeffizienten resultiert für die beiden erstgenannten Maschinenpaare zwar ebenfalls $s_{12} = s_{13} = 0$, der dritte Ähnlichkeitskoeffizient errechnet sich jedoch als $s_{23} = 1$. Eine Planung von Produktionssystemen, die sich an den Ähnlichkeitskoeffizienten orientiert, indem sie Maschinen, zwischen denen hohe Ausprägungen dieser Werte vorliegen, zu Systemen zusammenfaßt, würde also im vorliegenden Extremfall auf der Basis des M-Koeffizienten zu der Empfehlung führen, die Maschinen 2 und 3 in ein Fertigungssystem zu integrieren, obwohl beide Betriebsmittel kein einziges Erzeugnis gemeinsam bearbeiten. Dagegen zeigt der Tanimoto-Koeffizient diese scheinbare Ähnlichkeit beider Maschinen nicht an; vielmehr betrachtet er zwei Maschinen nur dann als ähnlich, wenn sie mindestens ein Erzeugnis gemeinsam bearbeiten. Deshalb ist bei gruppentechnologischen Fragestellungen die Verwendung des Tanimoto-Koeffizienten vorzuziehen.

Neben den hier ausführlich erörterten Koeffizienten enthält das Schrifttum zur Clusteranalyse eine große Zahl weiterer Ähnlichkeitsmaße[172], die sich jedoch – von wenigen Ausnahmen abgesehen[173] – lediglich durch geringfügige Variationen, etwa die unterschiedliche (explizite) Gewichtung der Häufigkeitsziffern α_{km} bis δ_{km}, von einem der beiden vorgestellten Koeffizienten unterscheiden und deshalb im Rahmen dieser Arbeit keiner eingehenden Würdigung unterzogen werden.

4.2.3.3.3.1.3 *Messung der Objektähnlichkeit bei quantitativen Merkmalen*

Intervall- oder verhältnisskalierte Merkmale[174] werden als quantitativ bezeichnet[175]. Bei ihnen erfolgt die Messung der Objektähnlichkeit im allgemeinen anhand von *Distanzmaßen*, deren Charakteristika die folgenden Eigenschaften darstellen $(k, m = 1, ..., K)$[176]:

(1) $d_{km} = d_{mk}$ (Symmetrie)

(2) $d_{km} \geq 0$ (Nichtnegativität)

(3) $d_{kk} = 0$ (Der Vergleich eines Objekts mit sich selbst ergibt das *Minimum* der Distanzfunktion.)

Im Gegensatz zu einem Ähnlichkeitsmaß *verringert* sich also die Ausprägung eines Distanzmaßes d_{km} mit zunehmender Ähnlichkeit der Objekte k und m[177].

Der übersichtlichen Darstellung der bei K analysierten Objekten resultierenden Distanzen dient zumeist eine $K \times K$-Distanzmatrix $D = (d_{km})$[178] oder deren obere bzw. untere Dreiecksmatrix. Die Verwendung einer Dreiecksmatrix reicht

---

[172]Ausführliche Übersichten finden sich in den Arbeiten von Bock, H.H. (1974), S. 48-55; Steinhausen, D.; Langer, K. (1977), S. 55; Vogel, F. (1975), S. 93-109.

[173]Eine solche Ausnahme stellt z.B. die Berechnung von Korrelationskoeffizienten zwischen je zwei Objekten dar. Vgl. hierzu z.B. Bock, H.H. (1974), S. 59-61.

[174]Beiden Meßskalen ist gemeinsam, daß zum einen ihre Werte eine bestimmte Rangfolge aufweisen, zum anderen die Abstände zwischen den Werten sinnvoll interpretierbar sind. Vgl. z.B. Hartung, J.; Elpelt, B. (1986), S. 19; Opitz, O. (1980), S. 36-37; Späth, H. (1977), S. 10.

[175]Vgl. z.B. Kaufmann, H.; Pape, H. (1984), S. 382.

[176]Vgl. z.B. Kaufmann, H.; Pape, H. (1984), S. 374; Mardia, K.V.; Kent, J.T.; Bibby, J.M. (1979), S. 376; Vogel, F. (1975), S. 83.

[177]Vgl. hierzu auch Schader, M. (1978), S. 31.

[178]Analog lassen sich Ähnlichkeitskoeffizienten zu einer Ähnlichkeitsmatrix $S = (s_{km})$ zusammenfassen.

aus, da D wegen Eigenschaft (1) symmetrisch ist. Aus Eigenschaft (3) folgt der Wert 0 für alle Hauptdiagonalelemente von D[179].

Aus der Fülle alternativer Berechnungsvorschriften für die Elemente der Matrix D[180] sind in dieser Arbeit lediglich Spezialfälle eines einzigen Distanzmaßes relevant. Dieses Minkowski-Metrik[181] oder L_φ-Distanz genannte Maß errechnet sich nach folgender Formel[182]:

$$d_{km} = \left(\sum_{l=1}^{L} |x_{kl} - x_{ml}|^\varphi \right)^{\frac{1}{\varphi}}, \qquad \varphi \in \mathbb{N}$$

Herausragende Bedeutung kommt den Spezialfällen $\varphi = 1$ und $\varphi = 2$ zu. Die L_1-Distanz (City-Block-Metrik, absolute Distanz) errechnet sich als[183]:

$$d_{km} = \sum_{l=1}^{L} |x_{kl} - x_{ml}|$$

Für die L_2-Distanz (euklidische Metrik) gilt[184]:

$$d_{km} = \sqrt{\sum_{l=1}^{L} (x_{kl} - x_{ml})^2}$$

Der jeweilige Wert des Parameters φ bestimmt dabei, wie stark die Absolutbeträge kleiner und großer Differenzen gewichtet werden: Für $\varphi = 1$ gehen alle Differenzen mit identischem Gewicht in die Distanzberechnung ein; $\varphi = 2$ führt

---

[179] Vgl. zur Distanzmatrix z.B. Eckes, T.; Roßbach, H. (1980), S. 39; Opitz, O. (1980), S. 31.

[180] Vgl. z.B. die Übersichten bei Bock, H.H. (1974), S. 35-48; Vogel, F. (1975), S. 82-93.

[181] Eine Distanzfunktion wird als Metrik bezeichnet, wenn sie zusätzlich zu den Eigenschaften (1) bis (3) die Dreiecksungleichung $d_{km} \leq d_{ky} + d_{ym}$ $(k, m, y = 1, ..., K)$ erfüllt. Vgl. hierzu Eckes, T.; Roßbach, H. (1980), S. 38; Opitz, O. (1980), S. 30.

[182] Vgl. z.B. Kaufmann, H.; Pape, H. (1984), S. 382; Vogel, F. (1975), S. 89. Eine Erweiterungsmöglichkeit besteht in der Einbeziehung merkmalsspezifischer Gewichte in die Formel. Vgl. hierzu Opitz, O. (1980), S. 51.

[183] Vgl. z.B. Eckes, T.; Roßbach, H. (1980), S. 45; Hartung, J.; Elpelt, B. (1986), S. 72.

[184] Vgl. z.B. Eckes, T.; Roßbach, H. (1980), S. 42; Opitz, O. (1984), S. 97, 101.

aufgrund der Quadrierung der Merkmalsdifferenzen zu einer stärkeren Gewichtung großer im Vergleich zu kleinen Differenzen[185].

Wie alle metrischen Distanzmaße korrespondieren L_1- und L_2-Distanz mit „dem räumlichen Abstandsbegriff"[186] und ermöglichen dadurch die geometrische Veranschaulichung der Objektdistanzen[187], wie Abb. 10 für zwei Objekte k und m sowie zwei Merkmale 1 und 2 verdeutlicht.

Abb. 10: L_1- und L_2-Distanz zweier Objekte bei Berücksichtigung zweier Merkmale[188]

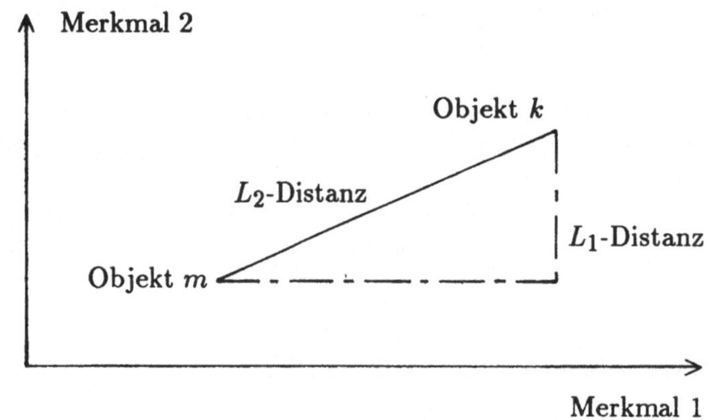

Dieses Vorzugs bedienen sich beispielsweise einige Lösungsverfahren zur sogenannten Layoutplanung, eines dem fertigungsorganisatorischen Aspekt gruppentechnologischer Analysen verwandten Planungsproblems, aus dessen Lösung die räumliche Anordnung einzelner Organisationseinheiten in einem Unternehmen resultiert[189]. Ohne spezielle clusteranalytische Verfahren zu verwenden, arbeiten Methoden der Layoutplanung oft mit L_1- bzw. L_2-Distanzen, indem sie die Werte x_{kl} und x_{ml} ($l = 1,2$) als Grundflächenkoordinaten der Organisationseinheiten k und m interpretieren[190] und daraus Distanzwerte errechnen, die dem räumlichen Abstand beider Organisationseinheiten entsprechen. Welches der beiden

---

[185]Vgl. Bock, H.H. (1974), S. 40; Johnson, R.A.; Wichern, D.W. (1982), S. 534; Opitz, O. (1980), S. 51; Schader, M. (1978), S. 32; Steinhausen, D.; Langer, K. (1977), S. 62.

[186]Bock, H.H. (1974), S. 26.

[187]Vgl. Bock, H.H. (1974), S. 26.

[188]Die Literatur zur Clusteranalyse beinhaltet eine Mehrzahl ähnlicher Abbildungen. Vgl. z.B. Hartung, J.; Elpelt, B. (1986), S. 73.

[189]Vgl. zum Gegenstand der Layoutplanung Kern, W. (1980b), S. 241.

[190]Vgl. Späth, H. (1977), S. 131.

Distanzmaße dabei Anwendung findet, hängt davon ab, ob die Wege zwischen den Organisationseinheiten rechtwinklig verlaufen, was die Anwendung der L_1-Distanz impliziert, oder eine geradlinige Wegeverbindung besteht. In diesem Fall erlaubt die L_2-Distanz eine adäquate Abstandsmessung[191].

Trotz der angesprochenen Verwandtschaft fanden entsprechende Überlegungen in gruppentechnologischen Modellen bislang keine Berücksichtigung. Der in dieser Arbeit vorgestellte Lösungsansatz greift jedoch die prinzipiellen Überlegungen zur Messung des räumlichen Abstands durch Distanzmaße auf und integriert sie in eine gruppentechnologische Methode[192].

4.2.3.3.3.2 *Bestimmung der Klassifikationsstruktur und der clusteranalytischen Verfahrensvariante*

Die beiden Aspekte Klassifikationsstruktur und spezifische Verfahrenstechnik werden gemeinsam behandelt, da zwischen ihnen starke Interdependenzen bestehen: Das ausgewählte Verfahren determiniert wesentliche Eigenschaften der Struktur, und die angestrebten Strukturmerkmale schränken die Zahl der zur Verfügung stehenden Alternativen clusteranalytischer Verfahren auf die Menge der Alternativen ein, aus deren Anwendung die geforderte Struktur resultiert.

Hinsichtlich der folgenden wesentlichen Strukturmerkmale ist vor Anwendung der Clusteranalyse eine Entscheidung über die erwünschte Konstellation zu treffen[193]:

– Vollständigkeit der Objektzuordnung,

– Trennschärfe zwischen den Klassen und

– Zahl der Klassifikationsstufen.

4.2.3.3.3.2.1 *Vollständigkeit der Objektzuordnung*

Die Frage nach der Vollständigkeit der Objektzuordnung bedingt die Entscheidung, ob *jedes* Objekt mindestens einem Cluster zugeordnet werden soll. Eine vollständige Objektzuordnung führt zu einer aus einer bestimmten Konstellation von Clustern bestehenden Klassifikation Ω, für die aus der Vereinigung

---

[191]Vgl. zur Anwendung von Distanzmaßen in der Layoutplanung Domschke, W. (1975), S. B28; Warnecke, H.J.; Dangelmaier, W. (1981), S. 3, 6.

[192]Vgl. Abschnitt 4.2.4.2.

[193]Vgl. Opitz, O. (1980), S. 66-70.

aller Klassen genau die Objektmenge entsteht. Ω heißt in diesem Fall *exhaustive Klassifikation*. Im Gegensatz dazu liegt eine *nicht exhaustive Klassifikation* vor, wenn Elemente der Objektmenge verbleiben, die keiner Klasse angehören[194]. Derartige Elemente werden als nicht klassifizierte Objekte bezeichnet.

In den ersten beiden Phasen einer gruppentechnologischen Analyse, also bezüglich der Objektmengen Erzeugnisse und Maschinen, ist eine exhaustive Klassifikation anzustreben, da zum einen die Möglichkeit bestehen soll, jedes Erzeugnis in mindestens einem Fertigungssystem zu bearbeiten, und zum anderen eine nicht exhaustive Klassifikation im Rahmen der Planung von Produktionssystemen die unerwünschte Situation verursacht, daß die nicht klassifizierten Maschinen keinem Fertigungssystem zugeordnet werden. Eine derartige Situation ist unerwünscht, da sie nach der Umsetzung des Ergebnisses der Clusteranalyse in die Realität für den Fall, daß die auf den keinem System zugeordneten Maschinen bearbeiteten Erzeugnisse während ihres Herstellungsprozesses auch andere, in bestimmte Produktionssysteme integrierte Betriebsmittel in Anspruch nehmen, zu der Notwendigkeit systemexterner Transporte zwischen den entsprechenden Produktionssystemen und den nicht klassifizierten Maschinen führt, die durch die Zuordnung letzterer zu einem Produktionssystem zumindest teilweise in – im allgemeinen kostengünstigere – systeminterne Transporte umgewandelt werden könnten[195].

Auch für den Fall, daß die auf den nicht klassifizierten Maschinen herzustellenden Erzeugnisse keine Bearbeitungsvorgänge auf anderen Betriebsmitteln erfordern, läßt sich eine nicht exhaustive Klassifikation nicht rechtfertigen. Vielmehr ist eine exhaustive Klassifikation zu ermitteln, bei der jede Maschine, die alle auf ihr hergestellten Erzeugnisse *komplett* bearbeitet, einen einelementigen Cluster bildet. Übertragen auf die konkrete Realisierung des clusteranalytischen Ergebnisses bedeutet die Existenz eines einelementigen Clusters den Aufbau eines elementaren Produktionssystems, beispielsweise eines Bearbeitungszentrums.

---

[194]Vgl. zur Terminologie Ambrosi, K. (1978), S. 80; Bock, H.H. (1974), S. 22; Hartung, J.; Elpelt, B. (1986), S. 452; Opitz, O. (1980), S. 66.

[195]Vgl. zu den Kostenunterschieden zwischen systeminternen und -externen Transporten im einzelnen Abschnitt 4.2.4.2.

4.2.3.3.3.2.2 *Trennschärfe zwischen den Klassen*

Die Festlegung der Trennschärfe zwischen den Klassen erfordert eine Entscheidung darüber, „ob sich ... Klassen überschneiden dürfen oder nicht"[196].

Überschneiden sich die Klassen nicht, gehört also jedes Objekt höchstens einer Klasse an, gilt für zwei Cluster C und E:

$$C, E \in \Omega \text{ mit } C \neq E \Rightarrow C \cap E = \emptyset$$

In diesem Fall liegt eine *disjunkte Klassifikation* vor[197]. Eine Klassifikation, die zudem exhaustiv ist, heißt Partition[198].

Nicht disjunkte Klassifikationen (Überdeckungen) erlauben aufgrund der Möglichkeit, jedes Objekt mehreren Clustern zuzuordnen, Überschneidungen zwischen den Klassen[199] und weisen somit eine geringere Trennschärfe als disjunkte Varianten auf.

Im Zusammenhang mit gruppentechnologischen Fragestellungen sprechen sowohl verfahrenstechnische als auch substanzwissenschaftliche Gründe gegen die Konstruktion nicht disjunkter Klassifikationen. Aus verfahrenstechnischer Sicht besteht der Haupteinwand gegen derartige Klassifikationen erzeugende Verfahren in deren lediglich für Objektmengen geringen Umfangs gegebener Praktikabilität. Bei einer größeren Zahl zu analysierender Objekte, wie sie bei realen fertigungsorganisatorischen Problemen der Gruppentechnologie vorliegt, erscheint der Anstieg an Rechenaufwand nicht mehr vertretbar[200].

Die aus substanzwissenschaftlicher Sicht zu berücksichtigenden ökonomischen Argumente gegen die Ermittlung von Überdeckungen im fertigungsorganisatorischen Gestaltungsprozeß, die ja die Empfehlung impliziert, identische Erzeugnisse bzw. Maschinen jeweils in mehrere unterschiedliche Erzeugnisfamilien bzw. Produktionssysteme zu integrieren, waren bereits in den Abschnitten 4.1.1 und 4.1.2.3 Gegenstand der Diskussion.

---

[196]Opitz, O. (1980), S. 67.

[197]Vgl. Ambrosi, K. (1978), S. 81; Bock, H.H. (1974), S. 105; Opitz, O. (1980), S. 67.

[198]Vgl. Bock, H.H. (1974), S. 106. Opitz bezeichnet dagegen *jede* disjunkte Klassifikation als Partition. Vgl. Opitz, O. (1980), S. 67.

[199]Vgl. Bock, H.H. (1974), S. 22, 317; Kern, W.; Hagemeister, S. (1986), S. 82; Zimmermann, G. (1977), S. 382.

[200]Vgl. Bock, H.H. (1974), S. 327; Kern, W.; Hagemeister, S. (1986), S. 82.

Auf der Basis der angestellten Überlegungen geht die weitere Argumentation der Arbeit davon aus, daß sowohl bei der Abgrenzung der Erzeugnisfamilien als auch bei der Bestimmung potentieller Fertigungssysteme disjunkte Klassifikationen anzustreben sind.

4.2.3.3.3.2.3 *Zahl der Klassifikationsstufen*

Gegenstand der dritten die Struktur der zu erzeugenden Klassifikation bestimmenden Entscheidung ist die Frage, ob lediglich eine einzige Konstellation von Clustern *(einstufige Klassifikation)* oder „auf verschiedenen Distanz- oder Ähnlichkeitsebenen"[201] eine Folge aufeinander aufbauender Clusterkonstellationen, bei der zwischen einzelnen Klassen unterschiedlicher Ebenen Teilmengenbeziehungen bestehen[202] *(mehrstufige Klassifikation)*, generiert werden soll.

Die Basis einer mehrstufigen Klassifikation kann entweder aus einer Überdeckung oder aus disjunkten Klassen bestehen[203]. Da Überdeckungen, wie eben erläutert, von der weiteren Betrachtung ausgeklammert bleiben, interessieren lediglich auf der Basis disjunkter Cluster aufgebaute mehrstufige Klassifikationen, die auch als *Hierarchien* bezeichnet werden. Deren Charakteristikum besteht darin, daß für zwei zu verschiedenen Stufen einer hierarchischen Klassifikation Ω gehörende Cluster C und E genau eine der folgenden Beziehungen erfüllt ist[204]:

$$C \cap E = \emptyset; \ \ C \subset E; \ \ E \subset C$$

Ein besonderer Vorzug hierarchischer Klassifikationen liegt in der Möglichkeit, die Klassifikationsstruktur anhand einer graphischen Darstellung zu veranschaulichen[205]. Als Elemente enthält diese – *Dendrogramm* genannte – Graphik ein Koordinatensystem, auf dessen Abszisse die Objekte abgetragen werden und dessen Ordinate Distanzen bzw. Ähnlichkeiten repräsentiert, sowie ein Baumdiagramm, dessen Knoten Auskunft darüber geben, welche Objekte auf welcher

---

[201]Steinhausen, D.; Langer, K. (1977), S. 73.

[202]Vgl. Opitz, O. (1980), S. 69.

[203]Da dieser Hinweis in der Literatur zur Clusteranalyse generell fehlt, bleibt aus Gründen der begrifflichen Präzision anzumerken, daß sich das Attribut disjunkt im Zusammenhang mit mehrstufigen Klassifikationen lediglich auf Klassen *einer* Klassifikationsstufe bezieht. Cluster unterschiedlicher Stufenzugehörigkeit müssen sich keineswegs durch Überschneidungsfreiheit auszeichnen.

[204]Vgl. Ambrosi, K. (1978), S. 80-81; Opitz, O. (1980), S. 69; Opitz, O. (1984), S. 99; Steinhausen, D.; Langer, K. (1977), S. 73.

[205]Vgl. Eckes, T.; Roßbach, H. (1980), S. 64.

Stufe des Dendrogramms zu Clustern zusammengefaßt wurden, während die Kanten die zwischen den einzelnen Stufen bestehenden Teilmengenbeziehungen verdeutlichen[206].

Abb. 11 illustriert exemplarisch die in einem solchen Dendrogramm enthaltenen Informationen.

Abb. 11: Beispiel eines Dendrogramms

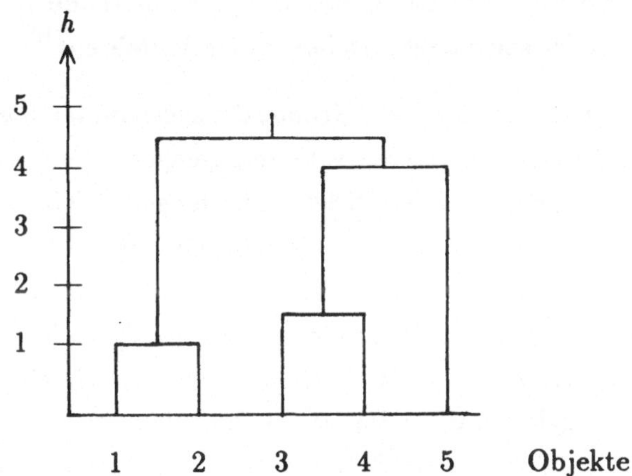

In der Abbildung bezeichnet h einen jede Stufe der Klassifikation bewertenden Heterogenitätsindex[207], der erkennen läßt, auf welchem (z.B. anhand eines Distanzmaßes ermittelten) Heterogenitätsniveau die durch einen Knoten dargestellte Fusion zweier Cluster erfolgt. Geht man davon aus, daß die fünf einelementigen Cluster (1), (2), (3), (4), (5) die erste Klassifikationsstufe bilden, verdeutlicht das Dendrogramm, daß zunächst auf einem Niveau von $h = 1$ die Objekte 1 und 2 fusioniert werden, so daß die zweite Klassifikationsstufe aus den Klassen (1,2), (3), (4), (5) besteht. In der nächsten Stufe erfolgt auf einem Niveau von $h = 1,5$ die Zusammenfassung der Objekte 3 und 4 zu einem Cluster, dem in Stufe vier ($h = 4$) zusätzlich das Objekt 5 zugeordnet wird. Durch die Fusion der Cluster (1,2) und (3,4,5) zu einer alle Objekte umfassenden Klasse bildet sich schließlich die fünfte und letzte Klassifikationsstufe heraus ($h = 4,5$).

Das gewählte Beispiel verdeutlicht auch die Möglichkeit, mit Hilfe des Dendrogramms Ausreißerobjekte zu identifizieren[208]. Ein Indiz für die Existenz solcher

---

[206]Vgl. zur Interpretation des Dendrogramms auch Mardia, K.V.; Kent, J.T.; Bibby, J.M. (1979), S. 372; McAuley, J. (1972), S. 55.

[207]Vgl. Bock, H.H. (1974), S. 361.

[208]Vgl. hierzu Kuiper, F.K.; Fisher, L. (1975), S. 781.

Ausreißer in der Objektmenge liegt vor, wenn die Aufnahme bestimmter Objekte in Cluster „erst auf einer hohen Hierarchiestufe"[209] erfolgt, wie dies beispielsweise bei Objekt 5 der Fall ist.

Das exemplarisch aufgezeigte Vorgehen, eine Hierarchie ausgehend von einelementigen Clustern zu bilden, indem auf jeder Klassifikationsstufe die beiden Klassen mit der jeweils kleinsten Verschiedenheit fusioniert werden, bis schließlich eine alle Elemente der Objektmenge enthaltende Klasse entsteht, ist charakteristisch für sogenannte *agglomerative* Verfahren[210].

Dagegen starten die die zweite Gruppe der sogenannten hierarchischen Verfahren bildenden *divisiven* Verfahren vom entgegengesetzten Ende: Durch die sukzessive Aufteilung der aus allen Objekten bestehenden Klasse entsteht letztlich eine Klassifikationsstufe, in der jedes Objekt eine eigene Klasse bildet[211]. Da divisive Verfahren im allgemeinen einen höheren Rechenaufwand verursachen als agglomerative[212] und aus problemspezifischer Sicht keine Anwendungsvorteile versprechen, erscheint im Hinblick auf gruppentechnologische Fragestellungen der Einsatz agglomerativer Verfahren sinnvoller.

Diese agglomerativen Verfahren untergliedern sich in mehrere verschiedene Varianten, deren essentieller Unterschied in der konkreten Festlegung des Distanz- bzw. Ähnlichkeitswerts zwischen einer durch Fusion zweier untergeordneter Cluster C_1 und C_2 neugebildeten Klasse C und einer beliebigen, gleichgebliebenen Klasse E liegt[213]. Von den existierenden Varianten[214] interessieren im Rahmen dieser Arbeit lediglich die beiden bislang auf gruppentechnologische Fragestellungen angewandten Methoden und eine mit diesen eng verwandte Vorgehensweise. Im Rahmen der im folgenden vorgenommenen Darstellung dieser drei Varianten geht die Argumentation von einer Ähnlichkeitsmessung durch Distanzmaße aus.

---

[209]Kern, W.; Hagemeister, S. (1986), S. 83.

[210]Vgl. z.B. Bock, H.H. (1980), S. 222; Hartung, J.; Elpelt, B. (1986), S. 474; Steinhausen, D.; Langer, K. (1977), S. 73, 75; Vogel, F. (1975), S. 200, 234.

[211]Vgl. z.B. Bock, H.H. (1974), S. 411; Opitz, O. (1980), S. 96; Sint, P.P. (1978), S. 52; Steinhausen, D.; Langer, K. (1977), S. 73, 98.

[212]Vgl. Bock, H.H. (1974), S. 418-419; Opitz, O. (1984), S. 107.

[213]Vgl. Eckes, T.; Roßbach, H. (1980), S. 66; Sint, P.P. (1978), S. 49.

[214]Vgl. zu ausführlichen Übersichten insbesondere Bock, H.H. (1974), S. 387-407; Vogel, F. (1975), S. 291-339. Tabellarische Zusammenstellungen finden sich z.B. bei Bock, H.H. (1980), S. 222; Opitz, O. (1980), S. 98; Steinhausen, D.; Langer, K. (1977), S. 77.

Finden an deren Stelle Ähnlichkeitsmaße Verwendung, erfordert die gegensätzliche Bedeutung beider Typen von Proximitätsmaßen den Ansatz der zur jeweils angegebenen Extremierungsvorschrift konträren Anweisung.

Bei der zunächst darzustellenden *Single-linkage*-Methode errechnet sich der gesuchte Distanzwert als[215]:

$$d\,(C, E) = \min \{d\,(C_1, E); d\,(C_2, E)\}$$

Das *Complete-linkage*-Verfahren basiert auf folgendem Distanzwert[216]:

$$d\,(C, E) = \max \{d\,(C_1, E); d\,(C_2, E)\}$$

Die *Average-linkage*-Methode verwendet den Wert[217]:

$$d\,(C, E) = \frac{|C_1|}{|C|} \cdot d\,(C_1, E) + \frac{|C_2|}{|C|} \cdot d\,(C_2, E)$$

Wie bereits angedeutet, sollen agglomerative Verfahren auf jeder Klassifikationsstufe die beiden Klassen mit der *geringsten* Verschiedenheit fusionieren. Bezeichnet Ω_n die Clusterkonstellation auf der n-ten Stufe einer hierarchischen Klassifikation, werden somit in allen hier vorgestellten Verfahrensvarianten beim Übergang auf die Stufe $n + 1$ jene beiden Cluster C' und E' fusioniert, für die gilt[218] [219]:

$$d\,(C', E') = \min_{C, E \in \Omega_n} d\,(C, E)$$

Charakteristisch für die Single-linkage-Methode ist also die Vereinigung jeweils der beiden Klassen, die „die zueinander am nächsten liegenden Nachbarobjekte ... besitzen"[220]. Somit reicht zur Fusion zweier Klassen deren Verbindung über ein einziges Paar ähnlicher Objekte aus, während alle anderen Objekte einander

---

[215]Vgl. z.B. Mardia, K.V.; Kent, J.T.; Bibby, J.M. (1979), S. 371.

[216]Vgl. z.B. Mardia, K.V.; Kent, J.T.; Bibby, J.M. (1979), S. 374.

[217]Vgl. z.B. Eckes, T.; Roßbach, H. (1980), S. 72. Die Formel gilt analog für die Verwendung von Ähnlichkeitskoeffizienten. Vgl. Bock, H.H. (1974), S. 403.

[218]Vgl. insbesondere Kaufmann, H.; Pape, H. (1984), S. 395, 397.

[219]Die Verwendung von Ähnlichkeits- anstelle von Distanzmaßen impliziert dagegen die Auswahl der Klassen mit *maximalem* Ähnlichkeitskoeffizienten.

[220]Eckes, T.; Roßbach, H. (1980), S. 67.

sehr unähnlich sein können[221]. Dieser in der Literatur als Verkettungseigenschaft bekannte[222] Effekt stellt einen gravierenden Nachteil der Single-linkage-Methode dar, da bei Vorliegen von Verkettungen einzelner Klassen die angestrebte cluster-interne Homogenität nur noch begrenzt gegeben ist[223].

Complete-linkage fusioniert auf jeder Klassifikationsstufe die beiden Cluster mit der geringsten maximalen Zwischenklassendistanz[224]. Das Verfahren generiert dadurch zunächst tendenziell kleine[225] und in etwa gleich große[226] Klassen mit vergleichsweise hoher interner Homogenität[227]. Andererseits garantiert die Anwendung des Verfahrens nicht, daß zwischen verschiedenen Clustern eine hohe Heterogenität besteht[228].

Die Methode Average-linkage vereinigt jeweils die beiden Cluster mit minimalem gewogenen arithmetischen Mittel aus den Zwischenklassendistanzen[229] und schwächt dementsprechend die Charakteristika der beiden vorher erörterten Verfahrensvarianten ab.

Da unterschiedliche Verfahren im allgemeinen verschiedene Klassifikationen hervorbringen[230] und, ebenso wie bei anderen Anwendungen, im Rahmen gruppentechnologischer Planungen a priori nicht zu ermitteln ist, welche der Methoden das „beste" Ergebnis liefert, sollten beim Einsatz hierarchischer Verfahren mehrere Varianten angewandt und die resultierenden Klassifikationen interpretiert werden[231], bevor die endgültige Auswahl einer Hierarchie erfolgt. Aufgrund der relativ geringen Rechenzeiten für hierarchische Verfahren[232] erscheint ein solches

---

[221]Vgl. z.B. Bock, H.H. (1974), S. 388; Kaufmann, H.; Pape, H. (1984), S. 396; Opitz, O. (1980), S. 99.

[222]Vgl. z.B. Bock, H.H. (1974), S. 306.

[223]Vgl. z.B. Johnson, R.A.; Wichern, D.W. (1982), S. 548; Zimmermann, G. (1977), S. 386.

[224]Vgl. Bock, H.H. (1974), S. 392; Eckes, T.; Roßbach, H. (1980), S. 70.

[225]Vgl. Steinhausen, D.; Langer, K. (1977), S. 78; Zimmermann, G. (1977), S. 385.

[226]Vgl. Zimmermann, G. (1977), S. 386.

[227]Vgl. Bock, H.H. (1974), S. 394; Eckes, T.; Roßbach, H. (1980), S. 70; Vogel, F. (1975), S. 300.

[228]Vgl. Klösgen, W. (1977), S. 104.

[229]Vgl. Eckes, T.; Roßbach, H. (1980), S. 72.

[230]Vgl. Auch, M. (1985), S. 835, 836; Kaufmann, H.; Pape, H. (1984), S. 388; Opitz, O. (1980), S. 102.

[231]Vgl. prinzipiell hierzu Opitz, O. (1980), S. 7.

[232]Vgl. Kälberer, G. (1977), S. B147.

Vorgehen durchaus praktikabel.

Diese Verfahren besitzen weiterhin den Vorteil, daß im Gegensatz zu einstufige Klassifikationen erzeugenden Methoden die Klassenzahl der zu generierenden Klassifikation nicht vorgegeben werden muß[233]. Andererseits bedingen die Teilmengenbeziehungen zwischen den einzelnen Stufen einer Hierarchie einen erheblichen Mangel hierarchischer Verfahren: Eine einmal vorgenommene Zuordnung von Objekten zu bestimmten Klassen ist nicht korrigierbar. „Auch wenn sich mit zunehmender Klassengröße die Eigenschaften einer Klasse wesentlich verändern, können einmal zugeordnete Objekte nicht ausgesondert und einer anderen Klasse zugewiesen werden"[234].

Eine verbreitete Vorgehensweise besteht deshalb darin, durch die Kombination hierarchischer und nichthierarchischer Verfahren deren individuelle Nachteile abzuschwächen: Der Einsatz ersterer dient zunächst der Ermittlung einer im Hinblick auf die untersuchte Fragestellung sinnvoll erscheinenden Klassenzahl. Auf der Basis dieser Vorgabe versuchen anschließend eingesetzte, spezielle nichthierarchische Verfahren durch sukzessive Variation der Clusterzuordnung der einzelnen Objekte die Lösungsqualität zu verbessern[235]. In den meisten Fällen geschieht dies durch den Einsatz eines sogenannten Hill-climbing-Algorithmus[236].

Ausgehend von einer Startkonstellation von Clustern, die unmittelbar aus einer bestimmten Hierarchiestufe entnommen oder durch die sukzessive Zuordnung aller Objekte zu vorab ausgewählten, die „Kerne" der zu bildenden Cluster darstellenden Objekten ermittelt wird, überprüft der Hill-climbing-Algorithmus für jedes Objekt, ob dessen Transferierung in eine andere Klasse eine Verbesserung bestimmter, später noch näher zu spezifizierender Bewertungskriterien für die Qualität einer Klassifikation ermöglicht. Ist dies der Fall, wird der Zuordnungswechsel durchgeführt, der die größtmögliche Verbesserung erbringt[237]. Das

---

[233]Vgl. Kaufmann, H.; Pape, H. (1984), S. 388.

[234]Vogel, F. (1975), S. 202. Vgl. auch Chandrasekharan, M.P.; Rajagopalan, R. (1986a), S. 457; Dillon, W.R.; Goldstein, M. (1984), S. 186; Kern, W.; Hagemeister, S. (1986), S. 84.

[235]Vgl. Kälberer, G. (1977), S. B150; Steinhausen, D.; Langer, K. (1977), S. 75; Vogel, F. (1975), S. 217, 227, 233.

[236]Vgl. Dillon, W.R.; Goldstein, M. (1984), S. 191; Eckes, T.; Roßbach, H. (1980), S. 58; Kaufmann, H.; Pape, H. (1984), S. 405.

[237]Alternativ besteht die Möglichkeit, bereits dann eine Transferierung vorzunehmen, wenn festgestellt wurde, daß sie überhaupt eine Verbesserung erbringt. Vgl. hierzu Kaufmann, H.; Pape, H. (1984), S. 406.

Verfahren läuft so lange iterativ weiter, bis keine Verbesserung mehr zustande kommt[238].

Bei der Durchführung gruppentechnologischer Analysen erfordern die beiden Analyseschritte der fertigungsorganisatorischen Gestaltung prinzipiell lediglich die Konstruktion je einer Clusterkonstellation. Im allgemeinen dürfte jedoch weder die Zahl der Erzeugnisfamilien noch die der Produktionssysteme vorgegeben sein. Deshalb basiert auch der in dieser Arbeit vorgestellte Lösungsansatz[239] auf der Kombination hierarchischer Verfahren, die der Abschätzung der zu bildenden Clusterzahl dienen, mit dem dargestellten Austauschverfahren.

Dieses Vorgehen erfordert die Klärung der Frage, mit Hilfe welcher Bewertungsfunktion die durch den Wechsel der Clusterzuordnung bestimmter Objekte zu erreichende Verbesserung der Lösungsqualität bestimmt werden soll.

4.2.3.3.3.3 *Kriterien zur Bewertung einer Klassifikation*

Die Bewertung einer Klassifikation sollte es ermöglichen, anhand eines im Hinblick auf die untersuchte Fragestellung sinnvollen Kriteriums die „Größe des Vorteils"[240] zu erfassen, der aus der Umsetzung des Klassifikationsergebnisses in die Realität resultiert. Meßbarkeits- und Praktikabilitätsgründe bedingen jedoch oft die Unmöglichkeit einer solchen Vorgehensweise. Deshalb behelfen sich die Anwender clusteranalytischer Verfahren häufig mit der aus der in Abschnitt 4.2.3.3.1 angeführten generellen Intention der Clusteranalyse abgeleiteten Überlegung, die Qualität einer ermittelten Klassifikation bemesse sich an der erreichten klasseninternen Homogenität und/oder Zwischenklassenheterogenität, und bewerten vorliegende Klassifikationen mit Hilfe sogenannter Güteindizes[241], die die Unähnlichkeit der Objekte in identischen Clustern, die Verschiedenheit von Objekten mit unterschiedlicher Klassenzugehörigkeit oder beide angeführten Aspekte messen[242].

---

[238] Vgl. zu dieser auch Austauschverfahren genannten Vorgehensweise z.B. Ambrosi, K. (1978), S. 91-92; Bock, H.H. (1974), S. 220; Bock, H.H. (1980), S. 216; Opitz, O. (1980), S. 87-91; Opitz, O. (1984), S. 103.

[239] Vgl. Abschnitt 4.2.4.2.

[240] Bohr, K. (1985), S. 63.

[241] Opitz spricht auch von Klassifikationsindizes. Vgl. Opitz, O. (1984), S. 102.

[242] Vgl. z.B. Ambrosi, K. (1978), S. 82; Bock, H.H. (1974), S. 91; Opitz, O. (1980), S. 82-83.

Da Ähnlichkeits- und Distanzmaße eben diese Aspekte zum Ausdruck bringen, bilden sie einen sinnvollen Ausgangspunkt für die Errechnung der Güteindizes. Die folgenden Ausführungen konzentrieren sich deshalb auf aus Distanzmaßen abgeleitete Güteindizes.

Ein gebräuchlicher Index $h(C)$ für die Homogenität eines Clusters C aus einer Klassifikation Ω errechnet sich nach folgender Formel[243]:

$$h(C) = \sum_{\substack{k,m \in C \\ k < m}} d_{km}$$

Bei maximaler Homogenität, wie sie beispielsweise bei einelementigen Klassen vorliegt, gilt $h(C) = 0$[244].

Die Verschiedenheit der Objekte zweier zu Ω gehörender Klassen C und E kann ermittelt werden als[245]:

$$v(C,E) = \sum_{k \in C} \sum_{m \in E} d_{km}$$

Eine Aggregation beider Größen zu einem Güteindex $g(\Omega)$ erlaubt die Bewertung einer Klassifikation in ihrer Gesamtheit. Um der prinzipiellen Forderung der Clusteranalyse nach hoher klasseninterner Homogenität und großer Zwischenklassenheterogenität zu entsprechen, erscheint eine derartige Definition von $g(\Omega)$ angebracht, daß sich der Güteindex mit steigenden Klassenhomogenitäten erhöht, mit zunehmenden Zwischenklassenverschiedenheiten jedoch verringert[246], was z.B. die folgende Definition erfüllt[247]:

$$g(\Omega) = \frac{\displaystyle\sum_{C \in \Omega} h(C)}{\displaystyle\sum_{\substack{C,E \in \Omega \\ C \neq E}} v(C,E)}$$

---

[243] Vgl. Opitz, O. (1980), S. 71.

[244] Vgl. Opitz, O. (1980), S. 71; Opitz, O. (1984), S. 98.

[245] Vgl. Opitz, O. (1980), S. 78.

[246] Vgl. hierzu allerdings Abschnitt 4.2.4.2, da die spezielle Definition des im Rahmen des dort vorgestellten gruppentechnologischen Lösungsansatzes verwendeten Distanzmaßes eine Veränderung dieser prinzipiellen Überlegung erfordert.

[247] Vgl. zu den angestellten Überlegungen und zur Definition des Güteindex Opitz, O. (1980), S. 82-84.

Zu ermitteln ist dann die Klassifikation, für die gilt:

$$g^*(\Omega) = \min_{\Omega} g\,(\Omega)$$

Mit der Festlegung der Vorgehensweise bei der Bewertung von Klassifikationen ist die letzte vor der Durchführung einer Clusteranalyse zu treffende Entscheidung verfahrenstechnischer Art getroffen. Bevor anhand eines Literaturüberblicks aufgezeigt wird, welche der bestehenden Alternativen in einzelnen gruppentechnologischen Arbeiten Verwendung fanden, bleibt noch darauf hinzuweisen, daß manche Anwendungen der Clusteranalyse neben diesen generell zu treffenden Entscheidungen zusätzliche problemspezifische Festlegungen hinsichtlich der anzustrebenden Klassifikation erfordern, beispielsweise die Bestimmung von Obergrenzen für die Zahl der einzelnen Klassen zuzuordnenden Objekte[248].

4.2.3.3.4 *Clusteranalytische Lösungsansätze der Gruppentechnologie in der Literatur*

Clusteranalytische Verfahren können sowohl zur Auswertung von durch Codierungssysteme erfaßten Daten als auch von in einer Maschinen-Erzeugnis-Matrix enthaltenen Informationen Verwendung finden. Da es sich bei den der zuerst genannten Gruppe von Verfahren zuzuordnenden Ansätzen um solche handelt, die im wesentlichen auf erzeugnisbeschreibender Codierung aufbauen[249], konzentriert sich diese Arbeit auf die der anderen Gruppe zuzurechnenden Lösungsansätze.

Diese leiten ebenso wie die behandelten Umstrukturierungsverfahren aus der Maschinen-Erzeugnis-Matrix Ermittlungsmodelle ab[250], wobei jedes aus der Anwendung eines clusteranalytischen Verfahrens resultierende Ermittlungsmodell aus der jeweils konstruierten Clusterkonstellation besteht.

Als erster Autor bediente sich McAuley des Instrumentariums der Clusteranalyse, um gruppentechnologische Fragestellungen zu lösen. Da er sich ausschließlich auf die Planung von Fertigungssystemen konzentriert, errechnet er aus der Maschinen-Erzeugnis-Matrix Ähnlichkeitskoeffizienten für jedes Maschinenpaar,

---

[248]Vgl. hierzu Opitz, O. (1980), S. 69.

[249]Vgl. z.B. die Vorgehensweisen bei Bußmann, J. et al. (1985), S. 67-71; Kettner, P.; Merz, K.P. (1987), S. 90-94.

[250]Vgl. prinzipiell zur Bestimmung von Ermittlungsmodellen durch Clusteranalysen Köhler, R. (1975), Sp. 2710.

wobei er die Berechnungsvorschrift des Tanimoto-Koeffizienten zugrunde legt. Als Indikator für die Ähnlichkeit zweier Maschinen hinsichtlich der auf ihnen produzierten Erzeugnisse dient somit der Quotient aus der Zahl der auf *beiden* Maschinen bearbeiteten Erzeugnisse und der Zahl der Erzeugnisse, die während ihres Produktionsprozesses *mindestens eine* der beiden Maschinen in Anspruch nehmen[251]. Mit Hilfe der errechneten Ähnlichkeitswerte wird durch den Einsatz des Single-linkage-Verfahrens eine Hierarchie erzeugt[252].

Die Anwendung des Tanimoto-Koeffizienten auf die in Abb. 5 exemplarisch dargestellte Maschinen-Erzeugnis-Matrix führt für das beispielhaft herausgegriffene Maschinenpaar 1 und 3 zu einem Ähnlichkeitswert von $s_{13} = 2/3 \approx 0,67$, da für zwei Erzeugnisse (1 und 5) auf beiden Maschinen Bearbeitungsvorgänge ablaufen ($\alpha_{13} = 2$) und Maschine 3 zusätzlich zur Produktion des Erzeugnisses 4 beiträgt, also drei verschiedene Erzeugnisse herstellt ($\alpha_{13} + \beta_{13} + \gamma_{13} = 2 + 1 + 0 = 3$).

Insgesamt resultiert die in Abb. 12 dargestellte Matrix der zwischen den einzelnen Maschinenpaaren bestehenden Ähnlichkeiten.

Abb. 12: Matrix der Ähnlichkeitswerte zwischen Maschinen

M	1	2	3	4
1	1	0	0,67	0
2		1	0	1
3			1	0
4				1

Da es sich bei den Elementen dieser Matrix um Ähnlichkeitsmaße handelt, bedingt das Single-linkage-Verfahren beim Übergang von einer Klassifikationsstufe n auf die Stufe $n + 1$ die Zusammenfassung der beiden Cluster C und E, deren Ähnlichkeitswert der maximale ist:

$$s\left(C', E'\right) = \max_{C, E \in \Omega_n} s\left(C, E\right)$$

Beim Übergang von der ersten auf die zweite Klassifikationsstufe bedeutet dies die Clusterung der beiden einelementigen Klassen 2 und 4, da das im Schnittpunkt der diese Klassen jeweils repräsentierenden Zeile und Spalte der Ähnlichkeitsmatrix enthaltene Element $s_{24} = 1$ das größte aller Matrixelemente darstellt.

---

[251]Vgl. McAuley, J. (1972), S. 54.
[252]Vgl. McAuley, J. (1972), S. 54.

Die vollständige Struktur der resultierenden Clusterhierarchie verdeutlicht das zugehörige Dendrogramm (Abb. 13):

Abb. 13: Dendrogramm der Clusterhierarchie zur Produktionssystemabgrenzung nach McAuley

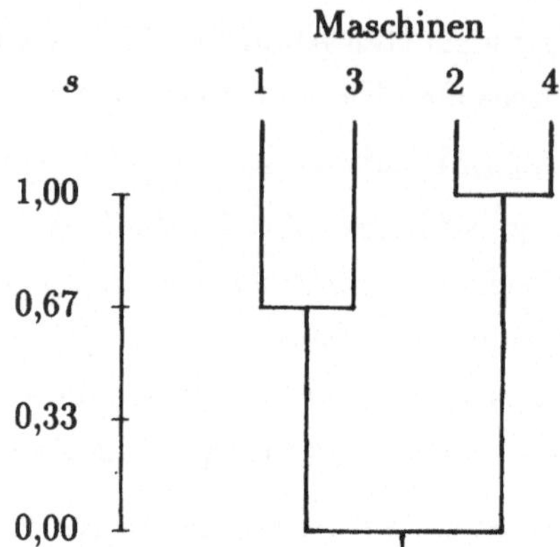

Das Einzeichnen waagrechter Linien auf verschiedenen Ähnlichkeitsniveaus eröffnet die Möglichkeit, potentielle Fertigungssysteme durch die Feststellung zu identifizieren, welche Kanten des Dendrogramms von der jeweils eingezeichneten Geraden zerschnitten werden[253]. Im vorliegenden Beispiel induziert jede auf einem Ähnlichkeitsniveau zwischen 0 und 0,67 eingetragene horizontale Linie die Beibehaltung der Verbindungen zwischen den Maschinen 1 und 3 sowie 2 und 4, jedoch die Durchtrennung der Kante zwischen diesen beiden Clustern. Dies bedeutet, daß jede der beiden Klassen über eine hohe interne Homogenität verfügt und zugleich beide Cluster untereinander heterogen sind – die Vereinigung beider Cluster kann erst auf einem deren vollständige Verschiedenheit ausdrückenden Ähnlichkeitsniveau von 0 erfolgen –, so daß eine die prinzipielle Intention der Clusteranalyse erfüllende Lösung vorliegt, aus der die Empfehlung abgeleitet werden kann, zwei – aus den Maschinen 1 und 3 bzw. 2 und 4 bestehende – Fertigungssysteme zu bilden.

Da McAuley auf die Ermittlung der korrespondierenden Erzeugnisfamilien nicht eingeht[254], sollen die nachfolgenden Überlegungen diese Analysephase kurz umreißen. Die Berechnung des Tanimoto-Koeffizienten für jedes Erzeugnispaar aus

---

[253]Vgl. King, J.R. (1980b), S. 216.

[254]Vgl. allerdings die Ausführungen bei Carrie, A.S. (1973), S. 400, 404, der im Rahmen der Planung fertigungsorganisatorischer Gestaltungsmaßnahmen sein Hauptaugenmerk auf die ebenfalls auf der Basis des Tanimoto-Koeffizienten durchgeführte Erzeugnisfamilienbildung legt.

der unterstellten Maschinen-Erzeugnis-Matrix führt zur Ähnlichkeitsmatrix der Abb. 14.

Abb. 14: Matrix der Ähnlichkeitswerte zwischen Erzeugnissen

E	1	2	3	4	5
1	1	0	0	0,5	1
2		1	1	0	0
3			1	0	0
4				1	0,5
5					1

Die Matrix veranschaulicht die vollständige Übereinstimmung der Merkmalsausprägungen bei den Erzeugnissen 1 und 5 sowie bei dem Erzeugnispaar 2 und 3. Beide Paare bilden somit je einen Cluster; Erzeugnis 4 erfordert keinen der bei den Erzeugnissen 2 und 3 notwendigen Bearbeitungsvorgänge ($s_{24} = s_{34} = 0$), weist aber eine mittlere Fertigungsähnlichkeit zu den Erzeugnissen 1 und 5 auf ($s_{14} = s_{45} = 0,5$), so daß es sinnvoll erscheint, die Erzeugnisse 1, 4 und 5 bzw. 2 und 3 jeweils zu einer Familie zusammenzufassen.

Aus der originären Maschinen-Teile-Matrix ist nun die Zuordnung der Erzeugnisfamilien zu den Fertigungsgruppen anhand der Bearbeitungsanforderungen ablesbar. Das aus den Maschinen 1 und 3 (2 und 4) bestehende Fertigungssystem produziert die sich aus den Erzeugnissen 1, 4 und 5 (2 und 3) zusammensetzende Familie. Somit stimmt das mit Hilfe der clusteranalytischen Vorgehensweise gewonnene Ergebnis mit den in den Abschnitten 4.2.3.2.3 bzw. 4.2.3.2.4 durch die Anwendung der Algorithmen von King bzw. McCormick, Schweitzer und White jeweils gewonnenen überein[255].

Beurteilt man McAuleys Vorgehen anhand der methodischen Probleme, die aus der von ihm gewählten clusteranalytischen Vorgehensweise resultieren, ist die Wahl des Tanimoto-Koeffizienten als Ähnlichkeitsindex angesichts der in Abschnitt 4.2.3.3.3.1.2 verdeutlichten grundsätzlichen Erwägungen als problemlos anzusehen. Dagegen kann aufgrund der bereits erläuterten Verkettungseigenschaft die Anwendung der Single-linkage-Methode, wie McAuley selbst bereits

---

[255] Identische Ergebnisse bei der Anwendung der drei Verfahren auf eine Beispielmatrix konstatiert auch King, J.R. (1980b), S. 218; zu übereinstimmenden Ergebnissen bei der Verwendung der Algorithmen von King und McAuley kommt außerdem Carrie, A.S. (1973), S. 402.

andeutet[256], Probleme bereiten[257]. Seifoddini und Wolfe variieren deshalb die Vorgehensweise derart, daß sie als agglomeratives Verfahren Average-linkage verwenden[258].

Eine weitere Anwendung der Single-linkage-Methode beschreiben Chandrasekharan und Rajagopalan, die durch die Zusammenfassung mit Hilfe des Algorithmus von King gefundener potentieller Fertigungssysteme die Zahl der Engpaßmaschinen zu verringern versuchen[259].

Neben diesen hierarchischen Clusteranalysen schlagen einige Autoren auch einstufige Klassifikationen erzeugende Verfahren vor, von denen jedes prinzipiell die Konstruktion einer Partition anstrebt. Mit Ausnahme der Vorgehensweise von Waghodekar und Sahu, die unter Verwendung mehrerer Typen von Ähnlichkeitskoeffizienten in einem dreistufigen Prozeß Erzeugnisfamilien, Fertigungssysteme und deren gegenseitige Zuordnung bestimmen[260], nutzen diese Verfahren die Möglichkeit aus, clusteranalytische Probleme graphentheoretisch zu interpretieren[261], und ermitteln die gesuchten Clusterkonstellationen mit Hilfe graphentheoretischer Verfahren.

Hierbei lassen sich zwei grundsätzlich verschiedene Ansatzpunkte differenzieren: Eine Gruppe von Methoden konstruiert jeweils einen Graphen, dessen Knoten die auf Produktionssysteme aufzuteilenden Maschinen symbolisieren und in dem ein Paar von Knoten nur dann durch eine Kante verbunden ist, wenn der Ähnlichkeitswert des entsprechenden Maschinenpaares eine bestimmte Mindestähnlichkeit überschreitet[262], und zerlegen diesen Graphen durch die Anwendung gängiger graphentheoretischer Verfahren in disjunkte Teilgraphen, von denen jeder die Zusammensetzung eines potentiellen Fertigungssystems veranschaulicht[263].

---

[256]Vgl. McAuley, J. (1972), S. 54.

[257]Vgl. auch Seifoddini, H.; Wolfe, P.M. (1986), S. 272.

[258]Vgl. Seifoddini, H.; Wolfe, P.M. (1986), S. 272.

[259]Vgl. Chandrasekharan, M.P.; Rajagopalan, R. (1986b), S. 1226-1229.

[260]Vgl. Waghodekar, P.H.; Sahu, S. (1984), S. 939-941.

[261]Vgl. prinzipiell hierzu Bock, H.H. (1974), S. 300-303; Eckes, T.; Roßbach, H. (1980), S. 83-85.

[262]Die Festlegung eines Schwellenwertes für die Ähnlichkeit soll dafür sorgen, daß auf einem sehr geringen Anteil gemeinsam zu produzierender Erzeugnisse beruhende schwache Verbindungen zwischen Maschinen das Klassifikationsergebnis nicht beeinflussen. Vgl. Rajagopalan, R.; Batra, J.L. (1975), S. 570.

[263]Vgl. Faber, Z.; Carter, M.W. (1986), S. 307-311; Rajagopalan, R.; Batra, J.L.

Dagegen grenzen Chandrasekharan und Rajagopalan eine die Maschinen und eine die Erzeugnisse symbolisierende Knotenmenge ab, wobei eine Kante zwischen einem Maschinen- und einem Erzeugnisknoten ebenso wie bei den graphentheoretischen Heuristiken zur Umordnung der Maschinen-Erzeugnis-Matrix nur dann besteht, wenn das entsprechende Erzeugnis auf der betrachteten Maschine bearbeitet wird[264]. Die Autoren wenden separat auf beide Knotenmengen ein clusteranalytisches Verfahren an, das für jede Klasse aus einer vorab festgelegten Zahl zu bildender Cluster ein Kernobjekt fixiert und alle anderen Objekte sukzessive zuteilt[265], bevor sie jeden Erzeugniscluster einem Maschinencluster zuordnen[266]. Dieses Vorgehen findet in einem weiteren Artikel durch die Vorstellung verschiedener Alternativen zur Bestimmung der Kernobjekte eine Ergänzung[267]. Auch dieser Artikel vermag allerdings nicht die Frage zu klären, warum beide Autoren eine graphentheoretische Formulierung ihres Problems vornehmen, wenn sie anschließend ein clusteranalytisches Verfahren anwenden, das diese Formulierung nicht voraussetzt und somit überflüssig macht.

Da auch der in dieser Arbeit vorgestellte Lösungsansatz nicht auf graphentheoretische Verfahren der Clusteranalyse zurückgreift und diese zudem häufig einen hohen Rechenaufwand verursachen[268], vertiefen die weiteren Erörterungen diesen speziellen Aspekt clusteranalytischer Anwendungen nicht mehr. Statt dessen beinhaltet der folgende Abschnitt eine abschließende Würdigung der vorgestellten Datenauswertungsmethoden.

4.2.3.4 *Zusammenfassende Beurteilung der methodischen Ansätze zur Datenauswertung*

Das gemeinsame Verdienst der entwickelten Methoden zur Datenauswertung besteht darin, die vorher kaum formalisierten Prozesse der Planung fertigungsorganisatorischer Gestaltung im Rahmen gruppentechnologischer Analysen auf eine methodisch anspruchsvollere Grundlage zu stellen. Allerdings beinhalten diese Datenauswertungsmethoden einige verfahrenstypspezifische, aber auch einige generell vorhandene Mängel.

(1975), S. 570-575.

[264] Vgl. Chandrasekharan, M.P.; Rajagopalan, R. (1986a), S. 453-454.

[265] Vgl. Chandrasekharan, M.P.; Rajagopalan, R. (1986a), S. 458.

[266] Vgl. Chandrasekharan, M.P.; Rajagopalan, R. (1986a), S. 458-459.

[267] Vgl. Chandrasekharan, M.P.; Rajagopalan, R. (1987), S. 835, 840-845.

[268] Vgl. Klösgen, W. (1977), S. 108.

Bezüglich der mathematischen Heuristiken sind als wesentliche verfahrenstyp-spezifische Mängel zwei Punkte vorzubringen, die bereits den Gegenstand der am Algorithmus von King vorgebrachten Kritik bildeten, aber auch für die anderen Umstrukturierungsheuristiken gelten[269], wobei sie allerdings bei verschiedenen Ansätzen in unterschiedlicher Stärke auftreten dürften: Diese Verfahren erlauben nur eine begrenzte Handhabung sehr groß dimensionierter Matrizen und beinhalten keine Garantie, durch ihre Anwendung tatsächlich eine (annähernd) blockdiagonale Maschinen-Erzeugnis-Matrix zu generieren.

Aber auch die Verwendung clusteranalytischer Verfahren kann für die vorliegende Problemstellung nicht als unproblematisch gewertet werden, da sie im allgemeinen die Notwendigkeit induziert, mehrfach Algorithmen anzuwenden, um sowohl potentielle Fertigungssysteme als auch Erzeugnisfamilien abzugrenzen. Zudem fehlen in nahezu allen Publikationen Anmerkungen, auf welche Weise die Zuordnung der Erzeugniscluster zu den Maschinenclustern, die bei Vorliegen den Dimensionen realer Planungsprobleme entsprechender Matrizen nicht in der bei der Erläuterung des Verfahrens von McAuley demonstrierten einfachen Art vorgenommen werden kann, erfolgen soll. Lediglich Chandrasekharan und Rajagopalan präsentieren einen Vorschlag zur Lösung dieses Zuordnungsproblems, der im Kern vorsieht, die aus beiden Objektmengen abgeleiteten Clusterkonstellationen wieder in eine Maschinen-Erzeugnis-Matrix einzutragen und die Reihenfolge der einzelnen Cluster so zu variieren, daß letztendlich eine blockdiagonale Form der Matrix entsteht[270].

Allerdings sprechen einige Gründe dafür, clusteranalytischen Ansätzen den Vorzug gegenüber mathematischen Heuristiken zur Umordnung der Maschinen-Erzeugnis-Matrix zu geben. Dazu zählt zunächst das Argument, daß clusteranalytische Verfahren aufgrund ihres prinzipiellen Anwendungsgebiets, der Auswertung umfangreicher Datenmengen, in der Lage sein müssen, auch die in der Realität gegebenen komplexen Abbildungen des Erzeugnisflusses zu verarbeiten.

Daneben führte die allgemein ansteigende Verwendung der Clusteranalyse für eine Vielzahl unterschiedlicher Problemstellungen zu einem großen Angebot an Standardsoftware für derartige Verfahren, was die EDV-gestützte Auswertung beispielsweise einer Maschinen-Erzeugnis-Matrix ermöglicht, ohne dafür Programmieraufwand in Kauf nehmen zu müssen.

---

[269]Vgl. Kusiak, A. (1987b), S. 563.

[270]Vgl. Chandrasekharan, M.P.; Rajagopalan, R. (1987), S. 843-844.

Schließlich erlaubt es die Anwendung der Clusteranalyse auch, während der Analyse nicht berücksichtigte, nachträglich zuzuordnende Objekte einem bestimmten Cluster zuzuweisen, ohne den gesamten Analyseprozeß erneut durchlaufen zu müssen[271]. So besteht etwa die Möglichkeit, eine noch nicht klassifizierte Maschine dem System zuzuordnen, dessen – beispielsweise durch den in Abschnitt 4.2.3.3.3.3 definierten Index ermittelte – „Homogenität dadurch minimal vergrößert wird"[272]. Aufgrund dieser Überlegungen findet das clusteranalytische Instrumentarium auch als Hilfsmittel für das in dieser Arbeit vorgeschlagene gruppentechnologische Verfahren zur fertigungsorganisatorischen Gestaltung Verwendung. Vor dessen Formulierung bedarf es allerdings noch der Klärung der Frage, welche generellen Mängel die vorgestellten Methoden aufweisen, um in einem eigenen Ansatz den Versuch zu unternehmen, diese Mängel weitgehend zu beseitigen.

Ein Kritikpunkt, nämlich der Vorwurf, die Abbildung des Erzeugnisflusses geschehe in aller Regel ohne vorherige Überprüfung, ob die jeweils vorgefundene Maschinenkombination die bestmögliche Alternative darstellt, wodurch die eventuelle Existenz unnötiger Bearbeitungsvorgänge auch nach der Abgrenzung der neuen Fertigungssysteme bestehen bleibe, findet sich in der Literatur zwar lediglich auf den Ansatz Burbidges bezogen[273], müßte jedoch bei konsequenter Kritik gegen jede auf der Erzeugnisflußanalyse aufbauende Methode der Datenauswertung vorgebracht werden[274]. Die Ursache für diesen in der Sache durchaus gerechtfertigten Einwand, der im übrigen durch eine – allerdings den Lösungsaufwand erhöhende – Modifikation der Maschinen-Erzeugnis-Matrix, die anstelle einer Spalte für ein Erzeugnis mehrere, alternative Maschinenkombinationen abbildende Spalten enthält[275], zu entkräften ist, liegt jedoch bereits in der Phase der *Datenerfassung* und kann daher nicht den Auswertungsmethoden angelastet werden.

Unabhängig von der Qualität der Datenerfassung erfordern die Auswertungsverfahren, wie einleitend zu deren Erörterung bereits angemerkt, im allgemei-

---

[271]Vgl. Hartung, J.; Elpelt, B. (1986), S. 489.

[272]Hartung, J.; Elpelt, B. (1986), S. 490.

[273]Vgl. z.B. Ausschuß für Wirtschaftliche Fertigung (1984), S. 52; Groover, M.P. (1980), S. 551, 553; Saak, V. (1982), S. 30.

[274]Vgl. auch die ähnliche Argumentation bei Gallagher, C.C.; Knight, W.A. (1986), S. 31; Wemmerlöv, U.; Hyer, N.L. (1987), S. 420.

[275]Vgl. zum Vorschlag einer solchen Matrix Kusiak, A. (1987b), S. 565.

nen „manuelle" Nacharbeiten zur Ermittlung der endgültig zu realisierenden Konstellation von Erzeugnisfamilien und Produktionssystemen, was man ebenfalls als Mangel empfinden mag. Andererseits bietet sich hiermit die Gelegenheit, durch die im Verfahren selbst nicht mögliche Berücksichtigung ausschließlich auf das konkrete Problem bezogener Aspekte eine Verbesserung der Lösungsqualität zu erreichen, beispielsweise durch die Feststellung, daß die Herstellung eines als Ausreißer ermittelten Erzeugnisses auch auf eine andere, seine Zuordnung zu einer bestimmten Familie erlaubende Weise möglich ist[276].

In jedem Fall eine negative Würdigung muß jedoch der folgende Aspekt erfahren: Einer der in Abschnitt 3.2 als im Rahmen der Gestaltung von Gruppierungsbeziehungen zwischen Betriebsmitteln notwendig bezeichneten Punkte, die Festlegung der Standorte dieser Betriebsmittel, findet in keiner Methode der Datenauswertung Berücksichtigung. Die bisher existierenden Ansätze dienen im Hinblick auf die Produktionssystemgestaltung lediglich dem zweiten Problemfeld, der Abgrenzung der einzelnen Systeme.

Doch auch diese Abgrenzung beinhaltet einen als problematisch zu bezeichnenden Aspekt: Da alle vorgestellten Verfahren auf Maschinen-Erzeugnis-Matrizen aufbauen, erfolgt im Rahmen der Planung von Fertigungssystemen implizit eine Gleichgewichtung aller zu bearbeitenden Erzeugnisse, denn die Matrix beinhaltet keinerlei Informationen über die Produktionshäufigkeiten dieser Erzeugnisse im Planungszeitraum. Vergleichsweise selten herzustellende Erzeugnisse nehmen somit denselben Einfluß auf die Systemabgrenzung wie häufig zu produzierende. Die Gestaltung der Produktionssystemkonfiguration und damit der von den Erzeugnissen zurückzulegenden Transportwege sollte jedoch sinnvollerweise so vorgenommen werden, daß sie sich primär an den besonders häufig zu bearbeitenden (und damit auch häufig zu transportierenden) Erzeugnissen orientiert.

Diese Problematik offensichtlich ebenfalls erkennend, empfehlen Kumar, Kusiak und Vannelli in dem von ihnen vorgeschlagenen Ansatz die Berücksichtigung der Produktionshäufigkeit[277], folgen dieser eigenen Empfehlung allerdings in dem die Vorgehensweise demonstrierenden Beispiel nicht[278].

Überlegungen hinsichtlich eines weiteren Schwachpunkts der Methoden führen zum in dieser Arbeit als zentral angesehenen Kritikpunkt. In Abschnitt 4.1.1

---

[276]Vgl. auch Hachtel, G.; Fuchs, R.M. (1987), S. 159.

[277]Vgl. Kumar, K.R.; Kusiak, A.; Vannelli, A. (1986), S. 391.

[278]Vgl. Kumar, K.R.; Kusiak, A.; Vannelli, A. (1986), S. 394-396.

wurde es als notwendig bezeichnet, daß die Planungsmethoden zur fertigungs-organisatorischen Gestaltung die Ermittlung der Zahl zu realisierender Produktionssysteme ermöglichen. Dies vermögen die vorgestellten Ansätze nicht zu leisten, was besonders anhand hierarchischer Verfahren der Clusteranalyse deutlich wird, da entsprechende Verfahren lediglich Hinweise, jedoch keine expliziten Kriterien für die Klärung der Frage bereitstellen, welche der Hierarchiestufen (und damit welche Clusterzahl) sich besonders als Grundlage für die Produktionssystemabgrenzung eignet. Analog stellt sich dieses Problem auch bei den Umstrukturierungsheuristiken: Wurde mit Hilfe eines derartigen Verfahrens eine blockdiagonale Matrix erzeugt, erweckt das gefundene Ergebnis aufgrund der Formalisierung der Verfahren und der wirkungsvollen Visualisierung leicht den Eindruck, mit der ermittelten Matrix das einzig mögliche Ergebnis vorliegen zu haben. Dies ist jedoch nicht der Fall, da die vorgestellten Heuristiken zur Umstrukturierung der Maschinen-Erzeugnis-Matrix keine Garantie beinhalten, daß keine „bessere" blockdiagonale Struktur existiert.

Es besteht zwar die Möglichkeit, die Qualität einer blockdiagonalen Matrixstruktur anhand der Anteile aller in Hauptdiagonalblöcken stehenden Matrixelemente mit dem Wert 1 und aller außerhalb der Hauptdiagonalblöcke stehenden Elemente mit der Ausprägung 0 an der Gesamtzahl der Elemente mit dem Wert 1 bzw. 0 ebenso zu messen[279] wie die Güte jeder Klassifikationsstufe einer aus einer Maschinen-Erzeugnis-Matrix ermittelten Clusterhierarchie mittels eines aus den Ähnlichkeitskoeffizienten errechneten Güteindex, jedoch liefern diese Bewertungen nur grobe, häufig unzureichende Anhaltspunkte für die jeweils zu treffende Auswahlentscheidung[280]. Hierzu bedarf es deshalb eines in den dargestellten Ansätzen fehlenden[281] Entscheidungskalküls, das es grundsätzlich ermöglicht, auf der Basis eines Entscheidungsmodells aus der Menge der zur Verfügung stehenden Handlungsmöglichkeiten die bezüglich der Zielgröße(n) des Entscheidungsträgers optimale(n) auszuwählen[282]. Handlungsmöglichkeiten stellen im vorliegenden Planungsproblem die unterschiedlichen, durch Beschreibungs- und Ermittlungsmodelle abzuleitenden fertigungsorganisatorischen Konstellationen

---

[279]Vgl. zum Vorschlag eines entsprechenden Maßes Chandrasekharan, M.P.; Rajago-palan, R. (1986a), S. 456-457.

[280]Vgl. auch Wemmerlöv, U.; Hyer, N.L. (1986), S. 128.

[281]Vgl. Chandrasekharan, M.P.; Rajagopalan, R. (1986a), S. 456; Wemmerlöv, U.; Hyer, N.L. (1986), S. 128.

[282]Vgl. Saliger, E. (1981), S. 8; Schwab, H. (1978), S. 90.

dar, so daß anhand dieses Beispiels die in der Literatur konstatierte Funktion derartiger Modelle deutlich wird, als Bestandteile von Entscheidungsmodellen zu dienen[283]. Die Anwendung eines Entscheidungskalküls setzt zunächst die Klärung der Frage voraus, auf der Basis welcher Zielgröße eine Entscheidung zugunsten einer bestimmten Handlungsmöglichkeit getroffen werden soll.

Die Ausführungen zur fertigungsorganisatorischen Gestaltung einleitend, enthalten insbesondere die Abschnitte 4.1.1 und 4.1.2.2 bereits einige Beispiele, die die Notwendigkeit der Anwendung *ökonomischer* Zielgrößen verdeutlichen. Da Einigkeit darüber besteht, daß der ökonomische Aspekt einer bestimmten Maßnahme in den von dieser Maßnahme ausgelösten Zahlungen zum Ausdruck kommt[284], bedarf es hinsichtlich der fertigungsorganisatorischen Gestaltung im Rahmen gruppentechnologischer Analysen der Auswahl der fertigungsorganisatorischen Konstellation, die im Planungszeitraum „bei gegebenen Zeitreihen der Absatz- und Produktionsmengen zum niedrigsten Kapitalwert der Produktionsauszahlungen ... führt"[285].

Zwar stellen einige wenige Autoren wie beispielsweise McAuley, der für jede Stufe einer hierarchischen Klassifikation Transportkosten ermittelt, die sich als Summe aus dem Produkt aus der Zahl der Zwischengruppentransporte und einem bestimmten Kostensatz je Zwischengruppentransport und dem Produkt aus der gesamten bei gruppeninternen Transporten zurückgelegten Entfernung und einem bestimmten Kostensatz je Entfernungseinheit errechnen[286], Ansätze zur Bewertung mit Hilfe ökonomischer Zielgrößen vor, die zumindest annähernd dem genannten Auswahlkriterium entsprechen, jedoch bedingen diese Ansätze jeweils die Durchführung eines weiteren, separat von der gruppentechnologischen Analyse durchzuführenden Planungsschritts[287]. Dieses Vorgehen erlaubt es somit nicht, *während* des Planungsprozesses der organisatorischen Gestaltung die mit der Realisierung eines bestimmten Analyseschritts voraussichtlich verbundenen Auszahlungen unmittelbar anzugeben[288]. Wünschenswert wäre deshalb die Erarbeitung gruppentechnologischer Ansätze, die Bewertungsüberlegungen

---

[283]Vgl. Köhler, R. (1975), Sp. 2710.

[284]Vgl. Bohr, K. (1985), S. 65.

[285]Kilger, W. (1986), S. 79.

[286]Vgl. McAuley, J. (1972), S. 56-57.

[287]Vgl. auch Wemmerlöv, U.; Hyer, N.L. (1986), S. 128.

[288]Vgl. Wemmerlöv, U.; Hyer, N.L. (1987), S. 419.

in den Gestaltungsprozeß integrieren[289]. Die im folgenden vorgestellte Methode versucht, diesen Anforderungen gerecht zu werden.

4.2.4 *Ein gruppentechnologischer Lösungsansatz auf der Basis ökonomischer Überlegungen*

4.2.4.1 *Vorbemerkungen*

Die im vorherigen Abschnitt dargestellte Zielfunktion erfährt im Rahmen des an dieser Stelle vorzustellenden Lösungsansatzes eine Modifikation: Angesichts der fehlenden Möglichkeit, alle zu berücksichtigenden Zahlungen zu ermitteln, verwendet dieser Ansatz nicht das Kapitalwertkriterium, sondern errechnet nach der in Abschnitt 2.2 gegebenen Definition die Kosten jeder Handlungsmöglichkeit, um letztendlich die Handlungsmöglichkeit auszuwählen, die die geringsten Kosten auslöst. Die ausschließliche Betrachtung der Kostenseite läßt sich vertreten, da die in der angeführten Zielfunktion enthaltene Prämisse gegebener Produktions- und Absatzmengen für alle Handlungsmöglichkeiten identische Erlöse impliziert, deren explizite Berücksichtigung im Entscheidungsmodell sich somit erübrigt[290].

Dieses Entscheidungsmodell dient jedoch nur dann als sinnvolles Hilfsmittel zur Problemlösung, wenn die in ihm erfaßten Kosten der einzelnen Handlungsmöglichkeiten Entscheidungsrelevanz besitzen, wenn diese also tatsächlich durch die Entscheidung zugunsten einer bestimmten Handlungsmöglichkeit ausgelöst werden[291]. Um dieser Bedingung zu entsprechen, müssen die anzusetzenden Kosten jedes der folgenden zwei Kriterien erfüllen: Sie müssen – vom Zeitpunkt der Entscheidung aus betrachtet – zukünftig anfallen und noch beeinflußbar sein, was bedeutet, daß in der Vergangenheit bereits angefallene Kosten und Kosten, die durch frühere Entscheidungen bereits determiniert sind, keine Entscheidungsrelevanz besitzen[292]. Das von Hummel und Männel als drittes Merkmal der Entscheidungsrelevanz genannte Kriterium, das besagt, die Kosten müssen alternativenspezifisch, also nicht für eine Mehrzahl von Alternativen gemeinsam anfallen, bedarf einer differenzierteren Betrachtung: Kosten, die bei allen zur Verfügung stehenden Handlungsmöglichkeiten in gleicher Höhe anfallen,

---

[289]Vgl. Wemmerlöv, U.; Hyer, N.L. (1987), S. 420.

[290]Vgl. Bohr, K. (1985), S. 77.

[291]Vgl. Riebel, P. (1985), S. 409.

[292]Vgl. Hummel, S.; Männel, W. (1986), S. 117.

besitzen, sofern sie die beiden genannten definitorischen Merkmale aufweisen, durchaus Entscheidungsrelevanz. Allerdings eröffnet deren fehlende Alternativenspezifität die Möglichkeit, auf den Ansatz dieser Kosten in der Entscheidungsrechnung zu verzichten, ohne das Ergebnis hinsichtlich der Vorziehenswürdigkeit der einzelnen Handlungsmöglichkeiten zu beeinflussen. Von dieser Möglichkeit macht die weitere Argumentation der Arbeit Gebrauch.

Die in der Literatur nur vereinzelt und wenig vertieft vorgenommene Untersuchung der Frage, welche Kosten die für eine Entscheidung zugunsten einer bestimmten fertigungsorganisatorischen Konstellation im Rahmen gruppentechnologischer Analysen relevanten darstellen, läßt es geboten erscheinen, diesen Aspekt im folgenden ausführlich abzuhandeln.

Entscheidungsrelevant können zunächst Anschaffungsauszahlungen sein. Da jedoch die Notwendigkeit dieser Auszahlungen im allgemeinen erst *während* des Planungsprozesses der fertigungsorganisatorischen Gestaltung ersichtlich wird, etwa durch das Anzeigen des Erfordernisses, die Zahl der eingesetzten Maschinen eines bestimmten Engpaßtyps zu erhöhen, besteht keine Möglichkeit, sie von vornherein in die Bewertung aufzunehmen, die ja, wie in Abschnitt 4.2.3.4 erläutert, in jedem Planungsschritt (und damit auch bereits *vor* der Bestimmung eventueller Anschaffungsauszahlungen) zur Anwendung kommen soll. Vielmehr sollten diese Anschaffungsauszahlungen nach Abschluß des Planungsprozesses den laufend vorgenommenen Bewertungsvorgang ergänzen[293].

Unabhängig von der Notwendigkeit bestimmter Anschaffungsauszahlungen ändern sich durch die Realisierung der geplanten Fertigungssysteme die Standorte der meisten in die Analyse einbezogenen Bearbeitungsmaschinen. Dies verursacht „Standortwechselkosten"[294], zu denen etwa die für das die Transporte der Betriebsmittel zum jeweiligen neuen Standort ausführende Personal anfallenden Kosten[295] oder die entgehenden Deckungsbeiträge jener Produkte zählen, deren Herstellung die während der Umgestaltung nicht gegebene Betriebsbereitschaft der Maschinen verhindert. Wemmerlöv und Hyer konstatieren zwar eine

---

[293]Vgl. hierzu im einzelnen Abschnitt 4.2.4.5.

[294]Wäscher, G. (1985), S. 238.

[295]Derartige Kostenbestandteile fallen jedoch nicht zwangsläufig an. Wird die Umstellung beispielsweise von im Unternehmen angestellten Arbeitnehmern ausgeführt, für die während des Zeitraums der Umstellung keine alternative Verwendungsmöglichkeit besteht, entstehen keine durch die Entscheidung für die Umstellung zusätzlich ausgelösten Kosten für das Personal.

nur geringe Höhe der Standortwechselkosten beim Aufbau von Fertigungsgruppen[296], was die Möglichkeit nahelegt, diese Kosten innerhalb der Bewertung generell zu vernachlässigen, aufgrund des Fehlens einer näheren Spezifizierung der Höhe anfallender Standortwechselkosten und einer Begründung der Aussage in der angeführten Publikation greift die vorliegende Arbeit diese Möglichkeit jedoch nicht auf. Da aber unabhängig von der konkret aufzubauenden Produktionssystemstruktur der gesamte Fertigungsbereich bzw. zumindest ein großer Teil davon einer Neugestaltung bedarf und zeitlicher sowie physischer Umstellungsaufwand für alle Handlungsmöglichkeiten deshalb in etwa gleich hoch sein dürften, erscheint die Annahme für alle alternativen Systemstrukturen weitgehend übereinstimmender Standortwechselkosten plausibel. Somit werden diese Kosten hier als nicht alternativenspezifisch angesehen, weshalb sie in der Bewertung keine Berücksichtigung zu finden brauchen.

Die in Abschnitt 4.1.1 angeführten prinzipiellen Zielmerkmale gruppentechnologischer Planungen in ökonomische Größen transformierend, lassen sich mit den die nicht ausgelasteten Kapazitäten der einzelnen Produktionssysteme erfassenden *Leerkosten*[297] und den zwischen den einzelnen Produktionssystemen anfallenden *Transportkosten*, die die zwischen diesen Systemen bestehenden materiellen Beziehungen bewerten, bereits die ersten Elemente der laufenden Kosten anführen, die in der Literatur zumindest implizit als entscheidungsrelevant angesehen werden[298]. Da allerdings auch Transporte *innerhalb* der einzelnen Produktionssysteme Kosten verursachen, beziehen die in entsprechenden Quellen enthaltenen Auflistungen als entscheidungsrelevant betrachteter Kosten richtigerweise auch diejenigen mit ein, die durch systeminterne Transporte entstehen, und ordnen deshalb die Transportkosten generell den entscheidungsrelevanten Kosten zu[299].

Da die Höhe der anfallenden Transportkosten in starkem Maße von den Entfernungen zwischen den einzelnen Betriebsmitteln abhängt[300] und diese wiederum Folge der im Rahmen des Planungsprozesses festzulegenden Maschinenstandorte sind, werden diese Kosten auch im Rahmen des vorzustellenden Lösungs-

---

[296]Vgl. Wemmerlöv, U.; Hyer, N.L. (1986), S. 127.

[297]Vgl. Gutenberg, E. (1983), S. 348.

[298]Vgl. Saak, V. (1982), S. 75.

[299]Vgl. Askin, R.G.; Subramanian, S.P. (1987), S. 103, 107; Chakravarty, A.K.; Shtub, A. (1984), S. 431; Saak, V. (1982), S. 75.

[300]Vgl. z.B. Wäscher, G. (1985), S. 237, 238; Wild, R. (1980), S. 174-175.

ansatzes als entscheidungsrelevant angesehen. Dagegen stellen Leerkosten sogenannte „sunk costs" dar[301], die bereits durch frühere Dispositionen im Hinblick auf einzusetzende Betriebsmittel determiniert und somit durch die Entscheidung zugunsten einer bestimmten fertigungsorganisatorischen Konstellation nicht mehr beeinflußbar sind, die also keine Entscheidungsrelevanz besitzen.

Aus identischem Grund muß auch der Ansatz der in der Literatur ebenfalls als relevant erachteten *beschäftigungsfixen Fertigungskosten* je Erzeugniseinheit[302] abgelehnt werden. Entscheidungsrelevanz der in dieser Quelle weiterhin genannten *beschäftigungsvariablen Fertigungskosten* je Erzeugniseinheit[303] liegt ebenfalls nicht vor, da, wie beide Autoren selbst feststellen[304], die von den einzelnen Betriebsmitteln ausgebrachten Erzeugnismengen nicht von der Systemzuordnung der Betriebsmittel abhängen, die entsprechenden Kosten somit durch die Entscheidung zugunsten einer bestimmten fertigungsorganisatorischen Struktur nicht mehr beeinflußbar sind.

Im Hinblick auf die von Saak genannten *Kosten für Störungen des Bearbeitungsablaufs*[305] erscheint ebenfalls die Annahme plausibel, daß deren Höhe nicht von der gewählten fertigungsorganisatorischen Konstellation, sondern lediglich von den technischen Eigenschaften der Betriebsmittel abhängt. Die somit nicht mehr gegebene Beeinflußbarkeit verhindert die Subsumtion der Störungskosten unter die im vorliegenden Planungsproblem entscheidungsrelevanten.

Dies gilt analog für die *Rüstkosten*[306]. Die vor der Bearbeitung eines Loses eines bestimmten Erzeugnisses auf einer Maschine in Kauf zu nehmenden Rüstkosten dürften weder von der Fertigungssystemzuordnung der Maschine noch von der Zuordnung des Erzeugnisses zu einer Familie abhängen, weshalb diese Kosten ebenfalls nicht zu den entscheidungsrelevanten zählen.

Dagegen kann die Höhe der in allen sich mit der Relevanz bestimmter Kostenarten für das vorliegende Planungsproblem auseinandersetzenden Publikatio-

---

[301] Vgl. zur Terminologie z.B. Hummel, S.; Männel, W. (1986), S. 117.

[302] Vgl. zu deren Berücksichtigung Askin, R.G.; Subramanian, S. P. (1987), S. 103, 107.

[303] Vgl. Askin, R.G.; Subramanian, S.P. (1987), S. 103, 105-106.

[304] Vgl. Askin, R.G.; Subramanian, S.P. (1987), S. 106.

[305] Vgl. Saak, V. (1982), S. 75.

[306] Vgl. zu deren Berücksichtigung Askin, R.G.; Subramanian, S.P. (1987), S. 103-105; Chakravarty, A.K.; Shtub, A. (1984), S. 431.

nen genannten *Opportunitätskosten für die Zwischenlagerung der Erzeugnisse*[307] durchaus zwischen alternativen fertigungsorganisatorischen Strukturen differieren. Entscheidungsrelevanz kommt diesen Kosten allerdings nur dann zu, wenn die Entscheidung für eine bestimmte fertigungsorganisatorische Konstellation zu Veränderungen der Höhe und/oder des zeitlichen Anfalls von Zahlungen führt, wenn beispielsweise unter sonst gleichen Bedingungen die in einer Struktur von Gruppenfertigungssystemen in Relation zu alternativen Konstellationen von Fertigungsgruppen kürzere Durchlaufzeit (und damit Lagerdauer) von Erzeugnissen auch den Zeitpunkt der von den Käufern dieser Erzeugnisse eingehenden Zahlungen vorverlagert und die entsprechenden Geldbeträge somit früher für alternative Verwendungen zur Verfügung stehen[308]. Da sich jedoch allgemeine Aussagen über das Eintreten derartiger Zahlungsänderungen nicht abgeben lassen, geht diese Arbeit vereinfachend von der Prämisse ihres Nichteintretens aus, so daß die angestellten Überlegungen zu dem Ergebnis führen, daß – neben den eventuell zu tätigenden, lediglich im Rahmen einer ergänzenden Bewertung zu berücksichtigenden Anschaffungsauszahlungen – nur die anfallenden Transportkosten als entscheidungsrelevant anzusehen sind. Dieses Ergebnis steht im Einklang mit der in einigen Publikationen vorzufindenden Auffassung, die durch die Entscheidung zugunsten einer bestimmten fertigungsorganisatorischen Struktur ausgelösten Transportkosten seien das zentrale Entscheidungskriterium bei der Produktionssystemgestaltung und speziell bei der Festlegung von Betriebsmittelstandorten[309].

4.2.4.2 *Ein Eröffnungsverfahren zur Konstruktion einer Anfangsklassifikation von Produktionssystemen*

Von den beiden im Rahmen der Planung fertigungsorganisatorischer Gestaltungsmaßnahmen zu durchlaufenden Planungsschritten führt der hier vorgestellte Lösungsansatz zunächst die Fertigungssystembildung aus, da die Festlegung von Systemzugehörigkeit und Standort jedes in die Analyse einbezogenen

---

[307]Vgl. Askin, R.G.; Subramanian, S.P. (1987), S. 103, 106-107; Chakravarty, A.K.; Shtub, A. (1984), S. 431; Saak, V. (1982), S. 75. Vgl. prinzipiell zur Relevanz der Zwischenlagerkosten bei der Bestimmung von Betriebsmittelstandorten Wäscher, G. (1985), S. 238, 239.

[308]Vgl. hierzu Abschnitt 2.2.3.

[309]Vgl. Chase, R.B.; Aquilano, N.J. (1981), S. 217; Wild, R. (1980), S. 45.

Betriebsmittels im Gegensatz zur Erzeugnisfamilienabgrenzung, die, wie in Abschnitt 2.4.2 bereits erwähnt, häufig lediglich gedanklich erfolgt, das Ausmaß der als relevant identifizierten Transportkosten beeinflußt.

Der Grundgedanke der Vorgehensweise besteht dabei darin, die Transportkosten in ein Distanzmaß einzubeziehen, um so in jedem Verfahrensschritt unmittelbar ablesen zu können, welche Kosten die Entscheidung zugunsten eines bestimmten Teilaspekts der Gestaltungsmaßnahmen auslöst, und um aus den einzelnen Ausprägungen des Distanzmaßes einen die gesamte Klassifikation bewertenden Güteindex zu errechnen, der sich ebenfalls ökonomisch interpretieren läßt.

Vor der Darstellung der konkreten Definition dieses Distanzmaßes werden jedoch zunächst die Annahmen angegeben, auf denen der Lösungsansatz beruht:

- In den Transportkosten sind Opportunitätskosten allenfalls dann enthalten, wenn sie aufgrund der zeitlich horizontalen Interdependenzen zwischen dem die Entscheidungsfindung unterstützenden Modell und dessen Umfeld anfallen. Derartige Interdependenzen entstehen durch die sachliche Abgrenzung des verwendeten Partialmodells und liegen vor, wenn „sonstige heutige Entscheidungen von der betrachteten Entscheidung beeinflußt werden und umgekehrt"[310]. Zeitlich vertikale Interdependenzen, die auf der zeitlichen Modellabgrenzung beruhen und dann bestehen, wenn „zukünftige Entscheidungen von der betrachteten Entscheidung beeinflußt werden und umgekehrt"[311], bezieht der Lösungsansatz nicht mit ein, da ihre Prognose bei realen Problemen im allgemeinen nicht möglich sein dürfte.

- Das im Planungszeitraum herzustellende Erzeugnisprogramm liegt fest.

- Vor Beginn der Planung ist festgelegt, welche Erzeugnisse auf welchen Maschinen bearbeitet werden. Bei den Maschinen kann es sich um bereits im Unternehmen vorhandene, in Ausnahmefällen auch um noch zu beschaffende handeln, deren Bearbeitungsaufgaben jedoch bereits feststehen. Dabei wird davon ausgegangen, daß die Kapazität der einzelnen Maschinen ausreicht, um die ihnen übertragenen Bearbeitungsvorgänge ausführen zu können.

- Es fällt kein Ausschuß bzw. nur eine vernachlässigbare Menge an Erzeugnissen unzureichender Qualität an.

---

[310]Bohr, K.; Schwab, H. (1984), S. 142.

[311]Bohr, K.; Schwab, H. (1984), S. 142.

- Über Art und Anzahl der für fertigungsgruppeninterne Transporte bzw. Zwischengruppentransporte jeweils einzusetzenden Transportmittel, die während des Planungszeitraums nicht ersetzt werden, ist im Zeitpunkt der Transportkostenermittlung bereits entschieden.

- Die durch den Transport eines bestimmten Erzeugnisses über eine Wegstrecke festgelegter Länge verursachten Kosten verändern sich im Laufe des Produktionsprozesses dieses Erzeugnisses nicht, es treten also beispielsweise keine Kostenerhöhungen bzw. -senkungen aufgrund einer Gewichtszu- bzw. -abnahme während des Bearbeitungsprozesses auf.

- Nach Ermittlung der Zahl zu bildender Produktionssysteme legt der Planer die Koordinaten der Orte fest, die als mögliche Standorte der dem jeweiligen System zugeordneten Maschinen in Frage kommen. Für jedes System muß hierbei die Zahl der Standorte mindestens ebenso groß sein wie die Zahl zuzuordnender Maschinen.

- Der in Abschnitt 4.1.1 als wichtig erachtete Aspekt der Kompatibilität ist gegeben, d.h., ihre technischen Merkmale, speziell ihre Steuerungseinrichtungen, erlauben den in die Planung eingehenden numerisch gesteuerten Maschinen ein gemeinsames Arbeiten, so daß im Planungsprozeß keine Restriktionen hinsichtlich dieses Aspekts zu beachten sind.

Das auf diesen Annahmen aufbauende Verfahren verwendet als Grundlage keine Maschinen-Erzeugnis-Matrix, um deren in Abschnitt 4.2.3.4 erörterte Problematik zu vermeiden. Statt dessen gehen in die Analyse Elemente einer sogenannten Transportmatrix ein. Diese (auch „Beziehungshäufigkeitsmatrix"[312] genannte) Matrix enthält für alle Maschinenpaare die Zahl der in einem bestimmten Zeitraum, hier im Planungszeitraum, von einer Maschine dieses Paars zur anderen Maschine vorzunehmenden Transportvorgänge[313].

Einige Autoren beschreiben zwar ebenfalls die Verwendung von Transportmatrizen im Rahmen gruppentechnologischer Analysen, jedoch dienen in diesen Fällen die Matrizen nicht als Ausgangspunkt der Fertigungssystembildung, sondern lediglich deskriptiven Zwecken, wie etwa der Abbildung der in einer bereits in ihrer geplanten Zusammensetzung fixierten Fertigungsgruppe durchzuführenden Transportvorgänge[314]. Der hier vorgestellte Ansatz benutzt da-

---

[312]Heinz, K.; Burkhardt, M. (1985), S. 735.
[313]Vgl. REFA (1987), S. 213, 229.
[314]Vgl. Bay, F.J. (1987), S. 50, 51; de Beer, C.; de Witte, J. (1978), S. 391.

gegen die Elemente der Transportmatrix bereits als Proximitätsmaße für die den Verfahrensablauf einleitende Konstruktion mehrerer Clusterhierarchien, die der Abschätzung der mit dem Symbol z bezeichneten Zahl zu bildender Produktionssysteme dient. Aufgrund ihrer Verwendung als Proximitätsmaße bedarf es allerdings einer Modifikation der Elemente dieser Matrix insoweit, als sie die *Summe* der zwischen zwei Maschinen jedes Paars auszuführenden Transportvorgänge, nicht, wie normalerweise üblich, die nach den beiden Richtungen des Erzeugnisflusses zwischen den jeweils interessierenden zwei Maschinen differenzierten Transporte angeben sollten. Diese Modifikation gewährleistet die zur Verwendung der Zahl im Planungszeitraum zu erwartender Transporte als Proximitätsmaß notwendige Symmetrieeigenschaft.

An die Konstruktion von Clusterhierarchien, in die, wie aus den vorstehenden Erläuterungen hervorgeht, noch keine ökonomischen Überlegungen einfließen, schließt sich die Bildung einer Partition an. Das zur Erzeugung letzterer angewandte clusteranalytische Verfahren[315] wählt z Maschinen aus und betrachtet jede dieser Maschinen als den Kern eines der abzugrenzenden Produktionssysteme. Anschließend erfolgt die sukzessive Zuordnung der nicht zur Menge der Systemkerne gehörenden Maschinen zu jeweils einem Kern derart, daß für jede Maschine die Summe ihrer Distanzmaße zu *allen* Systemkernen den kleinstmöglichen Wert annimmt.

Die hierbei zugrunde gelegte Distanzfunktion weicht von dem in die hierarchische Klassifikation eingehenden Proximitätsmaß ab[316]. Während letzteres aus Gründen rechentechnischer Vereinfachung *unmittelbar* aus der Transportmatrix entnommen wird, berücksichtigt erstere – dem erläuterten Grundgedanken des Verfahrens entsprechend – neben den im Planungszeitraum vorzunehmenden Transporten zusätzliche Informationen.

Dazu zählt zunächst die Entfernung zwischen je zwei Betriebsmittelstandorten. Die Einbeziehung dieser in euklidischer Metrik angegebenen, d.h. unter der Prämisse der Möglichkeit, alle Transporte auf geradlinigen Wegen durchzuführen, errechneten Entfernungen in die Distanzfunktion setzt natürlich voraus, daß der Planer im Zeitpunkt der Distanzberechnung die Standortzuordnung

---

[315]Vgl. zum Verfahrensablauf z.B. Hartung, J.; Elpelt, B. (1986), S. 465-466.

[316]Vgl. prinzipiell zur Möglichkeit, bei der Bildung einer einstufigen Klassifikation ein anderes Proximitätsmaß zu verwenden als bei einer vorgelagerten hierarchischen Klassifikation derselben Objektmenge, Vogel, F. (1975), S. 221.

der einzelnen Maschinen kennt. Da jedoch andererseits der Standort einer Maschine von deren mit Hilfe der Distanzfunktion vorzunehmender Zuordnung zu einem bestimmten Produktionssystem abhängt, besteht die Notwendigkeit, diese Distanzfunktion unter Einbeziehung von Zuordnungsvariablen zu definieren.

Um die angestrebte Integration einer ökonomischen Bewertung in die gruppentechnologische Analyse zu gewährleisten, enthält das konstruierte Distanzmaß zudem erzeugnisspezifische Transportkostensätze, von denen jeder die Kosten angibt, die bei der Durchführung eines Transportvorgangs für ein bestimmtes Erzeugnis über eine normierte Entfernungseinheit, etwa einen Meter, anfallen. Zur Frage, welche Kostenarten in die Transportkosten eingehen, findet sich in der Literatur zur Gruppentechnologie kein Material, weshalb dieser Aspekt im folgenden näher untersucht wird.

Hierzu bedarf es der Anmerkung, daß aufgrund der bei der Konstruktion der Distanzfunktion vorgenommenen multiplikativen Verknüpfung des in der Dimension Geldeinheiten je Transportvorgang und Entfernungseinheit (GE/TV · EE) gemessenen Transportkostensatzes eines jeden Erzeugnistyps mit der Zahl für diesen Typ notwendiger Transporte und mit der zwischen den Maschinen des gerade betrachteten Paars bestehenden Entfernung eine proportionale Beziehung zwischen der Höhe der gesamten Transportkosten (und damit auch der Höhe des jeweiligen Kostenbetrags der einzelnen in die Transportkosten eingehenden Kostenarten) und dem Produkt aus der Zahl auszuführender Transporte und den zurückzulegenden Entfernungseinheiten bestehen muß. Liegt eine solche proportionale Beziehung vor, bedeutet dies z.B. steigende Kosten für die Transporte eines bestimmten Erzeugnistyps, wenn bei konstanter Entfernung eine größere Anzahl von Transportvorgängen für diesen Erzeugnistyp anfällt oder wenn bei konstanter Transportzahl eine größere Entfernung zurückgelegt wird. Aufgrund der Prämisse der proportionalen Beziehung gilt es zu prüfen, ob diese Beziehung bei den zu den Transportkosten gerechneten Kostenarten besteht, da nur die positive Beantwortung dieser Frage eine Einbeziehung der entsprechenden Kostenart in den Transportkostensatz und damit in die Distanzfunktion erlaubt. Dabei erscheint die näherungsweise Gültigkeit dieser Beziehung ausreichend, d.h., es genügt, wenn der Transportkostensatz, was die Datenerfassung wesentlich erleichtert, als Größe angesehen werden kann, der die bei der Änderung des Produkts aus der Zahl der Transporte eines Erzeugnistyps und der zurückzulegenden Entfernung um eine Einheit *durchschnittlich* ausgelöste

Änderung der Transportkosten angibt[317].

Zu diesen Transportkosten rechnen sich grundsätzlich mit dieser Thematik befassende Autoren zunächst die aus der Durchführung von Transportmaßnahmen resultierenden *Personalkosten*[318] des Planungszeitraums, etwa den Lohn eines die Transporte zwischen bestimmten Betriebsmitteln ausführenden Gabelstaplerfahrers oder Opportunitätskosten, die entstehen können, wenn die von Arbeitnehmern durchzuführenden Transporte einen im Vergleich zu alternativen fertigungsorganisatorischen Strukturen größeren Zeitaufwand erfordern, die entsprechenden Arbeitnehmer somit über einen längeren Zeitraum nicht für alternative Verwendungen zur Verfügung stehen. Personalkosten sind jedoch nur dann anzusetzen, wenn die Entscheidung zugunsten einer der alternativen Fertigungssystemkonstellationen – alternativenspezifische – Personalanpassungsmaßnahmen impliziert, beispielsweise eine Erhöhung der Zahl zur Durchführung der Transporte im Planungszeitraum notwendiger Arbeitnehmer. Sollte dies der Fall sein, verhindert allerdings die bei den Personalkosten nicht gegebene Proportionalitätsbeziehung deren Einbeziehung in den Transportkostensatz des Distanzmaßes. Entscheidungsrelevante Kosten für das Transporte ausführende Personal können deshalb erst *nach* der Abgrenzung einer vorläufigen Systemkonstellation ergänzend Berücksichtigung finden.

Demgegenüber erscheint im Hinblick auf die ebenfalls als relevant angesehenen Kosten für die durch den Betrieb der eingesetzten Transportmittel verbrauchte *Energie*[319] die Annahme plausibel, daß deren Höhe mit – etwa aufgrund einer längeren zurückzulegenden Entfernung – steigendem Produkt aus der Zahl notwendiger Transportvorgänge für ein bestimmtes Erzeugnis und den Entfernungseinheiten zunimmt. Dies gilt unter der Prämisse, daß man von der Berücksichtigung zufallsbedingter und damit nicht prognostizierbarer Maßnahmen absieht, auch für die vom Verschleiß der eingesetzten Transportmittel abhängigen *Kosten für Instandhaltungs- und Reparaturmaßnahmen*[320], so daß die beiden genannten Kostenarten (gemessen in Geldeinheiten je Transportvorgang und Entfernungseinheit) additiv zum in die Distanzfunktion eingehenden Transportkostensatz eines bestimmten Erzeugnistyps verknüpft werden.

---

[317]Vgl. prinzipiell zur Rechtfertigung des Ansatzes von Durchschnittsgrößen bei der Ermittlung entscheidungsorientierter Kosten Riebel, P. (1985), S. 428.

[318]Vgl. Lüder, K. (1986), S. 95; Rößner, W. (1981), S. 41; Wäscher, G. (1985), S. 238.

[319]Vgl. Lüder, K. (1986), S. 95; Wäscher, G. (1985), S. 238.

[320]Vgl. Lüder, K. (1986), S. 95; Wäscher, G. (1985), S. 238.

Nicht in diesen Satz aufzunehmen sind jedoch die in der Literatur ebenfalls zu den relevanten Transportkosten gezählten[321] *Abschreibungen* auf die eingesetzten Transportmittel, da diese lediglich eine Verrechnung der für die Transportmittel anfallenden Anschaffungsauszahlungen darstellen. Da nach den zugrunde gelegten Annahmen über die Transportmittel bereits vor der Durchführung der gruppentechnologischen Analyse entschieden wurde, sind diese Zahlungen nicht mehr beeinflußbar und damit auch nicht entscheidungsrelevant.

Im Anschluß an die Erläuterung der in die zu konstruierende Distanzfunktion eingehenden Komponenten soll diese Funktion nunmehr formal spezifiziert werden. Dabei finden folgende Symbole Verwendung:

I_H	Menge aller Kernmaschinen,
$z := \|I_H\|$	Zahl der Kernmaschinen und Fertigungssysteme,
(x_k, y_k)	Grundflächenkoordinaten der Maschine k ($k \in I_H$),
(x_{mi}, y_{mi})	Grundflächenkoordinaten der Maschine m ($m \notin I_H$), falls sie der Kernmaschine i ($i \in I_H$) zugeordnet wird,
t	Zeitperiode ($t = 1, ..., T$),
T	letzte Periode des Planungszeitraums,
f_{jkmt}	Zahl der in Periode t zwischen den Maschinen k und m vorzunehmenden Transporte des Erzeugnisses j,
c_j	Transportkosten je Entfernungseinheit und Transportvorgang des Erzeugnisses j,
u_{mi}	Zuordnungsvariable ($i \in I_H; m \notin I_H$),

$$u_{mi} := \begin{cases} 1 & \text{falls Maschine } m \text{ der Kernmaschine } i \text{ zugeordnet wird} \\ 0 & \text{sonst,} \end{cases}$$

$\underline{u}_m$	Vektor aller Zuordnungsvariablen für Maschine m;

$$\underline{u}_m := (u_{m1}, ..., u_{mz}).$$

Unter Anwendung dieser Symbolik läßt sich das Distanzmaß für das Maschinenpaar (k, m) nach folgender Formel errechnen:

$$d_{km}(\underline{u}_m) = \sum_{t=1}^{T} \sum_{j=1}^{J} f_{jkmt} \cdot c_j \cdot \sum_{i \in I_H} \sqrt{(x_k - x_{mi})^2 + (y_k - y_{mi})^2} \cdot u_{mi}$$

---

[321]Vgl. Lüder, K. (1986), S. 95; Wäscher, G. (1985), S. 238.

$$\text{mit} \sum_{i \in I_H} u_{mi} = 1 \qquad \forall m$$

Um es in die in Abschnitt 4.2.3.3.3.1.3 vorgenommene Differenzierung einzuordnen, kann man dieses Distanzmaß als – mit den über alle Erzeugnisse aufsummierten Produkten aus den im gesamten Planungszeitraum vorzunehmenden Transporten und dem jeweiligen Transportkostensatz – gewichtete euklidische Distanz interpretieren.

Gleichzeitig erlaubt dieses Distanzmaß jedoch auch eine ökonomische Interpretation: $d_{km}(\underline{u}_m)$ stellt die Summe der im Planungszeitraum zwischen den Maschinen k und m anfallenden Transportkosten dar. Um diese Summe möglichst niedrig zu halten, werden Maschinen geclustert, was in der Realität deren Zuordnung zu *einem* Fertigungssystem und damit deren Anordnung in geringer räumlicher Entfernung bedeutet, wenn zwischen ihnen vergleichsweise viele und/oder vergleichsweise teure Transporte ablaufen.

Im Unterschied zu konventionellen clusteranalytischen Verfahren dient im hier vorgestellten Ansatz nicht ein einziger Distanzwert als Entscheidungskriterium für die Zuordnung einer Maschine m zu einer Kernmaschine, sondern es werden die gesamten zwischen der Maschine m und allen Kernmaschinen im Planungszeitraum anfallenden Transportkosten berechnet, d.h. alle Distanzmaße zwischen Maschine m und den Kernmaschinen zu einer Gesamtdistanz $d_m(\underline{u}_m)$ aufsummiert:

$$d_m(\underline{u}_m) = \sum_{i \in I_H} d_{mi}(\underline{u}_m) \qquad \forall m$$

Das – nachfolgend an einem Beispiel erläuterte – Verfahren ordnet nun Maschine m so zu, daß die Gesamtdistanz $d_m(\underline{u}_m)$ und damit die Summe der zwischen Maschine m und den Kernmaschinen insgesamt anfallenden Transportkosten minimiert wird.

Das Beispiel verdeutlicht die Vorgehensweise anhand eines gering dimensionierten, aus fünf Maschinen und sechs Erzeugnistypen bestehenden Planungsproblems. Abb. 15 zeigt für alle Erzeugnistypen die zwischen den in der Vorspalte angegebenen Maschinenpaaren auszuführenden Transportvorgänge. Dabei wurden die in den einzelnen Perioden anfallenden Transporte bereits über den gesamten Planungszeitraum aufsummiert. Nicht belegte Matrixfelder weisen den Wert 0 auf.

Abb. 15: Matrix der auszuführenden Transporte

M-paar \ E	1	2	3	4	5	6	$\sum$
1 - 2	120		500			80	700
1 - 3							0
1 - 4							0
1 - 5							0
2 - 3				100			100
2 - 4						80	80
2 - 5	120		500				620
3 - 4		100			600		700
3 - 5							0
4 - 5				70		80	150

Die jeweiligen Zeilensummen gehen als Elemente in die in Abb. 16 dargestellte
Transportmatrix ein, deren gesonderte Darstellung hier lediglich erfolgt, um eine
der üblichen Form von Proximitätsmatrizen entsprechende Art der Veranschaulichung zu erreichen. Aufgrund der bereits erläuterten Symmetrieeigenschaft
reicht hierbei die Abbildung der oberen Dreiecksmatrix aus.

Abb. 16: Transportmatrix

M	1	2	3	4	5
1	0	700	0	0	0
2		0	100	80	620
3			0	700	0
4				0	150
5					0

Auf der Grundlage dieser Matrix erzeugt der Lösungsansatz durch die Anwendung der in Abschnitt 4.2.3.3.3.2.3 dargestellten Alternativen agglomerativer Clusteranalysen drei hierarchische Klassifikationen. Da aus substanzwissenschaftlicher Sicht eine Clusterung der durch eine große Zahl materieller Beziehungen verbundenen Maschinen erfolgen sollte, beginnen die zur Abschätzung
der zu bildenden Klassenzahl eingesetzten hierarchischen Verfahren jeweils mit
der Clusterung der Maschinen, zwischen denen der *größte* Proximitätswert vorliegt.

Abb. 17 verdeutlicht die jeweils entstehende Klassifikationsstruktur anhand der drei Dendrogramme; die einzelnen Rechenschritte finden sich in Anhang 5.

Abb. 17: Dendrogramme zur Abschätzung der Zahl zu bildender Fertigungssysteme

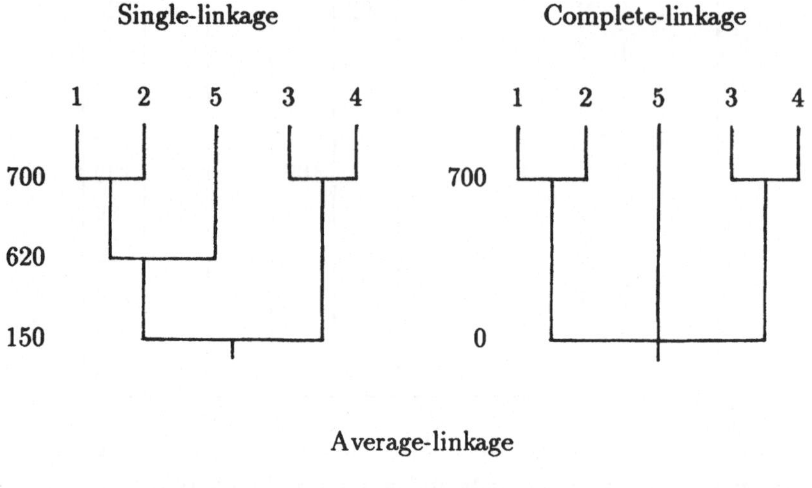

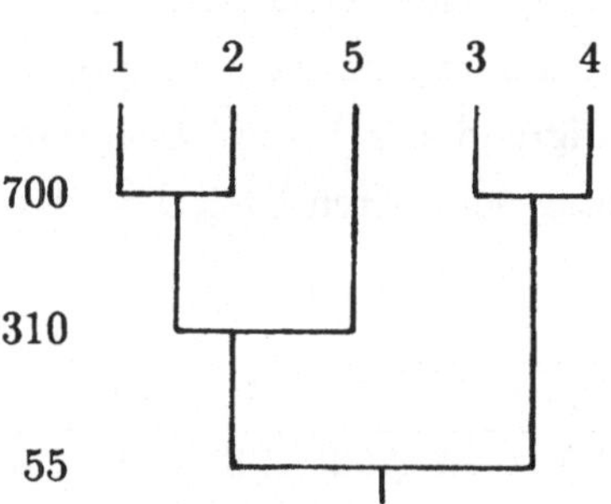

Die Dendrogramme veranschaulichen zum einen eine starke Ähnlichkeit zwischen den Maschinen 1 und 2 einerseits sowie den Maschinen 3 und 4 andererseits. Zum anderen besteht zwischen diesen beiden Maschinenpaaren nur eine geringe Ähnlichkeit. Mit Ausnahme des Complete-linkage-Verfahrens, bei dem sich die bei dessen prinzipieller Beschreibung erläuterte fehlende Garantie auswirkt, Heterogenität zwischen den Klassen zu gewährleisten, verdeutlichen die Verfahren auch eine vergleichsweise große Ähnlichkeit zwischen Maschine 5 und dem Maschinenpaar (1,2), so daß es insgesamt sinnvoll erscheint, zwei Cluster zu bilden und somit die Abgrenzung von zwei Fertigungssystemen zu planen.

Die anschließend vorgenommene Erzeugung einer aus zwei Clustern bestehenden Partition ließe sich durch die unmittelbare Entnahme der die gesuchte Klassenzahl enthaltenden Clusterkonstellation aus den ermittelten Hierarchien vermeiden. Auf der Basis von Single- und Average-linkage-Methode bestünde die gesuchte Partition somit jeweils aus der Konstellation mit den Clustern (1,2,5) und (3,4). Um jedoch den Lösungsansatz umfassend demonstrieren und zugleich die Betriebsmittelstandorte festlegen sowie die Bewertung einfließen lassen zu können, beinhaltet das erläuterte Beispiel auch die bereits angesprochene Ermittlung der Partition durch sukzessive Zuordnung der Maschinen zu zwei vorab ausgewählten Kernmaschinen.

Hierzu bedarf es zunächst der Distanzwertberechnung, die aufgrund der gewählten Definition weitere Informationen voraussetzt. Zunächst sind die möglichen Standorte der Maschinen festzulegen. Im vorliegenden Beispiel wird davon ausgegangen, daß sechs Standorte (S1 bis S6) zur Verfügung stehen, wovon drei (S1 bis S3) für das Produktionssystem I, die drei restlichen für das Produktionssystem II in Frage kommen. Die in euklidischer Metrik gemessenen räumlichen Entfernungen zwischen den einzelnen Standorten enthält Abb. 18. Aufgrund der aus der Annahme, daß für alle Maschinenpaare die Transporte zwischen beiden Maschinen unabhängig von der Transportrichtung jeweils auf demselben Weg ablaufen, resultierenden Symmetrie der Matrix reicht auch hier die Darstellung der oberen Dreiecksmatrix aus.

Abb. 18: Matrix der Entfernungseinheiten zwischen potentiellen Betriebsmittelstandorten

S	S1	S2	S3	S4	S5	S6
S1	0	10	11,18	50	36,40	50,99
S2		0	11,18	40	26,93	41,23
S3			0	46,10	30	45
S4				0	18,03	10
S5					0	15
S6						0

Daneben werden als Daten für die Berechnung der Distanzindizes auch die Transportkostensätze für die einzelnen Erzeugnisse benötigt. Da zwischen Fertigungsgruppen zumeist Transportmittel Verwendung finden, deren Handlungsspielräume hinsichtlich der Elastizitätskomponente Vielseitigkeit diejenigen der *in* den Gruppen eingesetzten übersteigen[322], dürfte der Kostensatz für system-

---

[322]Vgl. Mellerowicz, K. (1981), S. 335.

interne Transporte aufgrund der in Abschnitt 2.2.3 grundsätzlich angesprochenen Wechselwirkung kleiner sein als derjenige für Transporte zwischen den Systemen[323]. Abb. 19 enthält aus diesem Grund unterschiedliche Kostensätze für systeminterne und -externe Transporte.

Abb. 19: Transportkostensätze (in GE/TV · EE)

Erzeugnis	1	2	3	4	5	6
Kostensatz für interne Transporte	0,20	0,15	0,15	0,40	0,15	0,50
Kostensatz für externe Transporte	0,30	0,20	0,20	0,80	0,20	0,70

Da in die Distanzberechnung jeweils das Produkt aus der in Abb. 15 enthaltenen Zahl notwendiger Transporte der einzelnen Erzeugnisse im Planungszeitraum und den entsprechenden Transportkostensätzen eingeht, folgt als nächster Verfahrensschritt die Berechnung der Ausprägungen dieses Produkts für die einzelnen Maschinenpaare. Aufgrund der unterschiedlichen Transportkostensätze hängt die konkrete Ausprägung jeweils davon ab, ob beide Maschinen des gerade betrachteten Paars demselben System oder verschiedenen Fertigungsgruppen angehören. Für das Maschinenpaar (1,2) fallen z.B. bei Zuordnung zum identischen Produktionssystem Transportkosten je Entfernungseinheit in folgender Höhe an:

$$120 \cdot 0,20 + 500 \cdot 0,15 + 80 \cdot 0,50 = 139$$

Bei Zuordnung zu verschiedenen Systemen resultiert dagegen:

$$120 \cdot 0,30 + 500 \cdot 0,20 + 80 \cdot 0,70 = 192$$

Abb. 20 faßt die entsprechenden Werte für alle Maschinenpaare zusammen.

---

[323] Die Kostendifferenz zwischen systeminternen und -externen Transporten dürfte sich allerdings mit zunehmender Systemgröße verringern, da die mit einer Zunahme der Zahl integrierter Maschinen verbundene Ausweitung der in den einzelnen Systemen zu bearbeitenden Erzeugnisfamilien eine größere Vielseitigkeit auch der system*intern* eingesetzten Transportmittel bedingen wird.

Abb. 20: Matrix der Transportkosten je Entfernungseinheit (in GE/EE)

Maschinen-paar	Kosten bei internen Transporten	Kosten bei externen Transporten
1 - 2	139	192
1 - 3	0	0
1 - 4	0	0
1 - 5	0	0
2 - 3	40	80
2 - 4	40	56
2 - 5	99	136
3 - 4	105	140
3 - 5	0	0
4 - 5	68	112

Damit stehen alle zur Ermittlung der gesuchten Partition notwendigen Daten zur Verfügung. Diese Ermittlung beginnt mit der Auswahl der Clusterkerne, die hier so vorgenommen wird, daß das Verfahren die erste Kernmaschine aus dem Paar derjenigen Maschinen auswählt, zwischen denen die höchsten Transportkosten je Entfernungseinheit anfallen, die zweite aus dem Paar mit den zweithöchsten Transportkosten je Entfernungseinheit etc. Nach Abb. 20 liegt der höchste Wert für das Paar (1,2) vor; eine zufällige Auswahl führt zur Entscheidung, Maschine 1 als Kern des Systems I zu betrachten. Die nächsthöheren Transportkosten je Entfernungseinheit entstehen für das Maschinenpaar (3,4). Von diesen beiden soll Maschine 3 als Kern des Systems II dienen. Die Maschinen 1 und 3 werden nun jeweils einem Standort zugeteilt, der von den vorher festgelegten, für ihr System in Frage kommenden die geringste Entfernung zu einem anderen Standort aufweist: Maschine 1 zu Standort S1 und Maschine 3 zu Standort S4.

Die Zuordnung der nicht zur Menge der Systemkerne gehörenden Maschinen beginnt mit derjenigen aus dem Paar mit den höchsten Transportkosten je Entfernungseinheit, die nicht zur Kernmaschine bestimmt wurde. Sie erhält den Standort zugeteilt, der demjenigen der korrespondierenden Kernmaschine am nächsten liegt. Der Grundgedanke dieser Vorgehensweise besteht darin, Maschinen, zwischen denen je Entfernungseinheit hohe Transportkosten anfallen, in geringer räumlicher Entfernung aufzustellen. Fortgesetzt wird der Planungsprozeß mit der sukzessiven Zuordnung jeweils der Maschine, die zu einer der Kernmaschinen die höchsten im bisherigen Zuordnungsprozeß noch nicht berücksichtigten Transportkosten je Entfernungseinheit aufweist. Als Standort der neu zugeordneten Maschine wählt das Verfahren denjenigen noch verfügbaren, dessen räumlicher Abstand zur Kernmaschine der geringste ist.

Dieser Vorgehensweise folgend, ist von den nicht zur Menge der Systemkerne gehörenden Maschinen zunächst Maschine 2 zuzuordnen, da sie gemeinsam mit Kernmaschine 1 das Paar mit dem höchsten Transportkostenwert je Entfernungseinheit bildet. Bei Zuordnung zu Maschine 1 (3) erhält Maschine 2 den zum Standort der Kernmaschine, S1 (S4), am nächsten liegenden, also S2 (S6).

Somit resultiert für den Distanzwert von Maschine 2 zu Kernmaschine 1 folgendes: Bei Zuordnung zu Maschine 1 ergeben sich nach Abb. 20 (interne) Transportkosten je Entfernungseinheit in Höhe von 139 GE; die Erzeugnisse müssen zwischen den Standorten S1 und S2, also über 10 EE, transportiert werden. Bei Zuordnung zu Maschine 3 fallen an Transportkosten je Entfernungseinheit 192 GE an, da in diesem Fall die Maschinen 1 und 2 unterschiedlichen Systemen angehören; die Entfernung, die zwischen S1 und S6 zu messen ist, beträgt 50,99 EE. Unter Einbeziehung der beiden Binärvariablen läßt sich der Distanzwert $d_{21}(\underline{u}_2)$ formal somit folgendermaßen darstellen:

$$d_{21}(\underline{u}_2) \;=\; 139 \cdot 10 u_{21} \;+\; 192 \cdot 50,99 u_{23}$$

$$d_{21}(\underline{u}_2) \;=\; 1390 u_{21} \;+\; 9790,08 u_{23}$$

Durch analoge Überlegungen resultiert für den Distanzwert zwischen der zuzuordnenden Maschine 2 und Kernmaschine 3

$$d_{23}(\underline{u}_2) = 3200 u_{21} + 400 u_{23}$$

Wie bereits erwähnt, besteht das Zuordnungskriterium darin, die die Gesamtdistanz $d_2(\underline{u}_2)$ minimierende Zuordnung vorzunehmen. Zu minimieren ist somit

$$d_2(\underline{u}_2) \;=\; (1390 + 3200) u_{21} \;+\; (9790,08 + 400) u_{23}$$

$$d_2(\underline{u}_2) \;=\; 4590 u_{21} \;+\; 10190,08 u_{23}$$

unter den Nebenbedingungen

$$u_{21} + u_{23} = 1$$

$$u_{21}, u_{23} \in \{0,1\}$$

Da $u_{21} = 1$ zur Minimierung der Gesamtdistanz führt, ist Maschine 2 der Kernmaschine 1 zuzuordnen, wodurch folgende Distanzindizes resultieren:

$$d_{21}(u_{21}) = 1390$$

$$d_{23}(u_{21}) = 3200$$

An diesen Werten läßt sich nunmehr verdeutlichen, inwiefern das gewählte Distanzmaß die Einbeziehung von Bewertungsüberlegungen unmittelbar in den Planungsprozeß erlaubt: Der Planer kann sofort ablesen, daß die Zuordnung von Maschine 2 zu System I Transportkosten zu Maschine 1 in Höhe von 1390 GE und zu Maschine 3 in Höhe von 3200 GE auslöst.

Als nächster Schritt folgt die Zuordnung der Maschine 4, da das Maschinenpaar (3,4) nach Abb. 20 von den eine Kernmaschine enthaltenden Paaren, deren zweite Maschine noch nicht zugeordnet ist, den höchsten Wert der Transportkosten je Entfernungseinheit aufweist. Als geplanten Standort erhält Maschine 4

– bei Zuordnung zu Kernmaschine 1 den (als einzigen potentiellen Standort für System I noch verfügbaren) Standort S3,

– bei Zuordnung zu Kernmaschine 3 S6.

Analog zu den bei der Zuordnung von Maschine 1 angestellten Überlegungen ergibt sich:

$$d_{41}(\underline{u}_4) = \quad\ \ 0u_{41} + \quad\ \ 0u_{43}$$
$$d_{43}(\underline{u}_4) = 6454u_{41} + 1050u_{43}$$
$$d_{4}(\underline{u}_4) = 6454u_{41} + 1050u_{43}$$

Somit führt $u_{43} = 1$ zur Minimierung von $d_4(\underline{u}_4)$, d.h., das Verfahren ordnet Maschine 4 der Kernmaschine 3 und damit System II zu. Als Distanzwerte errechnen sich deshalb:

$$d_{41}(u_{43}) = \quad\ 0$$
$$d_{43}(u_{43}) = 1050$$

Für die als letzte zuzuordnende Maschine 5 kommen als Standorte in Frage:
– bei Zuordnung zu System I : S3,
– bei Zuordnung zu System II: S5.

Damit gilt:

$$d_{51}(\underline{u}_5) = 0u_{51} + 0u_{53}$$
$$d_{53}(\underline{u}_5) = 0u_{51} + 0u_{53}$$

Da die Gesamtdistanz in jedem Fall den Wert 0 annimmt, muß hier eine willkürliche Zuordnung vorgenommen werden, was durch die Integration von Maschine 5 in System I geschieht. Als Distanzwerte resultieren

$$d_{51}(u_{51}) = d_{53}(u_{51}) = 0$$

Mit diesem Schritt ist die Zuordnung der Maschinen zu Systemen abgeschlossen. Als Lösung wurde folgende Produktionssystemabgrenzung ermittelt:

- System I: Maschine 1 (Standort S1),

                  Maschine 2 (Standort S2),

                  Maschine 5 (Standort S3),

- System II: Maschine 3 (Standort S4),

                  Maschine 4 (Standort S6).

Die Lösung stimmt somit im Hinblick auf die Produktionssystemabgrenzung mit der Partition überein, die aus den mit Hilfe der Verfahren Single- und Average-linkage erzeugten hierarchischen Klassifikationen zu entnehmen ist. Diese Lösung kann nun aufgrund der gewählten Definition des Distanzindex mit Hilfe eines Gütekriteriums bewertet werden, das nicht nur der clusteranalytischen Methodik entspricht, sondern gleichzeitig auch eine Beurteilung der Wirtschaftlichkeit der gefundenen Lösung erlaubt.

Da bislang lediglich die Distanzmaße zwischen Kern- und Nichtkernmaschinen betrachtet wurden, setzt die Ermittlung der Homogenität des Clusters I nach der in Abschnitt 4.2.3.3.3.3 angeführten Berechnungsvorschrift die Ermittlung der Distanz zwischen den beiden in diesem Cluster enthaltenen Nichtkernmaschinen voraus. Es ist also die Distanz d_{25} zu bestimmen, was analog zur bisher bei der Distanzberechnung zwischen Kern- und Nichtkernmaschinen vorgenommenen Berechnung geschieht, d.h., es gilt[324]:

$$d_{25} = 99 \cdot 11,18 = 1106,82$$

Als Homogenitätsindex für Cluster I resultiert:

$$h\,(\text{I}) \;= d_{12} + d_{15} + d_{25}$$
$$h\,(\text{I}) \;= 1390 + 0 + 1106,82$$
$$h\,(\text{I}) \;= 2496,82$$

---

[324]Da in diesem Stadium der Analyse keine Zuordnung von Nichtkern- zu Kernmaschinen mehr erforderlich ist, wurde bei den Distanzwerten auf die Angabe der Zuordnungsvariablen verzichtet.

Die Homogenität des System II repräsentierenden zweiten Clusters errechnet sich als:

$$h\,(\text{II}) = d_{34} = 1050$$

Die gesamte *Homogenität* der aus den Clustern I und II bestehenden Klassifikation Ω beträgt somit:

$$h\,(\Omega) = 2496,82 + 1050 = 3546,82$$

Aufgrund der Definition des Distanzmaßes läßt sich $h\,(\Omega)$ interpretieren als die Summe der durch die Entscheidung zugunsten der geplanten Systemstruktur ausgelösten Kosten für *systeminterne Transporte*.

Die *Verschiedenheit* der beiden Klassen errechnet sich als

$$v\,(\text{I,II}) \;=\; v\,(\Omega) \;= d_{13} + d_{14} + d_{23} + d_{24} + d_{35} + d_{45}$$
$$v\,(\Omega) \;= 0 + 0 + 3200 + 56 \cdot 41,23 + 0 + 112 \cdot 45$$
$$v\,(\Omega) \;= 10548,88$$

Dieser Wert gibt die Kosten für *systemexterne Transporte* an.

Aufgrund der Interpretation der Distanzfunktion kann der aus den Maßzahlen für Homogenität und Verschiedenheit zu errechnende Güteindex nicht nach der in Abschnitt 4.2.3.3.3.3 angegebenen Formel ermittelt werden, da deren Verwendung die nicht sinnvolle Konsequenz hätte, daß mit steigenden Kosten für systeminterne Transporte der Güteindex zunimmt, mit steigenden Kosten für systemexterne Transporte jedoch abnimmt. Es besteht somit die Notwendigkeit, einen Güteindex zu verwenden, der sich aufgrund gleichgerichteter Veränderungen von Homogenitäts- bzw. Verschiedenheitsindex ebenfalls gleichgerichtet anpaßt. Dies läßt sich am einfachsten durch eine additive Verknüpfung beider Größen erreichen, so daß für die Berechnung des Güteindex der Klassifikation Ω folgende Formel Verwendung findet:

$$g\,(\Omega) = h\,(\Omega) + v\,(\Omega)$$

Für die ermittelte Klassifikation ergibt sich infolgedessen die *Güte*

$$g\,(\Omega) \;\doteq 3546,82 + 10548,88$$
$$g\,(\Omega) \;= 14095,70$$

Deren ökonomische Interpretation führt zur *Summe der durch die Entscheidung für die geplante Systemstruktur ausgelösten Transportkosten*.

Unter Verwendung des gefundenen Güteindex besteht im Anschluß an die Bestimmung der Anfangsklassifikation die Möglichkeit, mit Hilfe eines iterativen Verbesserungsverfahrens zu versuchen, eine Verringerung des Güteindex (und damit der voraussichtlich anfallenden Transportkosten) zu erreichen. Eine solche Ergebnisverbesserung ist zum einen möglich, da zwar bei der Auswahl der Kernmaschinen plausible Überlegungen bestimmend waren, in diese Auswahl jedoch auch willkürliche Entscheidungen einflossen, wie etwa diejenige, aus dem Maschinenpaar (3,4) Maschine 3 zum Kern des Systems II zu bestimmen. Zum anderen besteht auch aufgrund der Vorgehensweise, für die Systemzuordnung der Nichtkernmaschinen lediglich deren Distanz zu den Systemkernen, nicht aber die – möglicherweise hohe Transportkosten abbildenden – Distanzen zu den bereits zugeordneten Nichtkernmaschinen als ausschlaggebend anzusehen, Grund zu der Annahme, daß möglicherweise mindestens eine alternative Klassifikation existiert, deren Güteindex eine geringere Ausprägung aufweist als derjenige der Anfangsklassifikation.

4.2.4.3 *Ein Iterationsverfahren zur Verbesserung der Anfangsklassifikation*

Das Iterationsverfahren bedient sich des in Abschnitt 4.2.3.3.3.2.3 bereits grundsätzlich beschriebenen Hill-climbing-Algorithmus. Das Verfahren sieht dabei aus Vereinfachungsgründen nur dann Wechsel der Zuordnung eines Objekts zu einem Cluster, also einer Maschine zu einem System, als durchführbar an, wenn im System, dem die gerade interessierende Maschine nach dem Zuordnungswechsel angehören soll, noch freie Standorte zur Verfügung stehen.

Für das vorliegende Beispiel folgt daraus die Unmöglichkeit, Maschine 3 oder Maschine 4 in System I zu transferieren. Durchführbar ist jedoch der Wechsel von Maschine 1, 2 oder 5 in System II. Für jede dieser alternativen Zuordnungen errechnet das Verfahren die Ausprägung des Güteindex, so daß unter Einbeziehung des Wertes für die Anfangsklassifikation vier (mit Hilfe von Ermittlungsmodellen gewonnene) Ausprägungen des Güteindex vorliegen, die, zu einem Vektor zusammengefaßt, ein Entscheidungsmodell bilden[325], dessen Entscheidungskalkül lediglich in der Auswahl der Klassifikation mit der kleinsten

---

[325] Der Begriff des Entscheidungsmodells wird hier beibehalten, obwohl das beschriebene Modell das in der Entscheidungstheorie als wesentlich angesehene „Prinzip der vollkommenen Alternativenstellung" (Bamberg, G.; Coenenberg, A.G. (1985), S. 14-15; Saliger, E. (1981), S. 4) nicht erfüllt, da aus Gründen der Rechenzeitverkürzung nicht alle möglichen Produktionssystemkonstellationen in das Modell eingehen.

Ausprägung des Güteindex besteht[326]. Liegt der kleinste Wert bei der Anfangs-klassifikation vor, bleibt diese erhalten; im gegenteiligen Fall wird ausgehend von der Anfangsklassifikation der Zuordnungswechsel durchgeführt, der zur Klassifi-kation mit dem kleinsten Wert des Güteindex führt.

Im vorliegenden Beispiel ist dies der Transfer der Maschine 5 in System II, wobei die Planung die Aufstellung dieser Maschine auf dem in System II noch freien und der Kernmaschine am nächsten liegenden Standort vorsieht. Das zuletzt genannte Kriterium kann hier jedoch vernachlässigt werden, da in System II nur noch S5 als freier Betriebsmittelstandort zur Verfügung steht.

Es resultiert somit folgende Produktionssystemkonstellation Ω':

- System I: Maschine 1 (Standort S1),
            Maschine 2 (Standort S2),

- System II: Maschine 3 (Standort S4),
            Maschine 4 (Standort S6),
            Maschine 5 (Standort S5).

Innerhalb der im folgenden erläuterten Ermittlung des Güteindex verdeutlicht die Schreibweise d_{km} eine im Vergleich zur Ausgangsklassifikation gleichgeblie-bene, d'_{km} eine durch Variation der Systemzuordnung und damit des Standorts einer Maschine aus dem Paar (k,m) veränderte Distanz zwischen beiden Ma-schinen dieses Paars.

Die einzelnen Indizes errechnen sich als:

$$h\,(\mathrm{I}) = d_{12}$$
$$h\,(\mathrm{I}) = 1390$$

$$h\,(\mathrm{II}) = d_{34} + d'_{35} + d'_{45} = 1050 + 0 + 68 \cdot 15$$
$$h\,(\mathrm{II}) = 2070$$

---

[326]Vgl. prinzipiell hierzu Bamberg, G.; Coenenberg, A.G. (1985), S. 41; Saliger, E. (1981), S. 21.

$$h\,(\Omega') \ = 3460$$

$$v\,(\Omega') \ = v\,(\text{I,II}) = d_{13} + d_{14} + d_{23} + d_{24} + d'_{15} + d'_{25}$$
$$v\,(\Omega') \ = 0 + 0 + 3200 + 2308{,}88 + 0 + 136 \cdot 26{,}93$$
$$v\,(\Omega') \ = 9171{,}36$$

$$g\,(\Omega') \ = 12631{,}36$$

Es zeigt sich, daß der Transfer von Maschine 5 in System II eine Verringerung des Güteindex und damit der voraussichtlich anfallenden Transportkosten um etwa 10% erbringt. Dagegen resultiert aus den beiden alternativen Zuordnungsänderungen eine Erhöhung der Ausprägung des Güteindex[327], so daß als Ergebnis des ersten Iterationsschritts die in diesem Abschnitt ausführlich dargestellte Produktionssystemkonstellation resultiert, die nun ihrerseits als neue Ausgangslösung für einen weiteren Iterationsschritt dienen kann. Die auf der Basis dieser neuen Ausgangsklassifikation durchzuführenden Zuordnungsänderungen führen jedoch zu keiner Verringerung der Ausprägung des Güteindex[328], so daß das Iterationsverfahren an dieser Stelle abbricht und die neue Ausgangsklassifikation als Lösung erzeugt.

Die Planung der im ausgewählten Beispiel bezüglich der Betriebsmittel durchzuführenden organisatorischen Gestaltungsmaßnahmen ist damit abgeschlossen. Zur Vervollständigung der fertigungsorganisatorischen Gestaltung bedarf es zusätzlich noch der Abgrenzung der Erzeugnisfamilien sowie deren Zuordnung zu den Produktionssystemen.

4.2.4.4 *Abgrenzung und Zuordnung der Erzeugnisfamilien*

Im Gegensatz zu den in der Literatur vorzufindenden ermöglicht es das hier vorgestellte Verfahren, Abgrenzung und Systemzuordnung der Familien gleichzeitig und ohne nochmalige Anwendung des clusteranalytischen Instrumentariums durchzuführen. Da einerseits, wie in Abschnitt 4.1.1 erläutert, zwischen zwei unterschiedlichen Produktionssystemen eine möglichst geringe Zahl an materiellen

---

[327]Vgl. zu den Ausprägungen des Gütekriteriums bei den weiteren Möglichkeiten des Zuordnungswechsels Anhang 6.

[328]Vgl. Anhang 6.

Beziehungen bestehen soll und andererseits die beiden diese Zahl determinieren-
den Zuordnungen, die der einzelnen Bearbeitungsvorgänge an den Erzeugnissen
zu den Maschinen sowie die der Maschinen zu den Systemen, bereits feststehen,
besteht die Möglichkeit, die Erzeugnisfamilienbildung, die aufgrund der Determiniertheit dieser Zuordnungen das Ausmaß der materiellen Beziehungen nicht
mehr verändern kann, durch die im folgenden beschriebene einfache Vorgehensweise vorzunehmen, die die Erzeugnisse unter Berücksichtigung der angegebenen Intention sukzessive den Erzeugnisfamilien der einzelnen Fertigungssysteme
zuordnet. Die als relevant erachteten Kosten für eine bestimmte fertigungsorganisatorische Struktur erfahren dadurch keine Veränderung mehr.

Als Zuordnungskriterium errechnet das Verfahren für jedes Erzeugnis auf der
Basis der in Abb. 15 dargestellten Matrix einen Quotienten aus der Zahl der
Transportvorgänge, die bei Zuordnung des Erzeugnisses zur Erzeugnisfamilie
eines bestimmten Produktionssystems die Systemgrenze überschreiten, also der
externen Transporte, und der Gesamtzahl der notwendigen Transporte. Zugeordnet wird jedes Erzeugnis dem System, zu dem es den kleinsten derart definierten
Quotienten aufweist.

So ergibt sich aus Abb. 15 beispielsweise, daß für Erzeugnis 1 zwischen den
Maschinen 1 und 2 sowie zwischen den Maschinen 2 und 5 jeweils 120 Transportvorgänge notwendig sind, die Gesamtzahl der Transporte somit 240 beträgt.
Da die Maschinen 1 und 2 dem System I angehören, Maschine 5 aber in System II
integriert ist, resultiert bei Zuordnung von Erzeugnis 1 zur Familie des Systems I
ein Zuordnungsquotient von $120/240 = 0,5$, da 120 Transportvorgänge, nämlich
diejenigen zwischen den Maschinen 1 und 2 *systemintern* ablaufen, die 120 Transporte zwischen den Maschinen 2 und 5 die Systemgrenzen jedoch überschreiten.
Bei Zuordnung zu System II beträgt der Quotient dagegen, da nur *systemexterne*
Transporte anfallen, $240/240 = 1$. Erzeugnis 1 gehört deshalb der von System I
zu bearbeitenden Erzeugnisfamilie an.

Die Zuordnungsquotienten für alle Erzeugnisse des Beispiels enthält Abb. 21.

Abb. 21: Zuordnungsquotienten für die Erzeugnisfamilienbildung (in %)

E	Quotient bei Zuordnung	
	zu System I	zu System II
1	50	100
2	100	0
3	50	100
4	100	59
5	100	0
6	67	67

Da, wie bereits erläutert, das jeweilige Zeilenminimum als Kriterium für die Zuordnung dient, gehören die Erzeugnisse 1 und 3 zur Erzeugnisfamilie des Produktionssystems I, die Erzeugnisse 2, 4 und 5 zu der des Systems II. Erzeugnis 6 bewirkt in beiden Systemen ein identisches Ausmaß an systemexternen Transporten, so daß dessen Zuordnung eine willkürliche Entscheidung oder zusätzliche Überlegungen voraussetzt. Letztere könnten etwa darin bestehen, daß das Erzeugnis und mit ihm die Verantwortung für dessen Qualität dem System zugeordnet werden, in dem der letzte Bearbeitungsvorgang stattfindet, da in diesem System die Möglichkeit besteht, ein bereits in mangelhafter Qualität angeliefertes Erzeugnis ohne weitere Bearbeitung auszusortieren.

Für das Beispiel wird eine Zuordnung des Erzeugnisses zur Familie des Systems I angenommen, so daß die fertigungsorganisatorische Gestaltung neben der im vorhergehenden Abschnitt beschriebenen Produktionssystemstruktur auch zwei aus den Erzeugnissen 1, 3 und 6 bzw. 2, 4 und 5 bestehende Erzeugnisfamilien liefert, von denen erstere (letztere) dem System I (II) zugeordnet wird.

4.2.4.5 *Zweckmäßigkeit des Lösungsansatzes*

Die mit dem vorgestellten Lösungsansatz angestrebte Beseitigung der in Abschnitt 4.2.3.4 herausgearbeiteten Schwächen gruppentechnologischer Datenauswertungsmethoden durch die Einbeziehung von Aspekten wie Standortentscheidung und Bewertung mit Hilfe ökonomischer Größen führt naturgemäß zu einer gegenüber den meisten in der Literatur vorgestellten Methoden erhöhten Komplexität des Ansatzes. Dies erscheint jedoch aufgrund der Wichtigkeit der integrierten Aspekte gerechtfertigt, zumal die gewählte Ausgestaltung des vorgestellten Lösungsansatzes eine bessere Handhabung bestimmter, in den Abschnitten

4.1.1 und 4.1.2.2 erläuterter Planungsüberlegungen grundlegender Art erlaubt als die bislang bekannten Methoden:

Das Verfahren ermöglicht eine ökonomisch fundierte Entscheidung über die Zweckmäßigkeit der Durchführung von Maßnahmen zur Beseitigung von Ausreißererzeugnissen und Engpaßmaschinen. So bedarf es beispielsweise bei einer Entscheidung über die Vorteilhaftigkeit der Maßnahme, zusätzliche Maschinen anzuschaffen, lediglich der Gegenüberstellung des unmittelbar aus den errechneten Distanzindizes zu ermittelnden Betrags an aufgrund dieser Entscheidung entfallenden Transportkosten mit den für die Anschaffung der Maschine(n) notwendigen Auszahlungen[329]. Übersteigen letztere (ceteris paribus) die einzusparenden Transportkosten, stellt die Beibehaltung der durch das Modell ermittelten fertigungsorganisatorischen Konstellation die günstigere Alternative dar.

Analog läßt sich beispielsweise auch die Entscheidung über die Vorteilhaftigkeit einer eventuellen Fremdvergabe der Herstellung von Ausreißererzeugnissen treffen. Gerade dieses Beispiel verdeutlicht jedoch, daß den durch eine entsprechende Entscheidung ausgelösten Kosten in manchen Fällen nicht nur die einzusparenden Transportkosten, sondern zusätzlich weitere entfallende Kosten, etwa die aufgrund des Fremdbezugs eines Erzeugnisses nicht mehr anfallenden Kosten für dessen Bearbeitung, gegenüberzustellen sind. Die Bestimmung dieser zusätzlich zu berücksichtigenden Kosten erfordert ebenso den vorgestellten Lösungsansatz ergänzende Berechnungen wie die aus dem Verfahren ausgesparte Ermittlung möglicherweise anfallender relevanter Kosten für das die Transportvorgänge ausführende Personal, so daß dem Lösungsansatz für manche Entscheidungen zwar ein Teil, nicht jedoch der Gesamtbetrag der jeweils anzusetzenden Kosten unmittelbar entnommen werden kann.

Die Wichtigkeit der Entscheidung über einen Fremdbezug der Erzeugnisse führte in jüngster Zeit zur Entwicklung eines ersten Ansatzes, der versucht, in diesem Zusammenhang anzustellende Überlegungen in ein gruppentechnologisches Modell zur fertigungsorganisatorischen Gestaltung zu integrieren: Aufbauend auf dem in Abschnitt 4.2.3.2.3 erwähnten Ansatz von Vannelli und Kumar stellen beide Autoren ein Modell vor, das einen Kostenfaktor in das heuristische Verfahren zur Umstrukturierung der Maschinen-Erzeugnis-Matrix einbezieht. Mit Hilfe dieses Faktors, der sich aus der Differenz zwischen dem Stückpreis bei

---

[329]Vgl. auch McAuley, J. (1972), S. 56.

Fremdbezug eines Erzeugnisses und den durchschnittlichen Herstellkosten je Erzeugniseinheit bei dessen Eigenerstellung sowie weiteren, allerdings nicht näher spezifizierten Komponenten zusammensetzt, eliminiert das Verfahren Erzeugnisse aus der Matrix, was eine Entscheidung für deren Fremdbezug bedeutet. Die Intention liegt hierbei darin, diejenige Konstellation von Eigenfertigung und Fremdbezug der Erzeugnisse zu finden, durch die sich die geringsten Gesamtkosten des Fremdbezugs ergeben[330].

Die ebenfalls im Rahmen der grundlegenden Planungsüberlegungen erörterte Problematik der Festlegung der zu realisierenden Zahl an Produktionssystemen betreffend, erlaubt es der vorgestellte Ansatz, die von Kusiak vorgeschlagene Vorgehensweise, Clusteranalysen für mehrere alternative Klassenzahlen durchzuführen[331], auf der Basis ökonomischer Überlegungen anzuwenden, da die für unterschiedliche Klassenzahlen anfallenden Transportkosten bei mehrfacher Anwendung des Verfahrens errechnet und miteinander verglichen werden können. Auch hierbei gilt es jedoch zu berücksichtigen, daß zusätzliche Kosten Entscheidungsrelevanz erlangen können, etwa die aufgrund des Übergangs auf eine kleinere Zahl an Produktionssystemen anfallenden Auszahlungen für eine Erweiterung der Kapazität der Transporteinrichtungen, die durch die Vergrößerung der Zahl anzulaufender Maschinen erforderlich wird.

Abschließend soll noch auf einen besonders wichtig erscheinenden Aspekt eingegangen werden: Die bisherige Argumentation ging davon aus, daß die Entscheidung zugunsten einer bestimmten fertigungsorganisatorischen Konstellation in einer Situation der Sicherheit zu treffen ist, d.h., der Planer kann sowohl für die vom Unternehmen nicht beeinflußbaren, sich jedoch trotzdem auf das Ergebnis auswirkenden Faktoren[332] als auch für die aus der Entscheidung zugunsten einer bestimmten Alternative resultierenden Konsequenzen die *tatsächliche* Entwicklung exakt prognostizieren[333]. Bei realen Problemen dürfte diese Prämisse jedoch nicht erfüllt sein. Vielmehr wird in der Regel eine Ungewißheitssituation vorliegen, d.h., der Planer weiß, daß mit mindestens einer Handlungsalternative mehrere verschiedene Konsequenzen verbunden sein können, wobei er jedoch keine Informationen darüber besitzt, wie (objektiv) wahrscheinlich das Eintre-

---

[330]Vgl. Kumar, K.R.; Vannelli, A. (1987), S. 1722-1723.

[331]Vgl. Kusiak, A. (1987b), S. 567.

[332]Vgl. zu deren prinzipieller Bedeutung Saliger, E. (1981), S. 6.

[333]Vgl. zur Charakterisierung einer derartigen Situation Bamberg, G.; Coenenberg, A.G. (1985), S. 23 i.V.m. S. 17, 21.

ten der einzelnen Konsequenzen jeweils ist[334]. So können sich beispielsweise die in den Transportkostensatz eingehenden Energiekosten verändern, ebenso (aufgrund nicht vorhersehbarer Änderungen der Nachfrage) die Zahl der in den einzelnen Perioden durchzuführenden Transporte bestimmter Erzeugnisse. Aus diesem Grund erscheint es empfehlenswert, den vorgestellten Lösungsansatz auf verschiedene für möglich gehaltene Datenkombinationen anzuwenden, um festzustellen, wie stark die aus unterschiedlichen Dateninputs errechneten Ergebnisse differieren. Zur Auswahl der letztendlich zu realisierenden fertigungsorganisatorischen Konstellation reicht jedoch in diesem Fall die rein formale Ergebnisberechnung nicht mehr aus; sie muß in zusätzlichen Überlegungen über die für wahrscheinlich gehaltene Entwicklung der in den Ansatz eingehenden Daten eine Ergänzung finden.

---

[334]Vgl. Saliger, E. (1981), S. 17.

5 PLANUNG DER ARBEITSORGANISATORISCHEN GESTALTUNG IN FLEXIBEL AUTOMATISIERTEN PRODUKTIONSSYSTEMEN MIT HILFE DER GRUPPENTECHNOLOGIE

5.1 Grundlegende Planungsüberlegungen

5.1.1 *Verwendung der Clusteranalyse als Planungsinstrumentarium*

Das auch in der Literatur als notwendig erachtete[1] Bestreben, die Strukturierung der technischen Elemente flexibel automatisierter Produktionssysteme um die Planung arbeitsorganisatorischer Gestaltungsmaßnahmen zu ergänzen, bedingt die Notwendigkeit, zunächst einige grundlegende Festlegungen vorzunehmen, deren primäre in der Bestimmung des einzusetzenden Planungsverfahrens besteht. Aufgrund der aus der Betonung gruppentechnologischer Aspekte in dieser Arbeit resultierenden Akzentuierung der Gruppierungsbeziehungen zwischen Arbeitnehmern liegt es nahe, auch im Rahmen der Planung arbeitsorganisatorischer Maßnahmen auf Techniken der Clusteranalyse zurückzugreifen. Dies gilt um so mehr, als der Planungsgegenstand der Abgrenzung von Arbeitnehmergruppen mit demjenigen der Abgrenzung von Produktionssystemen, für die sich die Anwendung clusteranalytischer Verfahren als hilfreich erwies, in prinzipieller formaler Hinsicht weitgehend übereinstimmt[2].

Der Einsatz der Clusteranalyse erfordert es, auch für das nunmehr interessierende Planungsproblem die in Abschnitt 4.2.3.3.3.2 erläuterten Auswahlentscheidungen hinsichtlich der erwünschten Klassifikationsstruktur und der einzusetzenden Verfahrensvariante zu treffen. Was die in diesem Zusammenhang zunächst zu klärende Frage nach der Vollständigkeit der Objektzuordnung betrifft, liegt ein besonderes Problem darin, daß die geplante Zahl von Produktionssystemen die Anzahl der abzugrenzenden Gruppen von Arbeitnehmern determiniert. In einer solchen Situation vorgegebener Anzahl der zu bildenden Cluster besteht bei Erzeugung einer exhaustiven Klassifikation prinzipiell die aus dem Zwang, ein Objekt auch dann einem Cluster zuordnen zu müssen, wenn es allen anderen Elementen der Objektmenge sehr unähnlich ist, resultierende Gefahr, aufgrund der Forderung nach Exhaustivität eine Klassifikation zu konstruieren, in der mindestens eine der abzugrenzenden Klassen eine geringe Homogenität aufweist[3].

---

[1]Vgl z.B. Bühner, R. (1986g), S. 87; Bühner, R. (1987b), S. 254; Cieplik, U. (1985), S. 50.

[2]Vgl. auch die ähnliche Argumentation bei Kern, W. (1980a), Sp. 12.

[3]Vgl. Hartung, J.; Elpelt, B. (1986), S. 452-454.

Aus substanzwissenschaftlicher Sicht ist zudem anzuführen, daß bestimmte Restriktionen eine nicht exhaustive Klassifikation bedingen können. Eine solche Restriktion kann beispielsweise in der Vorgabe von Obergrenzen für die Zahl der Gruppenmitglieder bestehen, wenn diese dazu führt, daß die Anzahl der in den Gruppen insgesamt zu besetzenden Stellen unter derjenigen der zuordenbaren Arbeitnehmer liegt. Alternativ besteht in einem solchen Fall natürlich die Möglichkeit, von vornherein die Objektmenge auf die Zahl der zu besetzenden Stellen zu verkleinern und anschließend exhaustiv zu klassifizieren.

Somit kann an dieser Stelle im Gegensatz zur Planung der fertigungsorganisatorischen Gestaltung keine allgemeingültige Empfehlung hinsichtlich der Vollständigkeit der Objektzuordnung abgegeben werden. Die Entscheidung, exhaustiv bzw. nicht exhaustiv zu klassifizieren, hängt von vorab zu erfassenden problemspezifischen Faktoren ab, etwa von der sich nach dem noch festzulegenden Proximitätsmaß bestimmenden Ähnlichkeit von Arbeitnehmern oder den Zahlen der zu besetzenden Stellen und der für die Zuordnung zur Verfügung stehenden Arbeitnehmer.

Ähnliches gilt auch in bezug auf die Trennschärfe zwischen den Klassen. Da die Anzahl der zuzuordnenden Arbeitnehmer im allgemeinen gering sein und sich deshalb der Rechenaufwand für ein entsprechendes Verfahren in Grenzen halten dürfte, ist die Konstruktion einer nicht disjunkten Klassifikation denkbar, um so überlappende Gruppen von Arbeitnehmern aufbauen zu können. Ein solches Vorgehen ermöglicht zwar den je nach Bedarf zu gestaltenden Einsatz von Arbeitnehmern in unterschiedlichen Gruppen (und somit in verschiedenen Produktionssystemen), verhindert jedoch einer in der Literatur vorzufindenden Meinung zufolge die Entwicklung eines Zusammengehörigkeitsgefühls in jeder Gruppe[4], was nach dem in Abschnitt 4.1.1 dargestellten Zusammenhang möglicherweise eine negative Auswirkung auf das Arbeitsverhalten der Arbeitnehmer impliziert. Andererseits kann beispielsweise in kleineren Unternehmen aufgrund des nur in geringer Zahl zur Verfügung stehenden bzw. mit vertretbaren Auszahlungen beschaffbaren, zur Arbeit in flexibel automatisierten Produktionssystemen geeigneten Personals eine Bildung überlappender Gruppen unumgänglich sein, so daß auch bezüglich der Trennschärfe keine generelle Aussage getroffen werden kann.

---

[4]Vgl. Hodges, A.; Dale, B. (1982), S. 398. Vgl. auch die Ausführungen hinsichtlich einer realisierten Arbeitsorganisation bei Bittcher, A. (1981), S. 148.

Hinsichtlich der Anzahl der notwendigen Klassifikationsstufen ist diese Möglichkeit dagegen gegeben: Es bedarf keiner Erzeugung einer hierarchischen Klassifikation zur Abschätzung der Zahl abzugrenzender Arbeitnehmergruppen, da diese bereits mit der Bestimmung der Zahl zu installierender Produktionssysteme festliegt. Im Rahmen der arbeitsorganisatorischen Gestaltung reicht somit die Erzeugung einer einstufigen Klassifikation aus, die wiederum anhand eines ökonomische Größen erfassenden Proximitätsmaßes und eines daraus abgeleiteten Güteindex auf ihre Vorteilhaftigkeit für das Unternehmen überprüft werden soll.

5.1.2 *Sukzessive versus simultane Planung fertigungs- und arbeitsorganisatorischer Gestaltungsmaßnahmen*

In diesem Zusammenhang liegt die Überlegung nahe, fertigungs- und arbeitsorganisatorische Gestaltungsmaßnahmen in *ein* Modell zu integrieren und gemeinsam zu planen, die unterschiedlichen Objektmengen also gemeinsam zu clustern. Dies erklärt sich zum einen aus der bereits erwähnten formalen Übereinstimmung beider Planungsgegenstände, zum anderen aus der Forderung, aufgrund der zwischen den Subsystemen eines Unternehmens bestehenden Interdependenzen die Grundidee der Simultanplanung, die in der gleichzeitigen, die gesamte Lebensdauer des Unternehmens umfassenden Planung aller dieser Subsysteme besteht[5], „jeweils soweit zu verwirklichen, als es die konkrete Situation zuläßt"[6].

Gegen eine simultane Planung sprechen jedoch die folgenden Gründe: Zunächst ist es bei clusteranalytischen Anwendungen unüblich, Elemente qualitativ verschiedener Objektmengen, im hier untersuchten Fall also Betriebsmittel und Arbeitnehmer, in *eine* Clusteranalyse eingehen zu lassen. Sollte dennoch ein entsprechendes Bestreben bestehen, müßte für beide Objektmengen ein identisches Proximitätsmaß Verwendung finden, was die in dieser Arbeit interessierenden Planungsprobleme nicht erlauben, da einerseits die Verwendung der für die fertigungsorganisatorische Gestaltung als relevant identifizierten und in das benutzte Distanzmaß eingegangenen Transportkosten eine sinnvolle Abgrenzung von Arbeitnehmergruppen nicht ermöglicht, andererseits Maschinen nicht auf der Basis des zur Bildung von Arbeitnehmergruppen eingesetzten Proximitätsmaßes

---

[5]Vgl. Kilger, W. (1986), S. 109.

[6]Jacob, H. (1986), S. 392.

zu Produktionssystemen zusammengefaßt werden können, was eine Betrachtung der Definition dieses Maßes sofort verdeutlicht[7].

Angesichts dieser Gründe erfolgt eine sukzessive Planung der fertigungs- und der arbeitsorganisatorischen Gestaltung, woraus bei Bestehen von Interdependenzen zwischen beiden Planungsgegenständen die Notwendigkeit resultiert, die Ergebnisse der isoliert ausgeführten Planungen iterativ einander anzupassen, um auf diese Weise die Interdependenzen zu erfassen[8]. Interdependenzen liegen beispielsweise vor, wenn die Planung der Arbeitsorganisation zeigt, daß keiner der zur Verfügung stehenden (bzw. beschaffbaren) Arbeitnehmer das im Rahmen der fertigungsorganisatorischen Gestaltung berücksichtigte Transportmittel zu bedienen in der Lage ist. In diesem Fall könnte eine Anpassung der Planung fertigungsorganisatorischer Maßnahmen derart erfolgen, daß diese Planung von der Verwendung eines anderen, von mindestens einem Arbeitnehmer bedienbaren Transportmittels ausgeht. Dies führt möglicherweise zu einer Variation von Transportkostensätzen und aufgrund dieser Datenänderung zu einer von der bisherigen Planung abweichenden Produktionssystemabgrenzung, wodurch wiederum eine arbeitsorganisatorische Anpassung erforderlich werden könnte.

Derartige Probleme dürften allerdings im allgemeinen nur bei einem Übergang auf neuartige, bislang im relevanten Produktionsbereich nicht eingesetzte Technologien auftreten, nicht jedoch bei Veränderungen organisatorischer Art, wie sie die vorliegende Arbeit untersucht. Aus diesem Grund erscheint es vertretbar, hier von der Unabhängigkeit fertigungsorganisatorischer von arbeitsorganisatorischen Maßnahmen auszugehen. Da somit lediglich Abhängigkeiten in einer Richtung existieren, können beide Aspekte separat und sukzessiv geplant werden, denn es besteht die Möglichkeit, Auswirkungen der bereits festgelegten fertigungsorganisatorischen Gestaltungsmaßnahmen als Daten in die Planung der Arbeitsorganisation eingehen zu lassen.

Dies erfordert jedoch die Klärung der Frage, welches die relevanten, in der Planung arbeitsorganisatorischer Gestaltungsmaßnahmen zu berücksichtigenden Auswirkungen fertigungsorganisatorischer Strukturierung sind, die letztlich zusammen mit den originär auf arbeitsorganisatorische Maßnahmen zurückzuführenden Wirkungen in den clusteranalytischen Güteindex einfließen sollen. Die Klärung dieser Frage wird insofern erleichtert, als bereits eine Mehrzahl von

---

[7]Vgl. Abschnitt 5.2.4.
[8]Vgl. Kilger, W. (1986), S. 110.

Erfahrungsberichten publiziert wurde, die sich mit im Zusammenhang mit flexibel automatisierten Produktionssystemen wichtigen arbeitsorganisatorischen Aspekten beschäftigen. Die Ergebnisse derartiger Erfahrungsberichte lassen sich zwar nicht ohne ergänzende Überlegungen auf das konkret vorliegende Planungsproblem übertragen[9], können jedoch als konstruktive Leitlinien für die Lösung dieses Problems dienen[10].

Da in der vorliegenden Arbeit primär die *ökonomischen* Aspekte der Auswirkungen bestimmter organisatorischer Gestaltungsmaßnahmen, also die von diesen Maßnahmen ausgelösten Variationen der Zahlungsströme des Unternehmens, interessieren, dienen als Zielmerkmal für die Planung die Zahlungsstromwirkungen, die aus Veränderungen einer Größe resultieren, deren Bedeutung in der Literatur besonders betont wird: die Qualifikation der Arbeitnehmer. Der in Abschnitt 2.2 eingeführten Terminologie entsprechend findet für diese Wirkungen, sofern es sich um für das Unternehmen negative handelt, der Begriff Qualifikationskosten Verwendung.

5.2 Ein gruppentechnologischer Lösungsansatz für die arbeitsorganisatorische Gestaltung

5.2.1 *Qualifikationskosten als Zielmerkmal*

Qualifikation bezeichnet im folgenden die Fähigkeiten, die ein Arbeitnehmer besitzen muß, um die ihm übertragenen Aufgaben erfüllen zu können[11], sowie den Prozeß des Erwerbs dieser Fähigkeiten. Die in der Literatur im Zusammenhang mit der Installierung flexibel automatisierter Produktionssysteme höherer Ordnung konstatierte Bedeutung der Arbeitnehmerqualifikation resultiert aus ökonomischer Sicht daraus, daß die Entscheidung, Qualifikationsmaßnahmen durchzuführen, um die an den in einer Werkstattfertigung, die annahmegemäß als Ausgangspunkt existiert, anfallenden Aufgaben ausgerichteten Fähigkeiten der Arbeitnehmer an die in flexiblen Fertigungszellen oder -systemen zu erfüllenden Aufgaben anzupassen, im allgemeinen Kosten in beträchtlicher Höhe zur Folge hat[12].

---

[9]Vgl. auch von Eckardstein, D.; Schnellinger, F. (1978), S. 227, 229.

[10]Vgl. prinzipiell hierzu Drumm, H.J. (1987), S. 963.

[11]Vgl. Fricke, W. (1978), S. 35; Zäpfel, G. (1982), S. 27.

[12]Vgl. z.B. Eidenmüller, B. (1983), S. 547; Schulz, H. (1986), S. 103. Vgl. als einzigen Vertreter einer gegensätzlichen Auffassung Mense, H. (1987), S. 28.

Die in der Literatur häufig betonte Notwendigkeit solcher Anpassungsmaßnahmen[13] folgt daraus, daß die den in einem Produktionssystem beschäftigten Arbeitnehmern übertragenen Aufgaben zwischen Werkstätten und flexibel automatisierten Produktionssystemen im allgemeinen differieren: In letzteren vermindert sich der Auffassung vieler Autoren zufolge der Anteil der (in Werkstätten überwiegend auszuführenden) manuellen Aufgaben, beispielsweise der Maschinenbedienung, am Aufgabenspektrum der den Produktionssystemen zugeordneten Arbeitnehmer bei gleichzeitiger Zunahme fertigungsvorbereitender und -begleitender Aufgaben[14], zu deren Erfüllung es des Erwerbs zusätzlicher Fähigkeiten durch die Arbeitnehmer bedarf[15].

Dem Entscheidungsträger obliegt es nun, diese von den Arbeitnehmern zusätzlich zu erwerbenden Fähigkeiten und damit den Qualifikationsbedarf zu ermitteln[16]. Ausgangspunkt entsprechender Überlegungen müssen die erwähnten Veränderungen des Aufgabenspektrums der Arbeitnehmer in den Produktionssystemen sein, da diese, wie die Definition des Begriffs Qualifikation verdeutlicht, den Qualifikationsbedarf determinieren. Allerdings existiert keine eindeutige Beziehung zwischen fertigungsorganisatorischen Veränderungen und diesem Aufgabenspektrum, da die Spektren in flexiblen Fertigungszellen und -systemen zu erfüllender Aufgaben unterschiedlich umfassend abgegrenzt werden können.

Unterschiedlich breite Aufgabenspektren implizieren jedoch Differenzen in der Höhe der Qualifikationskosten, da bei einem engen Spektrum eine geringe, bei einem breiten eine höhere Zahl an Fähigkeiten zusätzlich zu erwerben ist. Auch für die Form der Arbeitsorganisation stellen die Qualifikationskosten ein wesentliches Kriterium dar, was sich daraus erklärt, daß durch die Planungsschritte der Stellenbildung und -besetzung sowie der Gestaltung der Gruppierungsbeziehungen die Zahl der Arbeitnehmer, die eine bestimmte Aufgabe erlernen müssen,

---

[13]Vgl. z.B. Aachener Werkzeugmaschinen-Kolloquium (1987), S. 568-569; Cieplik, U. (1985), S. 49; Eversheim, W. et al. (1988), S. 34; Schlaffke, W. (1987), S. 150; Senker, P. (1984), S. 229.

[14]Vgl. z.B. Bessant, J.; Cole, S. (1985), S. 75; Bullinger, H.J.; Warnecke, H.J.; Lentes, H.P. (1985), S. LI; Eidenmüller, B. (1984), S. 520; Gold, B. (1982), S. 93; Gottschalch, H. (1982), S. 78; Maier-Rothe, C. (1986), S. 158; Schultz-Wild, R. (1986), S. 161.

[15]Vgl. Eidenmüller, B. (1983), S. 546; Ránky, P. (1983), S. 5; Siebenborn, H. (1984), S. 128; Walton, R.E.; Susman, G.I. (1987), S. 104. Vgl. prinzipiell hierzu Fricke, W. (1978), S. 130.

[16]Vgl. Zink, K.J. (1985), S. 11.

beeinflußt werden kann, wodurch ebenfalls Qualifikationskosten in unterschiedlicher Höhe entstehen. Bei Zuordnung einer Gruppe von Arbeitnehmern zu einem Produktionssystem fallen diese Kosten beispielsweise in unterschiedlicher Höhe an, wenn mehreren Gruppenmitgliedern bzw. lediglich einem Gruppenmitglied die zur Erfüllung einer bestimmten, in diesem Produktionssystem anfallenden Aufgabe notwendige Qualifikation übertragen werden soll.

Aufgrund dieser Abhängigkeit von der gewählten Form der Arbeitsorganisation und der ihnen in der Literatur beigemessenen Bedeutung finden die Qualifikationskosten im vorzustellenden gruppentechnologischen Lösungsansatz als Zielmerkmal Verwendung. Es wird also versucht, das Distanzmaß der zur Planung der arbeitsorganisatorischen Gestaltung angewandten Clusteranalyse so zu konstruieren, daß der daraus abgeleitete Güteindex die Qualifikationskosten wiedergibt, die aufgrund der Entscheidung zugunsten einer bestimmten arbeitsorganisatorischen Konfiguration anfallen.

Hierzu bedarf es zunächst der Verdeutlichung des Spektrums von Arbeitnehmern auszuführender Aufgaben und der alternativen Formen der Arbeitsorganisation als Determinanten der durch den Übergang auf flexibel automatisierte Produktionssysteme höherer Ordnung ausgelösten Qualifikationskosten. Beide Aspekte und somit auch die Höhe der Qualifikationskosten hängen ursächlich vom Ausmaß der üblicherweise auch als Artteilung bezeichneten[17] unternehmensinternen Arbeitsteilung nach der Art der von den einzelnen Organisationseinheiten auszuführenden Aufgaben ab.

5.2.2 *Die unternehmensinterne Arbeitsteilung als Determinante der Qualifikationskosten*

5.2.2.1 *Vorbemerkungen*

In Übereinstimmung mit der ausgewerteten Quellenliteratur konzentriert sich die Argumentation dieser Arbeit im Rahmen der Behandlung möglicher Veränderungen im Aufgabenspektrum von Arbeitnehmern auf die Verrichtungsdimension der Aufgaben[18], d.h. auf durch den Übergang zu flexibel automatisierten Produktionssystemen höherer Ordnung induzierte Veränderungen der auszuführenden Verrichtungen.

---

[17]Vgl. z.B. Kern, W. (1980b), S. 18.

[18]Vgl. zu den Dimensionen einer Aufgabe Abschnitt 3.1.

Welche Verrichtungen die (für die arbeitsorganisatorische Gestaltung relevanten) Arbeitnehmer in den Fertigungssystemen des analysierten Produktionsbereichs tatsächlich zu erfüllen haben, determinieren sowohl in einer Werkstattfertigung als auch in flexiblen Fertigungszellen oder -systemen die durch die eingesetzte Produktionstechnik bestimmte Art der anfallenden Verrichtungen und deren Verteilung auf Betriebsmittel und Arbeitnehmer sowie die Form der Artteilung zwischen fertigungssystemintern beschäftigten und systemextern eingesetzten Arbeitnehmern des Unternehmens[19]. Aus letzterer folgt die Differenzierung der von den Arbeitnehmern, die einzelnen Systemen zugeordnet werden, zu erfüllenden und der von fertigungsvorbereitende und -begleitende Dienstleistungen erbringenden Stellen auszuführenden Verrichtungen.

Zur Veranschaulichung der durch die Reorganisation auszulösenden Veränderungen des Aufgabenspektrums von Arbeitnehmern und der Arbeitsorganisation dient die Systematisierung der im unmittelbaren Zusammenhang mit der Erzeugniserstellung in flexibel automatisierten Produktionssystemen von Arbeitnehmern insgesamt durchführbaren Verrichtungen, die sich aus Gründen der Übersichtlichkeit auf die Darstellung folgender Kategorien beschränkt, zu denen die einzelnen Verrichtungen zusammengefaßt werden können[20]:

- Planen und Steuern des Fertigungsablaufs (z.B. Terminplanung, Erstellen der Arbeitspläne),

- Programmieren (z.B. Programmerstellung, Programmänderung),

- Vorbereiten und Rüsten (z.B. Aufspannen der Erzeugnisse, Bereitstellen der Steuerungsinformationen),

- Bedienen der Maschine(n) (z.B. Werkzeugwechsel, Entfernen der Späne),

- Überwachen (z.B. der Werkzeugabnutzung, des Bearbeitungsablaufs),

- Entladen der Maschine(n) (z.B. Abspannen der Erzeugnisse),

- Transportieren der Erzeugnisse,

- Reparieren und Instandhalten (z.B. Pflegen der Betriebsmittel, Erkennen und Beseitigen von Störungsursachen),

- Kontrollieren der Erzeugnisqualität,

---

[19]Vgl. prinzipiell hierzu Hax, K. (1977), S. 64.

[20]Die Zusammenstellung der Auflistung erfolgte auf der Basis folgender Quellen: Bajna, N. (1976), S. 206; Bühner, R. (1986g), S. 10-11, 44; Fix-Sterz, J.; Lay, G.; Schultz-Wild, R. (1986), S. 374; Kern, H.; Schumann, M. (1986), S. 75; Moll, H.H. (1979), S. 462; Müller, W. (1985), S. 54; Sonntag, K. (1985), S. 83; Tritremmel, W. (1987), S. 34-35.

– Ausführen administrativer Verrichtungen (z.B. Dokumentieren der Produktionsergebnisse, Werkzeugverwaltung).

5.2.2.2 *Arbeitsteilung zwischen Betriebsmitteln und Arbeitnehmern*

In Systemen der Werkstattfertigung fallen für Arbeitnehmer Verrichtungen aus allen aufgelisteten Kategorien an, wenn die Systeme auch numerisch gesteuerte Anlagen beinhalten, andernfalls entfallen die Aufgaben der Programmierung.

Durch den Übergang auf flexibel automatisierte Produktionssysteme höherer Ordnung können sich technisch determinierte Veränderungen der Kategorien der von Arbeitnehmern insgesamt auszuführenden Verrichtungen durch zweierlei Entwicklungen ergeben[21]:

– durch das Entstehen von Kategorien bislang nicht notwendiger Verrichtungen sowie

– durch das Wegfallen bisher notwendiger Kategorien.

Variationen der ersten Art resultieren im Zusammenhang mit den in dieser Arbeit untersuchten Fragestellungen nicht, da annahmegemäß bereits vor der Reorganisation der Einsatz numerisch gesteuerter Betriebsmittel erfolgte, was schon in diesem Zeitraum die Erfüllung der als einzige neue Kategorie in Frage kommenden Programmieraufgaben erforderte.

In welchem Ausmaß sich Änderungen der zweiten Art ergeben, hängt von den konkreten technischen Eigenschaften der substituierten und der entstehenden Produktionssysteme ab: Eine Erhöhung der Anzahl automatisierter Komponenten eines Systems induziert eine abnehmende Zahl der von Arbeitnehmern zu erledigenden Verrichtungen[22]. So entfallen beispielsweise in einem verketteten System die Transport-, in einem System mit automatischem Erzeugnis- und Werkzeugwechsel die Rüstaufgaben.

5.2.2.3 *Arbeitsteilung zwischen produktionssysteminternen und -externen Arbeitnehmern*

5.2.2.3.1 *Konstellation in Werkstattfertigungssystemen*

Die Artteilung hinsichtlich der insgesamt von Arbeitnehmern auszuführenden Verrichtungen gestaltet sich in Werkstattfertigungssystemen derart, daß der

---

[21]Vgl. auch die ähnliche Differenzierung bei Bühner, R. (1985a), S. 433; Wildemann, H. (1987d), Sp. 1721.

[22]Vgl. prinzipiell zu diesem Zusammenhang Hax, K. (1977), S. 66.

Tätigkeitsschwerpunkt jedes einer Werkstatt zugeordneten Arbeitnehmers auf manuellen Verrichtungen der Maschinenbedienung, des Rüstens etc. liegt[23], die zum Teil eine Ergänzung in Verrichtungen dispositiver Art (Überwachungs-, werkstattinterne Steuerungs-[24] und gegebenenfalls Programmieraufgaben) finden, während die den übrigen Kategorien zugehörigen Verrichtungen nicht in das Aufgabenspektrum der im zu reorganisierenden Produktionsbereich vorhandenen Stellen integriert sind, sondern von separaten Stellenmehrheiten wie beispielsweise Arbeitsvorbereitungs- oder Reparaturabteilungen ausgeführt werden[25].

Das Qualifikationsniveau der Arbeitnehmer einer Werkstattfertigung, also die Anzahl und die qualitative Stufe ihrer Fähigkeiten, liegt zum Teil, besonders bei dem mit dienstleistenden Verrichtungen beschäftigten Personal, vergleichsweise hoch[26]. Andererseits führen auch viele der in Werkstätten eingesetzten Arbeitnehmer lediglich die anfallenden Varianten einer Basisverrichtung aus, etwa die Bedienungsverrichtungen an Drehmaschinen[27], so daß deren Qualifikation ein nur geringes Niveau erreicht bzw. bestimmte Fähigkeiten eines höheren Qualifikationsniveaus ungenutzt bleiben.

5.2.2.3.2 *Konstellation in flexiblen Fertigungszellen und -systemen*

Inwieweit mit dem Übergang auf flexibel automatisierte Produktionssysteme höherer Ordnung eine Variation der vorgestellten Artteilung erfolgen kann, bestimmt sich zum Teil durch die eingesetzte Produktionstechnik. So hängt beispielsweise die Möglichkeit, Verrichtungen aus der Kategorie Programmieren an systeminterne Arbeitnehmer zu übertragen, von der Art der Steuerung ab, die die Maschinen des jeweiligen Systems aufweisen: Während die zur Steuerung von NC-Maschinen notwendigen materiellen Datenträger in aller Regel nur außerhalb des Systems erstellt werden können[28], bieten CNC-Maschinen aufgrund

---

[23]Vgl. Arning, A. (1987), S. 224.

[24]Vgl. Mellerowicz, K. (1981), S. 360-361.

[25]Vgl. in diesem Zusammenhang auch die Ausführungen zur zentralen Planung und Steuerung des Fertigungsablaufs in Abschnitt 2.2.3.

[26]Vgl. z.B. Groover, M.P. (1980), S. 21; Marr, R.; Stitzel, M. (1979), S. 161; Wild, R. (1974), S. 274.

[27]Vgl. Huang, P.Y.; Houck, B.L.W. (1985), S. 84.

[28]Vgl. zur Zuordnung der Programmieraufgaben zu fertigungsvorbereitenden Organisationseinheiten beim Einsatz von NC-Maschinen Bullinger, H.J.; Lorenz, D.;

ihrer Ausstattung mit einem programmierbaren Rechner auch das – durch den Programmieraufwand verringernde Entwicklungen wie die der interaktiven Programmierung[29] noch erweiterte – Potential der Programmierung innerhalb des Systems[30], das beispielsweise japanische Unternehmen in weitem Umfang nutzen[31], um so die aus der Notwendigkeit, systemextern erstellte Programme bei erforderlichen Änderungen an die externen Programmierer zurückzugeben und die Durchführung der Änderungen abzuwarten, resultierenden Zeitverluste zu umgehen[32]. Über die Anwendung derartiger Zuordnungen der Programmieraufgaben in bundesdeutschen Unternehmen liegen zwar ebenfalls Berichte vor[33], nach Springer und Wolf dominieren hier jedoch Mischformen aus systeminterner und -externer Programmierung[34].

Diese Überlegungen hinsichtlich der Programmieraufgaben zeigen stellvertretend für die Mehrzahl der fertigungsvorbereitenden und -begleitenden Aufgaben, daß hinsichtlich deren Aufteilung zwar Restriktionen technischer Art, innerhalb der durch diese Restriktionen gesetzten Grenzen jedoch auch Spielräume bestehen, die letztlich realisierte Artteilung somit erst durch Management-Entscheidungen determiniert wird[35]. Der Meinung der meisten entsprechende Überlegungen darstellenden Autoren zufolge führen diese Entscheidungen bei einem Übergang auf Fertigungsgruppen, speziell auf flexible Fertigungszellen und -systeme, zur Integration bislang von dienstleistenden Organisationseinheiten wahrgenommener dispositiver Verrichtungen in das Aufgabenspektrum der in den Produktionssystemen beschäftigten Arbeitnehmer[36], wodurch sich die in Abschnitt 5.2.1 angesprochene Tendenz der Abnahme des Anteils manueller Verrichtungen an diesem Aufgabenspektrum erklärt.

Traut, L. (1986), S. 83; Kaluza, B. (1984), S. 301; Kern, H.; Schumann, M. (1986), S. 143.

[29] Vgl. hierzu Göhren, H. (1986), S. 14-15; Heilig, L.; Willert, R. (1984), S. 277; Junghanns, W. (1976), S. 83; Kenn, H. (1987), S. 26.

[30] Vgl. z.B. Kreikebaum, H. (1985), S. 52; Martin, T. (1985), S. 16-17.

[31] Vgl. Jaikumar, R. (1986), S. 72.

[32] Vgl. Brammertz, D. (1981), S. 153; Burnes, B. (1986), S. 232.

[33] Vgl. z.B. Mönig, H. (1985), S. 92.

[34] Vgl. Springer, R.; Wolf, H. (1987), S. 31. Vgl. auch die ähnliche Argumentation bei Fix-Sterz, J.; Lay, G.; Schultz-Wild, R. (1986), S. 375.

[35] Vgl. auch Buchanan, D.A.; Boddy, D. (1983), S. 246, 254.

[36] Vgl. z.B. Eidenmüller, B. (1986b), S. 546; Schleef, A. (1986), S. 26; Willenborg, J.A.M.; Krabbendam, J.J. (1987), S. 1688. Eine konträre Auffassung vertreten z.B. Scharf, P.; Schulz, E. (1973), S. 131.

Die dargestellte Integration wird als naheliegend angesehen, da die – zwar konstatierte, jedoch nicht belegte – ansteigende wechselseitige Abhängigkeit vieler Verrichtungen bei deren Verteilung auf unterschiedliche Organisationseinheiten Koordinationsprobleme induziert[37] und viele Verrichtungen, wie etwa das Entwerfen von Arbeitsplänen oder Steuerungsprogrammen[38], erzeugnisfamilienspezifische Kenntnisse voraussetzen, die eher bei den im die betroffene Erzeugnisfamilie herstellenden Produktionssystem beschäftigten Arbeitnehmern als bei systemexternem Personal vorhanden sein dürften[39].

Zu den zusätzlich in das Aufgabenspektrum der einem Fertigungssystem zugeordneten Arbeitnehmer aufgenommenen Verrichtungen zählen vornehmlich solche aus den Kategorien Planen und Steuern des Fertigungsablaufs[40], Programmieren[41], Reparieren und Instandhalten[42] sowie Kontrollieren der Erzeugnisqualität[43]. Da als Kennzeichen des Aufgabenspektrums von Arbeitnehmern in Fertigungsinseln die (allerdings nahezu alle Verrichtungen einer jeden Kategorie umfassende) Integration eben dieser Verrichtungskategorien gilt[44], scheint die Tendenz beobachtbar, daß die Gestaltung flexibel automatisierter Produktionssysteme höherer Ordnung zunehmend auf dem Konzept der Fertigungsinsel basiert.

5.2.2.3.3 *Auswirkungen auf den Qualifikationsbedarf*

Im Hinblick auf die notwendige Qualifikation folgt aus dem Übergang auf flexible Fertigungszellen bzw. -systeme in aller Regel die Notwendigkeit, den Arbeitnehmern zusätzliche Fähigkeiten aus dem Bereich der sogenannten Fachkenntnisse[45] zu vermitteln. Dazu zählt zunächst die Fähigkeit, Verrichtungen des Bedienens an mehreren, unterschiedliche Bearbeitungsverfahren ausführenden Maschinen auszuüben, da Arbeitnehmer in Gruppenfertigungssystemen in der Lage sein

---

[37]Vgl. Bühner, R. (1986d), S. 535; von Eckardstein, D. (1986), S. 255.

[38]Vgl. Burnes, B. (1986), S. 235; Junghanns, W. (1976), S. 83.

[39]Vgl. Bajna, N. (1976), S. 288.

[40]Vgl. Arning, A. (1987), S. 48; Willenborg, J.A.M.; Krabbendam, J.J. (1987), S. 1687; Zelenović, D.M. (1982), S. 328.

[41]Vgl. Arning, A. (1987), S. 48.

[42]Vgl. von Eckardstein, D. (1986), S. 253; Zelenović, D.M. (1982), S. 328.

[43]Vgl. Arning, A. (1987), S. 49.

[44]Vgl. insbesondere Bühner, R. (1986f), S. 16.

[45]Vgl. zur Terminologie Drumm, H.J. (1987), S. 967.

sollten, mehrere der in derartigen Systemen im allgemeinen zusammengefaßten verrichtungsverschiedenen Maschinen zu bedienen[46]. Zudem führt die Tendenz, dienstleistende Verrichtungen in das Aufgabenspektrum der systemintern eingesetzten Arbeitnehmer zu integrieren, ebenfalls zu einer Erhöhung des Qualifikationsbedarfs[47], beispielsweise im Hinblick auf Kenntnisse aus dem Bereich der Elektrotechnik, die erforderlich sind, um auch Instandhaltungsaufgaben an der Steuerungseinheit numerisch gesteuerter Maschinen durchführen zu können[48].

Es bedarf jedoch nicht nur der Vermittlung von Fachkenntnissen, sondern auch von Fähigkeiten anderer, etwa kognitiver Art[49]. So muß beispielsweise ein Überwachungsverrichtungen ausführender Arbeitnehmer besonders in komplexen Systemen in der Lage sein, aufbauend auf seinen Fachkenntnissen die Abläufe im System intellektuell zu erfassen, um Störungsursachen lokalisieren und beseitigen zu können[50].

Neben der eben beschriebenen Artteilung zwischen produktionssystemextern und -intern eingesetzten Arbeitnehmern determiniert, wie in Abschnitt 5.2.1 bereits einleitend erwähnt, auch das Ausmaß der Arbeitsteilung zwischen den in *einem* Produktionssystem jeweils zusammenarbeitenden Personen die zusätzlich zu vermittelnden Fähigkeiten[51] und damit die Qualifikationskosten.

5.2.2.4 *Arbeitsteilung zwischen den produktionssystemintern eingesetzten Arbeitnehmern*

Während die bislang erörterten Aspekte lediglich die – allerdings, wie dargelegt, ebenfalls die Qualifikationskosten beeinflussenden – Rahmenbedingungen der arbeitsorganisatorischen Gestaltung festlegen, behandelt die nachfolgende

---

[46]Vgl. Arning, A. (1987), S. 48; Chase, R.B.; Aquilano, N.J. (1981), S. 651; Williamson, D.T.N. (1981), S. 72. Vgl. auch die mehrere unterschiedliche Verrichtungen des Bedienens enthaltende Auflistung der Ausbildungsinhalte in einem realisierten flexiblen Fertigungssystem eingesetzter Arbeitnehmer bei Walther, E. (1985), S. 188.

[47]Vgl. auch die grundsätzlichen Ausführungen hierzu bei Kieser, A.; Kubicek, H. (1983), S. 283.

[48]Vgl. Laßmann, G.; Maßberg, W.; Rademacher, M. (1987), S. 342. Auflistungen der Bereiche, aus denen zusätzliche Fachkenntnisse zu vermitteln sind, finden sich z.B. bei Walther, E. (1985), S. 188; Wildemann, H. (1987e), S. 169.

[49]Vgl. auch von Damm, H.W. (1987), S. 22; Heeg, F.J. (1987), S. 325.

[50]Vgl. d'Iribarne, A.; Lutz, B. (1984), S. 130. Vgl. auch die grundsätzlichen Ausführungen bei Drumm, H.J. (1970), S. 128; Gutenberg, E. (1983), S. 19.

[51]Vgl. auch Lutz, B. (1982), S. 89.

Argumentation deren in Abschnitt 3.2 beschriebene, mit Hilfe des zu entwickelnden gruppentechnologischen Modells zu planenden Elemente, die Stellenbildung und -besetzung sowie die Strukturierung der Gruppierungsbeziehungen.

5.2.2.4.1 *Konstellation in Werkstattfertigungssystemen*

Die Aufteilung der insgesamt von systeminternen Arbeitnehmern auszuführenden Verrichtungen erfolgt in einer ersten Stufe prinzipiell in Form einer Artteilung zwischen dem in verschiedenen Werkstätten eingesetzten Personal, d.h., das als von systeminternen Arbeitnehmern auszuführend abgegrenzte Aufgabenspektrum wird derart auf die Werkstätten verteilt, daß die Mehrzahl der in *einer* Werkstatt eingesetzten Arbeitnehmer Aufgaben erfüllt, die hinsichtlich ihrer Verrichtungsdimension eine große Ähnlichkeit aufweisen, beispielsweise alle von Arbeitnehmern durchzuführenden Verrichtungen des Drehens[52].

Im allgemeinen liegt innerhalb der Werkstätten eine Arbeitsteilung vor, die – von Stellen, die, wie etwa die eines Meisters, primär dispositive Aufgaben enthalten, abgesehen – weitgehend einer Mengenteilung entspricht, da die mit ausführenden Aufgaben betrauten Stellen in einer Werkstatt (und damit die diesen Stellen zugeordneten Arbeitnehmer) in einem zweiten Schritt jeweils quantitative Teilmengen der Gesamtmengen einzelner in der Werkstatt anfallender Aufgaben zugeteilt erhalten[53].

Gruppierungsbeziehungen zwischen den Arbeitnehmern bestehen zwar formell, da das gesamte in einer Werkstatt beschäftigte Personal eine Stellenmehrheit bildet; die Gestaltung dieser Beziehungen besitzt jedoch aufgrund kaum vorhandener wechselseitiger Abhängigkeiten der von den einzelnen in der Werkstatt eingesetzten Arbeitnehmer eingenommenen Stellen[54], zwischen denen z.B. kaum ein Austausch materieller Objekte erfolgt, lediglich geringe Bedeutung.

5.2.2.4.2 *Konstellation in flexiblen Fertigungszellen und -systemen*

Hinsichtlich der arbeitsorganisatorischen Veränderungen beim Übergang auf Gruppenfertigungssysteme, speziell auf flexibel automatisierte Produktionssysteme höherer Ordnung existieren einer in der Literatur häufig vorzufindenden

---

[52]Vgl. Arning, A. (1987), S. 48; Mellerowicz, K. (1981), S. 358.

[53]Vgl. zur Mengenteilung Grochla, E. (1972), S. 56-57.

[54]Vgl. Arning, A. (1987), S. 228.

Meinung zufolge prinzipiell breite Gestaltungsspielräume[55], die jedoch nicht in allen Unternehmen ausgenutzt werden bzw. ausschöpfbar sind, da bestimmte Einflußfaktoren[56] die Zahl möglicher arbeitsorganisatorischer Alternativen verringern können. Solche Einflußfaktoren stellen beispielsweise die in vielen Fällen aufgrund der fehlenden Bereitschaft der Entscheidungsträger, Qualifikationsmaßnahmen durchzuführen, maßgebenden vorhandenen Fähigkeiten der im analysierten Produktionsbereich eingesetzten Arbeitnehmer[57] oder der Wunsch der Entscheidungsträger dar, die vor der Reorganisation bestehende arbeitsorganisatorische Konstellation nur in geringfügigem Umfang zu variieren[58].

Andere Unternehmen sehen dagegen eine fertigungsorganisatorische Umgestaltung als Gelegenheit an, auch die Arbeitsorganisation anzupassen[59]. In der Literatur gilt es als charakteristischer Trend, daß – in Anlehnung an entsprechende Entwicklungen in japanischen Unternehmen[60] – die Abgrenzung von Fertigungsgruppen ihre logische Fortsetzung in der Bildung von Arbeitsgruppen findet[61]. Dies bedeutet eine objektorientierte Aufteilung der insgesamt von den in Produktionssystemen einzusetzenden Arbeitnehmern auszuführenden Verrichtungen durch die Abgrenzung von Verrichtungskomplexen, die jeweils alle im Zusammenhang mit einer bestimmten Erzeugnisfamilie notwendigen Verrichtungen enthalten und, was das Charakteristikum von Arbeitsgruppen darstellt[62], nicht in Form von Individualverrichtungen einzelnen Arbeitnehmern, sondern in ihrer Gesamtheit jeweils einer dem die entsprechende Erzeugnisfamilie bearbeitenden

---

[55]Vgl. z.B. Bühner, R. (1986h), S. 118; Cieplik, U. (1985), S. 59; Gottschalch, H. (1982), S. 86; Hirsch-Kreinsen, H. (1986), S. 37; Kieser, A. (1985), S. 307, 310; Mense, H. (1987), S. 26; Posth, M. (1985), S. 46; Rempp, H. (1982), S. 181. Vgl. prinzipiell zu arbeitsorganisatorischen Optionen bei gegebenem technischen Niveau der Produktionssysteme Gneveckow, J. (1982), S. 74 und die dort angeführte Literatur.

[56]Vgl. die Übersichten bei Dodgson, M. (1987), S. 66, 67 sowie die dort angeführte Literatur.

[57]Vgl. d'Iribarne, A.; Lutz, B. (1984), S. 129-130; ISI; IAB; IWF (1982), S. 473.

[58]Vgl. z.B. Dostal, W. et al. (1982), S. 186; Hirsch-Kreinsen, H.; Springer, R. (1984), S. 117; Mense, H. (1987), S. 26; Rempp, H. (1982), S. 181.

[59]Vgl. z.B. Burns, B.A. (1986), S. 139, 144.

[60]Vgl. Bühner, R. (1985b), S. 172; Jaikumar, R. (1986), S. 72.

[61]Vgl. insbesondere Arning, A. (1987), S. 228; Cieplik, U. (1985), S. 60; Gerwin, D.; Leung, T.K. (1980), S. 241, 245; Warnecke, H.J.; Osman, M.; Weber, G. (1980), S. 10.

[62]Vgl. Bleicher, K. (1981), S. 41; Bühner, R. (1987a), S. 86, 87; Marr, R.; Stitzel, M. (1979), S. 197.

Produktionssystem zugeordneten Gruppe von Arbeitnehmern zur gemeinsamen Ausführung übertragen werden.

Die Entwicklung entsprechender Formen der Arbeitsorganisation beruht zwar nicht originär auf dem Übergang zu flexibel automatisierten Produktionssystemen höherer Ordnung[63], jedoch erleichtert die in Abschnitt 4.1.1 erläuterte, bis zu einem gewissen Grad gegebene Autonomie von Gruppenfertigungssystemen die Abgrenzung ebenfalls mit partieller Autonomie, d.h. Unabhängigkeit von anderen Organisationseinheiten[64], ausgestatteter Arbeitsgruppen[65], da aufgrund der weitgehenden Komplettbearbeitung einer Erzeugnisfamilie in *einem* Produktionssystem die Möglichkeit besteht, einen Großteil der im Zusammenhang mit der Herstellung dieser Erzeugnisfamilie anfallenden Aufgaben in den Aufgabenbereich der in diesem Fertigungssystem beschäftigten Arbeitsgruppe zu integrieren[66], was Systeme der Werkstattfertigung aufgrund der Verteilung unterschiedlicher an den herzustellenden Erzeugnissen auszuführender Verrichtungen auf eine Mehrzahl von Fertigungssystemen kaum erlauben[67].

Bei Verwendung des Begriffs Autonomie in der angeführten Definition kann man entsprechend abgegrenzte Arbeitsgruppen als teilautonom bezeichnen, so daß mit deren Aufbau die in Abschnitt 3.3.1 erörterte Intention arbeitsorganisatorischer Gestaltung im Rahmen gruppentechnologischer Anwendungen erreicht ist. Hierbei gilt es jedoch zu beachten, daß dieser Aspekt nur eine, von Pfeiffer und Staudt als externe Autonomie charakterisierte[68] Komponente des Autonomiegrads einer Arbeitsgruppe darstellt.

Eine *vollständige* externe Autonomie weisen die Arbeitsgruppen nicht auf, da sie in die organisatorische Gesamtstruktur des Unternehmens eingebunden bleiben und deshalb von hierarchisch übergeordneten Organisationseinheiten Vorgaben erhalten[69], beispielsweise in Form des Quantums der in einer bestimmten Periode

---

[63]Vgl. z.B. Walton, R.E.; Susman, G.I. (1987), S. 99, 106.

[64]Vgl. zu dieser Definition Alioth, A. (1987), Sp. 1824.

[65]Vgl. Arn, E.A. (1975), S. 8, 11; Cherns, A. (1976), S. 788; Gerwin, D. (1985), S. 448; Schonberger, R.J. (1987), S. 97; Vogel, K.; Arn, E.A. (1974), S. 18; Wild, R. (1974), S. 273.

[66]Vgl. Child, J. (1984b), S. 38.

[67]Vgl. prinzipiell hierzu Kieser, A.; Kubicek, H. (1983), S. 101-102; Seidel, E. (1980), Sp. 49. Vgl. auch Burbidge, J.L. (1975), S. 238.

[68]Vgl. Pfeiffer, W.; Staudt, E. (1980), Sp. 115.

[69]Vgl. hierzu Alioth, A. (1987), Sp. 1826; Frese, E. (1979), Sp. 155.

abzuarbeitenden Aufträge[70]. Der konkrete Grad an externer Autonomie einer Arbeitsgruppe hängt deshalb vom „Niveau der von der Gruppe selbständig zu treffenden Entscheidungen"[71] ab, das seinerseits vom der Arbeitsgruppe übertragenen Aufgabenspektrum determiniert wird. Das Niveau der Entscheidungen liegt bei praktischen Anwendungen, da es sich im wesentlichen um Entscheidungen aus den Bereichen der Planung und Steuerung des systeminternen Fertigungsablaufs handelt, am unteren Ende einer Skala, die nach oben bis zur Auswahl neu einzustellender und in die Gruppe zu integrierender Arbeitnehmer durch die Gruppenmitglieder reicht[72].

Die interne Komponente der Gruppen(teil)autonomie ergibt sich durch den Grad an Entscheidungsfreiheit, den die Gruppe in bezug auf interne Regelungen besitzt. Determiniert wird die Höhe dieses Grads durch die Gestaltbarkeit der Aufteilung in einem bestimmten Produktionssystem auszuführender Verrichtungen auf die einzelnen Mitglieder der in diesem System beschäftigten Arbeitsgruppe. Diese Gestaltbarkeit erfährt durch die Art der Bildung in dieser Arbeitsgruppe bestehender Stellen eine wesentliche Einschränkung.

Die Ausgestaltung der Stellenbildung kann in flexiblen Fertigungszellen und -systemen ebenfalls zwischen zwei polaren Alternativen liegende Formen annehmen[73]. Ein Extrempunkt ist dabei durch eine arbeitsgruppenintern stark ausgeprägte Artteilung gekennzeichnet, wie sie verschiedene Autoren generell bei einem Übergang auf automatisierte Betriebsmittel erwarten[74]: Die einzelnen Stellen und damit die diese Stellen einnehmenden Gruppenmitglieder erhalten eine exakt umrissene, jeweils aus ähnlichen Verrichtungen zusammengesetzte Teilmenge der im entsprechenden Fertigungssystem auszuführenden Verrichtungen fest zugeteilt. Hierdurch entsteht eine heterogene qualitative Struktur des Stellengefüges innerhalb einer Arbeitsgruppe: Während einigen Gruppenmitgliedern die Erfüllung anspruchsvoller Aufgaben obliegt, führen andere lediglich standar-

---

[70]Vgl. etwa das Praxisbeispiel bei Bußmann, J. et al. (1985), S. 71. Vgl. auch Ausschuß für Wirtschaftliche Fertigung (1984), S. 12; Vogel, K.; Arn, E.A. (1974), S. 19.

[71]Marr, R.; Stitzel, M. (1979), S. 373. Vgl. auch Gerwin, D.; Leung, T.K. (1980), S. 241.

[72]Vgl. z.B. Alioth, A. (1987), Sp. 1828; Bühner, R. (1987a), S. 201; Hentze, J. (1986a), S. 421.

[73]Vgl. z.B. Fix-Sterz, J.; Lay, G.; Schultz-Wild, R. (1986), S. 374-375; Jones, B.; Scott, P. (1986), S. 354-356.

[74]Vgl. Ulrich, P.; Fluri, E. (1986), S. 28.

disierte Routineverrichtungen aus[75].

Schulz dokumentiert eine derartige Struktur am Beispiel der in einem flexiblen Fertigungssystem eingesetzten Arbeitsgruppe, die aus einem im wesentlichen mit komplexen Planungs- und Steuerungs- sowie Überwachungsverrichtungen beschäftigten Systemführer, mehreren mit ebenfalls teilweise anspruchsvollen Verrichtungen wie Programmieren oder Rüsten betrauten Maschinenbedienern, aber auch aus lediglich die Routineverrichtungen des Auf- und Abspannens der Erzeugnisse ausführenden Arbeitnehmern besteht[76].

Der aus einer derart umfassend determinierten arbeitsgruppeninternen Aufgabenverteilung resultierende geringe Grad interner Autonomie, der häufig noch dadurch eine Verstärkung erfährt, daß Maschinenbediener nicht wahlweise an unterschiedlichen Aggregaten, sondern lediglich an einer einzigen Maschine einsetzbar sind[77], ergänzt im allgemeinen eine bereits durch die Verteilung der insgesamt von Arbeitnehmern wahrzunehmenden Aufgaben auf systeminternes und -externes Personal festgelegte, ebenfalls nicht sehr stark ausgeprägte externe Autonomie, die aus der Übertragung nur eines Teils der in Abschnitt 5.2.2.1 aufgelisteten Aufgabenkategorien an die einzelnen Arbeitsgruppen[78] und deren hierdurch implizierter Abhängigkeit von externen dienstleistenden Organisationseinheiten folgt.

Das entgegengesetzte Extrem der arbeitsgruppeninternen Stellenbildung repräsentiert der Aufbau von Arbeitsgruppen, für deren interne Artteilung keine konkret spezifizierten, extern vorgegebenen Regeln existieren, deren Charakteristikum folglich in dem in engeren Definitionen des Terminus teilautonome Arbeitsgruppe als der in dieser Arbeit gewählten häufig als begriffsbestimmend dargestellten Aspekt besteht, „daß die strikte Zuordnung von Aufgaben zu Personen aufgehoben ist"[79]. Die Aufteilung des der Gruppe zugeordneten Aufgabenspektrums obliegt vielmehr den Gruppenmitgliedern selbst[80], wobei jedoch häufig die Rahmenbedingung existiert, daß zwischen diesen ein regelmäßiger, allerdings

---

[75]Vgl. d'Iribarne, A.; Lutz, B. (1984), S. 129.

[76]Vgl. Schulz, H. (1986), S. 103-104.

[77]Vgl. Hackstein, R.; Klauke, A. (1981), S. 147.

[78]Vgl. z.B. Bühner, R. (1986g), S. 14; Bühner, R. (1986i), S. 207; Gottschalch, H. (1982), S. 81; Lutz, B. (1982), S. 96.

[79]Krüger, W. (1984), S. 116. Vgl. auch Hahn, D. (1980), Sp. 694.

[80]Vgl. z.B. von Eckardstein, D.; Schnellinger, F. (1978), S. 224; Hentze, J. (1986b), S. 162.

ebenfalls autonom zu regelnder[81] Wechsel der ausgeführten Verrichtungen erfolgen soll[82].

Derartige Arbeitsgruppen weisen somit einen hohen Grad an interner Autonomie auf. Aufgrund der für entsprechende arbeitsorganisatorische Strukturen typischen Integration fertigungsvorbereitender und -begleitender Dienstleistungen in das von systeminternen Arbeitnehmern auszuführende Spektrum[83] übersteigt auch der Grad an externer Autonomie den des konträren Extrems deutlich; er unterliegt jedoch der bereits angesprochenen, aus der Vorgabe bestimmter Rahmenbedingungen durch übergeordnete Organisationseinheiten folgenden Begrenzung.

5.2.2.4.3 *Auswirkungen auf den Qualifikationsbedarf*

Der Bedarf an Qualifikationsmaßnahmen steigt bei in quantitativer und qualitativer Hinsicht gegebenem Bestand an in den einzelnen Produktionssystemen einzusetzendem Personal an, je mehr sich die Form der Arbeitsorganisation der zuletzt erörterten Alternative annähert. Während beim entgegengesetzten Extrem aufgrund der stark ausgeprägten internen Artteilung und der nur geringen Zahl in die einzelnen Gruppen integrierter dispositiver Aufgaben lediglich eine eng begrenzte Zahl an zusätzlichen Fähigkeiten an jeden einzelnen Arbeitnehmer zu vermitteln ist, resultiert aus der Entscheidung, Arbeitsgruppen mit hoher interner und externer Autonomie zu bilden, neben dem in Abschnitt 5.2.2.3.3 bereits erläuterten, durch die Übertragung produktionsvorbereitender und -begleitender Dienstleistungen verursachten Qualifikationsbedarf auch aufgrund der aus der Forderung nach Aufgabenwechseln folgenden Bedingung, daß jedes Gruppenmitglied einen Großteil der in „seinem" System anfallenden Verrichtungen auszuführen in der Lage sein soll[84], die Notwendigkeit, jedem Arbeitnehmer eine vergleichsweise große Zahl von Fähigkeiten neu zu vermitteln: Besteht die Intention, innerhalb einer jeden Arbeitsgruppe einen alle Gruppenmitglieder und alle Aufgaben umfassenden Aufgabenwechsel durchzuführen, setzt dies eine hohe qualitative Elastizität der Arbeitskräfte, also deren weitreichende „Fähigkeit,

---

[81]Vgl. Henning, K.; Marks, S. (1986), S. 233.

[82]Vgl. Hentze, J. (1986a), S. 421; d'Iribarne, A.; Lutz, B. (1984), S. 129; Jakob, H. (1980), S. 77; Kreikebaum, H. (1979), Sp. 1399.

[83]Vgl. z.B. Bühner, R. (1987a), S. 212.

[84]Vgl. z.B. Bühner, R. (1986a), S. 74.

verschiedenartige Arbeitsverrichtungen durchführen zu können"[85], voraus[86], die sich zumeist lediglich durch die Durchführung von Qualifikationsmaßnahmen erreichen läßt[87].

Neben einer derartigen, überwiegend auf Fachkenntnisse abstellenden Qualifikation bedarf es jedoch aufgrund der hohen internen Autonomie der Arbeitsgruppen, die eine Vielzahl notwendiger Abstimmungs- und Entscheidungsprozesse bedingt, auch, soweit derartige Fähigkeiten überhaupt erlernbar sind, der Vermittlung sozialer Qualifikationen[88], zu denen beispielsweise Fähigkeiten zur Arbeit in Gruppen, zur Kooperation und zur Kommunikation mit anderen Arbeitnehmern gehören[89].

Aus diesen Überlegungen folgt, daß sich die zur Deckung des vorhandenen Qualifikationsbedarfs notwendigen Qualifikationskosten mit zunehmendem Grad an interner und externer Autonomie tendenziell erhöhen[90]. Welche Kostenarten in diese Qualifikationskosten eingehen, soll im folgenden Gegenstand der Überlegungen sein, um anschließend ermitteln zu können, auf welche Weise diese Kosten im Distanzmaß der durchzuführenden Clusteranalyse Berücksichtigung finden.

5.2.3 *Komponenten der Qualifikationskosten*

Die durch die Entscheidung zugunsten einer bestimmten arbeitsorganisatorischen Konstellation ausgelösten Qualifikationskosten setzen sich aus Auszahlungen und Opportunitätskosten[91] zusammen. Welche Komponenten konkret in diese Größe eingehen, hängt zunächst davon ab, wie die zu qualifizierenden Arbeitnehmer die zusätzlich zu vermittelnden Fähigkeiten erwerben.

---

[85] Zäpfel, G. (1982), S. 14.

[86] Vgl. Wild, R. (1974), S. 272.

[87] Vgl. prinzipiell hierzu Kaluza, B. (1984), S. 296, 309; Wittmann, W. (1982), S. 239.

[88] Vgl. auch die allgemeinen Ausführungen bei Heeg, F.J. (1987), S. 327; Posth, M. (1985), S. 46.

[89] Vgl. Cieplik, U. (1983), S. 52; von Damm, H.W. (1987), S. 21, 22; Drumm, H.J. (1987), S. 967; Walther, E. (1985), S. 188; Wildemann, H. (1987d), Sp. 1724.

[90] Vgl. auch Lawler, E.E. (1986), S. 113.

[91] Der Planungsansatz zur arbeitsorganisatorischen Gestaltung berücksichtigt – mit identischer Begründung – ebenso wie das in Abschnitt 4.2.4.2 vorgestellte Verfahren zur Bestimmung der fertigungsorganisatorischen Struktur lediglich aufgrund zeitlich horizontaler Interdependenzen anfallende Opportunitätskosten.

Sieht man von der Möglichkeit ab, zur Deckung des Qualifikationsbedarfs Arbeitnehmer mit den gewünschten Fähigkeiten vom externen Arbeitsmarkt zu beschaffen[92], was gerechtfertigt erscheint, da Personal mit breiter Qualifikation für in flexibel automatisierten Produktionssystemen höherer Ordnung anfallende Aufgaben gegenwärtig auf diesem Markt kaum vorzufinden ist[93], bestehen zwei prinzipielle Möglichkeiten der Bedarfsdeckung[94]: eine unternehmensinterne Weiterbildung der zu qualifizierenden Mitarbeiter oder die externe Schulung, etwa durch Entsendung des Personals zu von den Anbietern flexibel automatisierter Betriebsmittel in zunehmendem Maße angebotenen Kursen[95]. Die Tendenz scheint jedoch, wie sich aus einigen Publikationen entnehmen läßt[96], dahin zu gehen, daß die Vermittlung der benötigten Fähigkeiten intern erfolgt.

Diese Entwicklung könnte darauf zurückzuführen sein, daß bei externer Weiterbildung möglicherweise tendenziell höhere Auszahlungen anfallen, die aus den in aller Regel zu zahlenden Gebühren für die Teilnahme an Kursen, Reisekosten und Tagegeldern für die Kursteilnehmer resultieren[97], sofern sie das Unternehmen trägt. Allerdings entstehen auch bei interner Weiterbildung des Personals zu den Qualifikationskosten zu rechnende Auszahlungen, beispielsweise für Honorare und Reisekosten nicht im Unternehmen angestellter Ausbilder, für die Beschaffung oder Erstellung von Literatur, Filmen oder anderem Lehrmaterial, für Strom und Heizung in für die Schulung genutzten Räumen, die während der Dauer der Weiterbildungsmaßnahmen keiner anderweitigen Nutzung gedient hätten, für Mietzahlungen für eigens zur Durchführung der Weiterbildungsmaßnahmen angemietete Räume, für durch die Weiterbildungsmaßnahmen verursachte Reparaturen an Betriebsmitteln, für den Erwerb zur Schulung benötigter Produktionsfaktoren etc.

Die Höhe dieser Auszahlungen läßt sich ohne Schwierigkeiten bestimmen. Dagegen wirft die exakte Ermittlung der zu den Opportunitätskosten zählenden

---

[92]Vgl. zu dieser Möglichkeit Hentze, J. (1986a), S. 357.

[93]Vgl. von Damm, H.W. (1987), S. 20.

[94]Vgl. Burdach, J. (1985), S. 205.

[95]Vgl. hierzu Eversheim, W. et al. (1988), S. 35.

[96]Vgl. z.B. Cieplik, U. (1983), S. 52.

[97]Die Grundlage dieser und der folgenden Überlegungen hinsichtlich der Qualifikationskosten bildet im wesentlichen eine von Hentze veröffentlichte Auflistung von Personalentwicklungs- und -bildungskosten. Vgl. Hentze, J. (1975), Sp. 741-742; Hentze, J. (1986b), S. 288-289, 295.

Komponenten der Qualifikationskosten Probleme auf. Dies gilt etwa für die Opportunitätskosten, die aufgrund fehlerhafter Maschinenbedienung durch noch nicht ausreichend qualifiziertes Personal entstehen, wenn die Fehlbedienung zu einem Maschinenstillstand oder zur Produktion von Ausschußteilen führt, wodurch dem Unternehmen Deckungsbeiträge entgehen. Diese Gefahr ist besonders in Fällen gegeben, in denen eine – interne – Qualifikation des Personals nicht vor, sondern erst nach der Realisation der fertigungsorganisatorischen Umstrukturierung erfolgt[98]. Unabhängig davon dürften während der Einarbeitungszeit der Arbeitsgruppenmitglieder in dem System, dem sie zugeordnet werden, aufgrund zunächst zu erwartender geringerer Leistung und fehlerhafter Ausführung bestimmter Verrichtungen Opportunitätskosten in Form entgehender Deckungsbeiträge anfallen, insbesondere in Fällen, in denen jedem Arbeitnehmer die Ausführung mehrerer Verrichtungen übertragen wurde[99].

Eine weitere Komponente der Opportunitätskosten von Qualifikationsmaßnahmen resultiert daraus, daß die in die Maßnahmen eingebundenen Arbeitnehmer während der Dauer der Schulung nicht für alternative Verwendungen zur Verfügung stehen. Da anzunehmen ist, daß sie in der Verwendung, in der sie alternativ beschäftigt wären, einen Ertrag erwirtschaften würden, sind Opportunitätskosten anzusetzen, deren exakte Bestimmung jedoch ebenfalls große Probleme verursacht. Zur Vereinfachung besteht die Möglichkeit, sich mit der Unterstellung zu behelfen, jeder Arbeitnehmer erwirtschafte je Stunde „genau seinen durchschnittlichen Stundenlohn"[100].

Eine derartige Bestimmung einzelner Komponenten der Qualifikationskosten führt somit im allgemeinen zu unexakten Ergebnissen. Daraus darf jedoch nicht die Konsequenz abgeleitet werden, die Ermittlung der Qualifikationskosten sei überflüssig, da sie ohnehin unpräzise Ergebnisse liefere. Vielmehr erscheint es angebracht, „eher einige Ungenauigkeiten in Kauf zu nehmen, als auf die Rechnung ganz zu verzichten"[101].

Der folgende Abschnitt verdeutlicht nunmehr, auf welche Weise die sich aus den aufgezeigten Komponenten zusammensetzenden Qualifikationskosten in den clusteranalytischen Lösungsansatz der Gruppentechnologie eingehen. Vorab bedarf

---

[98]Vgl. Wildemann, H. (1987e), S. 168.

[99]Vgl. prinzipiell hierzu Laßmann, G. (1976), S. 770.

[100]Bohr, K.; Schwab, H. (1984), S. 152.

[101]von Eckardstein, D.; Schnellinger, F. (1978), S. 248.

es allerdings noch der Anmerkung, daß sich der Literatur zufolge Qualifikations-
programme der industriellen Praxis durch einen modularen Aufbau auszeichnen[102], d.h., das zu qualifizierende Personal erhält nicht alle zu erlernenden Verrichtungen gleichzeitig vermittelt, sondern die Schulung in den einzelnen Verrichtungskategorien erfolgt in zeitlich voneinander getrennten Blöcken, um so dem
Unterschied in der bereits vorhandenen Qualifikation der einzelnen Arbeitnehmer Rechnung tragen zu können[103], indem Arbeitnehmer, die in bestimmten Modulen zu vermittelnde Verrichtungen bereits beherrschen, an den entsprechenden
Blöcken der Qualifikationsmaßnahmen nicht teilnehmen. Dies eröffnet – in dem
durch die Problematik, Opportunitätskosten nicht exakt bestimmen zu können,
gesetzten Rahmen – die für die Praktikabilität des vorgestellten Lösungsansatzes
notwendige Möglichkeit, die aufzuwendenden Qualifikationskosten nicht nur in
ihrer Gesamtheit zu ermitteln, sondern auch deren Aufteilung auf die einzelnen
Qualifikationsmaßnahmen zu errechnen, also die Höhe der Qualifikationskosten,
die für den Erwerb der Fähigkeiten, Verrichtungen aus einer bestimmten Kategorie auszuführen, jeweils anfallen.

5.2.4 *Modelldarstellung*

Bevor die Clusteranalyse Anwendung finden kann, besteht allerdings noch die
Notwendigkeit, einige Prämissen zu setzen und Vorüberlegungen anzustellen. Zu
letzteren zählt primär die Festlegung der Anzahl in den Produktionssystemen
jeweils einzusetzender Arbeitnehmer. Dieser Planungsschritt wird im folgenden
in den Grundzügen skizziert, da seine Durchführung eine notwendige Voraussetzung für die übrigen Planungsinhalte darstellt.

Zur Bestimmung der gesuchten Größe kann die aus der Personalbedarfsermitt-
lung bekannte Kennzahlenmethode[104] eingesetzt werden. Üblicherweise verwendet man zeitbezogene Kennzahlen, deren Basisformel unter Einbeziehung der in
einem bestimmten Zeitraum anfallenden Mengen der einzelnen Verrichtungen,
des Zeitbedarfs für die einmalige Ausführung einer jeden Verrichtung und der
Zeit, während der das Personal aufgrund tarifvertraglicher oder anderer arbeits-
rechtlicher Normen dem Unternehmen zur Verfügung steht, die Berechnung der

---

[102]Vgl. Martin, T. (1985), S. 34; Walton, R.E.; Susman, G.I. (1987), S. 100; Wildemann, H. (1987e), S. 197.

[103]Vgl. Wildemann, H. (1987e), S. 197.

[104]Vgl. Domsch, M. (1978), S. 112-114; Hentze, J. (1986a), S. 202-203.

Zahl der für die Ausführung eines bestimmten Verrichtungsspektrums insgesamt notwendigen Arbeitnehmer erlaubt.

Bezeichnen F_a die Häufigkeit, mit der Verrichtung a $(a = 1, ..., A)$ während des Planungszeitraums im Produktionssystem P anfällt, N_a die Zeitdauer, die zur einmaligen Ausführung dieser Verrichtung erforderlich ist[105], und Z die Arbeitszeit, die *ein* Arbeitnehmer im Planungszeitraum zur Verfügung steht, läßt sich die Zahl der benötigten Arbeitnehmer näherungsweise bestimmen als:

$$\frac{1}{Z} \cdot \sum_{a=1}^{A} F_a \cdot N_a$$

Das Ergebnis dieser Berechnung, die natürlich die vorab durchzuführende Zuteilung der Aufgaben zu den einzelnen Arbeitsgruppen voraussetzt, bedarf jedoch in aller Regel noch einer Korrektur. So ist es z.B., falls entsprechende Überlegungen nicht schon in die Bestimmung der Größe Z eingingen, erforderlich, die errechnete Arbeitnehmerzahl noch mit einem Faktor größer als eins zu multiplizieren, der die den Personalbedarf im System erhöhende Abwesenheit von Arbeitnehmern, etwa aufgrund von Krankheit, in die Berechnung einfließen läßt[106].

Nach Abschluß der systemspezifischen Berechnungen ergibt sich durch Summation über alle geplanten Produktionssysteme die Gesamtzahl der in die Planung der neuen arbeitsorganisatorischen Konstellation eingehenden Arbeitnehmer. Die weitere Argumentation dieser Arbeit geht von der Annahme aus, daß nicht nur diese Zahl feststeht, sondern auch der Prozeß bereits abgeschlossen ist, in dem die Auswahl der Arbeitnehmer erfolgt, die für die Zuordnung zu einer Arbeitsgruppe in Frage kommen[107]. Deren Zahl soll hier der des insgesamt in den Systemen benötigten Personals entsprechen, um die Arbeitsgruppen mittels einer exhaustiven Klassifikation bestimmen zu können. Die ebenfalls festzulegende Trennschärfe der Cluster betreffend, nimmt das Verfahren aufgrund der in Abschnitt 5.1.1 angestellten prinzipiellen Überlegungen sowie der einfacheren Berechnung eine disjunkte Klassifikation vor.

---

[105]Hierbei dürfte es sich zum Teil um Durchschnittswerte handeln, da die Tatsache, daß einige Verrichtungen von den Arbeitnehmern nach der Reorganisation erstmals ausgeführt werden, genaue Prognosen nicht erlaubt.

[106]Vgl. Domsch, M. (1978), S. 114; Hentze, J. (1986a), S. 207.

[107]Vgl. zu einem Praxisbeispiel eines solchen Auswahlprozesses Schultz-Wild, R. et al. (1986), S. 467-470.

Des weiteren wird die Prämisse gesetzt, daß alle Arbeitnehmer die „latente Eignung"[108] für den Erwerb derjenigen Fähigkeiten besitzen, die sie jeweils erlernen sollen, d.h., daß diese Arbeitnehmer die zu vermittelnden Fähigkeiten überhaupt zu erlernen in der Lage sind[109]. Eine weitere Prämisse besagt, daß Wesensart der einzelnen Arbeitnehmer[110], deren soziale Beziehungen zueinander und ähnliche Aspekte aus dem psycho-sozialen Bereich keine Auswirkungen auf die Zielgröße des Modells ausüben und deshalb bei der Gestaltung der Gruppierungsbeziehungen keine Berücksichtigung finden müssen.

Schließlich geht die weitere Argumentation für jeden in die Schulung integrierten Arbeitnehmer vom Erreichen eines Lernerfolgs aus, d.h., unabhängig von der Einwirkung bestimmter zur Beinflussung dieses Erfolgs geeigneter Faktoren wie dem Schwierigkeitsgrad der zu erlernenden Verrichtungen[111] versetzen die Qualifikationsmaßnahmen jeden Arbeitnehmer in die Lage, die für ihn vorgesehenen Aufgaben zu erfüllen.

Aufbauend auf diese Vorüberlegungen und Prämissen kann nun der entwickelte clusteranalytische Ansatz zur arbeitsorganisatorischen Gestaltung Anwendung finden. Um, wie gewünscht, die Qualifikationskosten bestimmen zu können, bedarf es zunächst des Vergleichs der Aufgaben, die der einzelne Arbeitnehmer auf der Basis seiner bereits vorhandenen Fähigkeiten zu erfüllen in der Lage ist, mit der für ihn vorgesehenen Qualifikation nach der Durchführung der Bildungsmaßnahmen[112]. Als Hilfsmittel dient hierbei ein in der Literatur unter der Bezeichnung Fähigkeitsvektor eingeführtes Instrumentarium. Der Fähigkeitsvektor $\underline{w}_b = (w_{ab})$ eines Arbeitnehmers b gibt in quantitativer Form dessen Fähigkeit zur Erfüllung der Aufgaben a ($a = 1, ..., A$) an[113]. Im Rahmen des vorzustellenden Ansatzes erfolgt eine binäre Messung der jeweiligen Fähigkeiten, d.h., es wird lediglich danach differenziert, ob Arbeitnehmer b Aufgabe a zu erfüllen in der Lage ist oder nicht. Es gilt somit:

$$w_{ab} := \begin{cases} 1 & \text{falls Arbeitnehmer } b \text{ Aufgabe } a \text{ erfüllen kann} \\ 0 & \text{sonst} \end{cases}$$

---

[108]Gutenberg, E. (1983), S. 13.

[109]Vgl. zur latenten Eignung Gutenberg, E. (1983), S. 12-13.

[110]Vgl. zu deren möglicher Bedeutung für das Arbeitsverhalten Gutenberg, E. (1983), S. 16. Gutenberg verwendet an dieser Stelle den Terminus Temperament.

[111]Vgl. hierzu im einzelnen Rumpf, H. (1979), S. 80.

[112]Vgl. prinzipiell hierzu Hentze, J. (1986a), S. 330. Vgl. auch REFA (1987), S. 333.

[113]Vgl. Rumpf, H. (1979), S. 18.

Gleichzeitig ist ein Vektor $\underline{w}_{mb}$ aufzustellen, der die für Arbeitnehmer b im Falle seiner Zuordnung zu Produktionssystem P und damit zur Arbeitsgruppe m erwünschte Qualifikation abbildet. Dieser Vektor charakterisiert durch die Angabe des darin zusammengefaßten Aufgabenspektrums gleichzeitig die im System P gebildete Stelle, die Arbeitnehmer b besetzen soll. Um die Darstellung zu vereinfachen, wird zunächst davon ausgegangen, daß in jedem System alle darin eingesetzten Arbeitnehmer die gleiche Qualifikation erlangen sollen. In diesem Fall genügt es, für jedes System einen Vektor $\underline{w}_m$ zu ermitteln, der die in der dort eingesetzten Arbeitsgruppe m für notwendig erachtete Qualifikation angibt. Für die Elemente dieses Vektors, der sich auch als Fähigkeitsvektor eines hypothetischen, für den Einsatz in System P „idealen" Arbeitnehmers m interpretieren läßt, gilt:

$$w_{am} := \begin{cases} 1 & \text{falls Aufgabe } a \text{ im Anforderungsprofil von Arbeitsgruppe } m \\ & \text{enthalten ist} \\ 0 & \text{sonst} \end{cases}$$

Eine übliche Methode, den erwünschten Vergleich zwischen gegenwärtigem und geplantem Qualifikationsniveau durchzuführen, besteht darin, die Qualifikationsdifferenz zu messen[114]. Das Distanzmaß der durchzuführenden Clusteranalyse baut auf dieser grundsätzlichen Vorgehensweise auf, nimmt jedoch zusätzlich eine Gewichtung der Qualifikationsdifferenz hinsichtlich einer jeden Aufgabe a mit den für deren Erlernen notwendigen Qualifikationskosten c_a vor, so daß sich als Distanzmaß ergibt:

$$d_{bm} = \sum_{\substack{a=1 \\ w_{ab} \leq w_{am}}}^{A} |w_{ab} - w_{am}| \cdot c_a$$

Die einschränkende Bedingung $w_{ab} \leq w_{am}$ verhindert im Fall, daß Arbeitnehmer b Aufgabe a beherrscht ($w_{ab} = 1$), diese Qualifikation in Arbeitsgruppe m jedoch nicht gefordert ist ($w_{am} = 0$), den nicht sinnvollen Ansatz von Qualifikationskosten im Distanzmaß, das sich als mit den Kosten des Erlernens der einzelnen Aufgaben gewichtete City-Block-Metrik interpretieren läßt[115].

---

[114]Vgl. Rumpf, H. (1979), S. 17. Rumpf spricht an dieser Stelle von Eignungsdifferenz.

[115]Da w_{ab} und w_{am} Ausprägungen binärer Merkmale darstellen, mag man methodische Bedenken haben, die für quantitative Merkmale geeignete City-Block-Metrik zu verwenden. Vogel zeigt jedoch auf der Basis geometrischer Überlegungen, daß diese Metrik auch bei Vorliegen binärer Merkmale eine sinnvolle Interpretation erlaubt. Vgl. hierzu im einzelnen Vogel, F. (1975), S. 13, 104.

In dieses Distanzmaß gehen allerdings nicht alle zu vermittelnden Fähigkeiten ein. Beispielsweise bleiben die in Abschnitt 5.2.2.4.3 erläuterten Komponenten sozialer Qualifikation außer Betracht, was sich aus zwei Gründen erklärt: Zum einen entziehen sich derartige Qualifikationen und damit auch die korrespondierenden Kosten einer quantitativen Ermittlung[116], zum anderen sind in einer aus Arbeitsgruppen aufgebauten arbeitsorganisatorischen Konstellation Qualifikationen wie Eignung zur Gruppenarbeit oder Kommunikationsfähigkeit generell und damit unabhängig von der Gruppen- und Stellenzuordnung eines jeden Arbeitnehmers erforderlich[117]. Da ihnen somit das Merkmal der Alternativenspezifität fehlt, brauchen die durch den Erwerb derartiger Fähigkeiten hervorgerufenen Qualifikationskosten nicht in die Berechnung einzugehen. Der vorgestellte Lösungsansatz folgt deshalb der von Rumpf vorgeschlagenen Vorgehensweise, jeden Fähigkeitsvektor in zwei Teilvektoren aufzuspalten, von denen der eine die generell notwendigen, der andere die lediglich für bestimmte Alternativen der Gruppen- und Stellenzuordnung erforderlichen Fähigkeiten abbildet[118]. Lediglich der die zuletzt genannten Fähigkeiten enthaltende Teilvektor geht in das oben definierte Distanzmaß ein.

Aufgrund seiner Definition erlaubt dieses Distanzmaß in Analogie zur in Abschnitt 4.2.4 beschriebenen Vorgehensweise den Einsatz eines clusteranalytischen Verfahrens unter expliziter Berücksichtigung ökonomischer Aspekte.

Dieses Verfahren ordnet sukzessive jeden der vorab ausgewählten Arbeitnehmer dem Produktionssystem zu, in dem für ihn die geringsten Qualifikationskosten aufzuwenden sind, d.h., zu dessen „idealem" Arbeitnehmer er den kleinsten Distanzwert aufweist. Bezogen auf die in Abschnitt 3.2 dargelegten Teilschritte der arbeitsorganisatorischen Gestaltung, legt die Clusteranalyse somit Stellenbesetzung und Gestaltung der Gruppierungsbeziehungen fest.

Da für die einzelnen Produktionssysteme eine Obergrenze hinsichtlich der Zahl der einzusetzenden Arbeitnehmer besteht, können Situationen auftreten, in denen Arbeitnehmer aufgrund der bereits ausgeschöpften Restriktion einem anderen als dem System zugeteilt werden müssen, in dem sie jeweils die geringsten Qualifikationskosten verursachen. In einer solchen Situation nimmt das Verfahren eine Zuordnung des gerade betrachteten Arbeitnehmers zu dem System vor,

---

[116]Vgl. auch REFA (1987), S. 333.
[117]Vgl. Rumpf, H. (1979), S. 24.
[118]Vgl. Rumpf, H. (1979), S. 24.

in dem er den *nächsthöheren* Betrag an Qualifikationskosten verursacht. Da somit keine Garantie besteht, die die gesamten durch die arbeitsorganisatorische Strukturierung ausgelösten Qualifikationskosten minimierende Konstellation zu ermitteln, sollte sich an die Ermittlung der Anfangsklassifikation der Einsatz eines iterativen Austauschverfahrens anschließen, um mit dessen Hilfe möglicherweise eine Verminderung der voraussichtlich anfallenden Qualifikationskosten zu erreichen. Dies erfordert die Konstruktion eines die dieser Überlegung zugrundeliegende Zielfunktion abbildenden Gütekriteriums, das sich jedoch problemlos aus dem definierten Distanzmaß ableiten läßt. Bezeichnet man die ermittelte Klassifikation von Arbeitsgruppen mit Ω, gibt

$$g\left(\Omega\right) = \sum_{m \in \Omega} \sum_{b \in m} d_{bm}$$

die gesamten für die ermittelte Arbeitsgruppenkonstellation anfallenden Qualifikationskosten an.

Das im folgenden beschriebene einfache Beispiel soll der Verdeutlichung der Vorgehensweise dienen. Um die Berechnungen nicht zu umfangreich werden zu lassen, stellen die Fähigkeitsvektoren nicht auf einzelne Aufgaben, sondern auf die in Abschnitt 5.2.2.1 abgegrenzten Aufgabenkategorien ab. Jeder Vektor besteht somit aus zehn Elementen ($A = 10$), wobei jede Aufgabenkategorie zum Zwecke der einfacheren Handhabung eine laufende Nummer zugeordnet bekommt. Das Beispiel geht von der Grundannahme aus, daß jedem der beiden im Rahmen der fertigungsorganisatorischen Gestaltung abgegrenzten Produktionssysteme drei Arbeitnehmer zuzuordnen sind.

Das Aufgabenspektrum in System I umfaßt die Kategorien 1 bis 4, 6 und 9, d.h., es ergibt sich folgender Vektor $\underline{w}_I$:

$$\underline{w}_I = (1, 1, 1, 1, 0, 1, 0, 0, 1, 0)$$

In System II sind die Aufgaben aus den Kategorien 2, 8 und 9 nicht auszuführen, was zu folgendem Vektor $\underline{w}_{II}$ führt:

$$\underline{w}_{II} = (1, 0, 1, 1, 1, 1, 1, 0, 0, 1)$$

Die Zuordnung der Arbeitnehmer, denen ebenfalls jeweils eine laufende Nummer zugeteilt wird, erfolgt nach der Rangfolge dieser Nummern. Als Fähigkeitsvektor des somit zuerst zuzuordnenden Arbeitnehmers 1 wurde ermittelt:

$$\underline{w}_1 = (0, 0, 1, 1, 0, 1, 1, 0, 0, 0)$$

Aus Abb. 22 sind die für das Erlernen der einzelnen Aufgabenkategorien jeweils aufzuwendenden Qualifikationskosten zu entnehmen.

Abb. 22: Qualifikationskosten je Aufgabenkategorie (in GE)

a	1	2	3	4	5	6	7	8	9	10
c_a	45	40	20	25	40	10	5	50	10	15

Auf der Basis der angegebenen Daten errechnen sich für Arbeitnehmer 1 folgende Distanzmaße:

– zum „idealen" Arbeitnehmer für System I:

$$d_{1I} = \sum_{\substack{a=1 \\ w_{a1} \leq w_{aI}}}^{10} |w_{a1} - w_{aI}| \cdot c_a = 45 + 40 + 10$$

$$d_{1I} = 95$$

– zum „idealen" Arbeitnehmer für System II:

$$d_{1II} = \sum_{\substack{a=1 \\ w_{a1} \leq w_{aII}}}^{10} |w_{a1} - w_{aII}| \cdot c_a = 45 + 40 + 15$$

$$d_{1II} = 100$$

Arbeitnehmer 1 wird somit der Arbeitsgruppe von System I zugeordnet. Als Distanzmaße für die restlichen zuzuordnenden Arbeitnehmer ergeben sich analog:

$$d_{2I} = 45; \quad d_{2II} = 100$$
$$d_{3I} = 50; \quad d_{3II} = 60$$
$$d_{4I} = 50; \quad d_{4II} = 5$$
$$d_{5I} = 95; \quad d_{5II} = 60$$
$$d_{6I} = 45; \quad d_{6II} = 100$$

Die Anwendung der dargestellten Zuordnungsvorschrift führt nun dazu, daß der im Produktionssystem I beschäftigten Arbeitsgruppe neben Arbeitnehmer 1 auch die Arbeitnehmer 2 und 3 angehören, während die Arbeitnehmer 4 und 5 zur Arbeitsgruppe II zählen. Arbeitnehmer 6 müßte Gruppe I zugeordnet werden, was jedoch die dort bereits erreichte Begrenzung der Gruppenstärke verhindert, weshalb seine Zuordnung zu dem Produktionssystem erfolgt, in dem er den nächsthöheren Betrag an Qualifikationskosten auslöst, im vorliegenden Beispiel also dem (als einzige alternative Möglichkeit bestehenden) System II. Insgesamt ergibt sich somit folgende Konstellation Ω von Arbeitsgruppen:

– Arbeitsgruppe I: Arbeitnehmer 1, 2 und 3,
– Arbeitsgruppe II: Arbeitnehmer 4, 5 und 6.

Eine Bewertung dieser Konstellation mit dem definierten Güteindex ergibt:

$$g(\Omega) = d_{1I} + d_{2I} + d_{3I} + d_{4II} + d_{5II} + d_{6II}$$
$$g(\Omega) = 95 + 45 + 50 + 5 + 60 + 100$$
$$g(\Omega) = 355$$

Bei Realisation der geplanten arbeitsorganisatorischen Konstellation entstehen somit Qualifikationskosten in Höhe von 355 GE.

Da Arbeitnehmer 6 in System II weitaus höhere Qualifikationskosten verursacht als in System I, versucht ein ergänzendes Austauschverfahren, durch die Vornahme eines Zuordnungswechsels eine Verbesserung des Güteindex zu erreichen. Der Arbeitnehmer wird der Arbeitsgruppe zugeordnet, in der für ihn die geringsten Qualifikationskosten anfallen, im Beispiel der einzigen Alternative, Arbeitsgruppe I. Da nunmehr vier Arbeitnehmer zur Gruppe I gehören, erfordert es die bestehende Restriktion hinsichtlich der Mitgliederzahl, einen Arbeitnehmer von Gruppe I in die Gruppe, in der die gewünschte Zahl an Mitgliedern unterschritten wird, zu transferieren. Von den Arbeitnehmern, deren Transferierung möglich ist (im Beispiel 1, 2 und 3), sollte es sich dabei um denjenigen handeln, dessen Transfer den geringsten Zuwachs an Qualifikationskosten hervorruft.

Im Beispiel bedeutet dies, daß ein Zuordnungswechsel des Arbeitnehmers 1 von Gruppe I in Gruppe II erfolgt, da dies lediglich einen Zuwachs von 5 GE induziert, während die Transferierung von Arbeitnehmer 2 (3) in Gruppe II die Qualifikationskosten um 55 (40) GE erhöhen würde. Somit ergibt sich folgende Arbeitsgruppenkonstellation Ω':

– Arbeitsgruppe I: Arbeitnehmer 2, 3 und 6,
– Arbeitsgruppe II: Arbeitnehmer 1, 4 und 5.

Daraus resultiert folgende Ausprägung des Güteindex:

$$g(\Omega') = d_{1II} + d_{2I} + d_{3I} + d_{4II} + d_{5II} + d_{6I}$$
$$g(\Omega') = 100 + 45 + 50 + 5 + 60 + 45$$
$$g(\Omega') = 305$$

Diese neue Konstellation, die zu einer um 50 GE verringerten Ausprägung des Güteindex führt, kann nun als Ausgangslösung für einen erneuten Zuordnungswechsel dienen. Da sich jedoch, wie anhand der Ausprägungen des Distanzmaßes leicht nachvollziehbar ist, durch keinen der möglichen Zuordnungswechsel eine weitere Verbesserung des Gütekriteriums erreichen läßt, endet das Verfahren an diesem Punkt. Faßt man die beiden Ausprägungen des Güteindex in Vektorform zusammen, so ergibt sich ein Entscheidungsmodell, dessen Entscheidungskalkül lediglich darin besteht, die minimale Ausprägung auszuwählen. Als die im Hinblick auf die zugrunde gelegte Zielfunktion optimale Alternative ergibt sich die Klassifikation Ω'.

Das vorgestellte Ermittlungsmodell zur arbeitsorganisatorischen Gestaltung eignet sich jedoch auch zu einem differenzierteren Einsatz als dem anhand des obigen Beispiels demonstrierten. Es besteht keine Notwendigkeit, daß für jedes Produktionssystem der Fähigkeitsvektor *eines* „idealen" Arbeitnehmers aufgestellt wird. Vielmehr kann der Entscheidungsträger für jede zu bildende Stelle einen eigenen Vektor konstruieren und in die Clusteranalyse eingehen lassen. Zudem bietet das Verfahren aufgrund seiner geringen Komplexität die Möglichkeit der mehrfachen Anwendung, wobei vor jeder Anwendung mit Hilfe von Variationen der Vektoren erwünschter Fähigkeiten Alternativen der Qualifikation und damit auch der Qualifikationskosten ermittelt und miteinander verglichen werden können.

Abschließend bedarf es noch der Anmerkung, daß manche der in Abschnitt 5.2.3 erörterten Komponenten der Qualifikationskosten aufgrund methodischer Probleme im konstruierten Distanzmaß keine Berücksichtigung finden dürfen. Führt beispielsweise ein unternehmensexterner Ausbilder eine Qualifikationsmaßnahme gleichzeitig für *mehrere* Arbeitnehmer durch, kann dessen Honorar nicht den Qualifikationskosten zugerechnet werden, die für *einen* bestimmten Teilnehmer an dieser Maßnahme aufzuwenden sind, und somit auch nicht in eines der zu errechnenden Distanzmaße eingehen. Derartige Kostenkomponenten implizieren die Notwendigkeit, sie zu einem Block der Komponenten zusammenzufassen, deren auslösende Ursache zwar in der Entscheidung zugunsten einer bestimmten arbeitsorganisatorischen Konstellation liegt[119], die die Vermittlung der entsprechenden Qualifikation bedingt, nicht jedoch in der Entscheidung, *einem bestimmten* Arbeitnehmer diese Qualifikation zu übertragen. Dieser Block von Kostenkomponenten ist, additiv mit dem für die geplante Konstellation errechneten Güteindex verknüpft, bei deren Bewertung zusätzlich zu berücksichtigen.

Doch auch ein derartiges Vorgehen führt noch nicht zu einer umfassenden Bewertung der gefundenen Konstellation, da die Entscheidung zu deren Gunsten einerseits bislang von der Analyse ausgenommene Folgekosten nach sich ziehen kann, zum anderen aber auch für das Unternehmen positive ökonomische Wirkungen induzieren soll, die den insgesamt anfallenden Kosten vergleichend gegenüberzustellen sind[120]. Um die hierbei zu berücksichtigenden Aspekte aufzuzeigen, gibt der folgende Abschnitt einen Überblick über zusätzlich notwendige Bewertungen.

5.2.5 *Ergänzende Bewertungsüberlegungen*

Im Kontext dieser Bewertungen bedarf es zunächst der Anmerkung, daß die noch unzureichende Zahl und die häufig fehlende Vergleichbarkeit entsprechender empirischer Untersuchungen kaum konkrete Aussagen über die ökonomischen Folgen der zu beachtenden Aspekte, sondern lediglich das Aufzeigen der Konturen ökonomischer Folgen erlauben, die möglicherweise aus der Entscheidung zugunsten einer bestimmten arbeitsorganisatorischen Konstellation resultieren.

Einige dieser Folgen ergeben sich aus im dargestellten Modellansatz nicht berücksichtigten Aspekten der Arbeitnehmerqualifikation.

5.2.5.1 *Aspekte der Personalqualifikation*

In vielen Unternehmen besteht die Notwendigkeit, zusätzliche Qualifikationskosten zu berücksichtigen, die nicht aufgrund der mit Hilfe des Ermittlungsmodells geplanten einmaligen Durchführung arbeitsorganisatorischer Gestaltungsprozesse, sondern für ergänzende, während des gesamten Planungszeitraums vor-

---

[119]Andernfalls lägen keine alternativenspezifischen Kosten vor, die somit nicht in die Bewertung aufzunehmen wären.

[120]Vgl. prinzipiell hierzu Marr, R.; Stitzel, M. (1979), S. 146. Vgl. auch die (allerdings nur wenige der zu berücksichtigenden Effekte beinhaltenden) Ausführungen bei Brödner, P. (1984), S. 36.

zunehmende Qualifikationsmaßnahmen anfallen[121]. Der Bedarf hierfür ist, neben dem Faktor, daß Gewerkschaften mit starker Position in reorganisierenden Unternehmen durch ihre Vertreter häufig eine umfassende Erhöhung der Qualifikation auch derjenigen Arbeitnehmer durchsetzen, für die in der ursprünglich geplanten arbeitsorganisatorischen Konstellation lediglich der Erwerb einer vergleichsweise geringen Zahl an Fähigkeiten vorgesehen war[122], vor allem darauf zurückzuführen, daß die Fluktuation des in den abgegrenzten Arbeitsgruppen eingesetzten Personals es erfordert, ausscheidende Arbeitnehmer durch neue zu ersetzen, denen im allgemeinen ebenfalls zusätzliche Fähigkeiten vermittelt werden müssen.

Es existiert zwar methodisch die prinzipielle Möglichkeit, durch die Verwendung von Wahrscheinlichkeiten des Übergangs in der ermittelten arbeitsorganisatorischen Konstellation beschäftigter Arbeitnehmer in andere unternehmensinterne oder -externe Organisationseinheiten[123] Fluktuationseffekte in die dargestellten Berechnungen zur Planung der Arbeitsorganisation explizit einzubeziehen, die Übereinstimmung dieser Wahrscheinlichkeiten mit den realen Entwicklungen ist jedoch als unsicher anzusehen, da ihre Ermittlung generell auf der Basis von Vergangenheitsdaten über das Fluktuationsverhalten der Arbeitnehmer erfolgt[124], dieses sich jedoch, wie in Abschnitt 5.2.5.4 näher erläutert, gerade durch die arbeitsorganisatorischen Maßnahmen möglicherweise verändert. Aus diesem Grund erscheint es sinnvoller, die aus der Fluktuation im Planungszeitraum zusätzlich resultierenden Qualifikationskosten isoliert zu prognostizieren und ergänzend in die Bewertung der gefundenen Lösung einzubeziehen. Im Falle der Besetzung der durch Fluktuation frei gewordenen Stellen durch vom externen Arbeitsmarkt beschafftes Personal sind dagegen die durch die Personalbeschaffung ausgelösten Kosten ergänzend zu berücksichtigen.

Um derartige Kosten zu vermeiden, sehen es manche Entscheidungsträger als notwendig an, den Versuch zu unternehmen, die Arbeitnehmer, für die bereits Qualifikationskosten aufgewendet wurden, durch eine Erhöhung ihres Lohns im Unternehmen zu halten[125], was diese Entscheidungsträger offensichtlich als die

---

[121]Vgl. zur Notwendigkeit derartiger Maßnahmen Bühner, R. (1985b), S. 171; von Damm, H.W. (1987), S. 20; REFA (1987), S. 329.

[122]Vgl. von Eckardstein, D. (1986), S. 267.

[123]Vgl. hierzu Wächter, H. (1974), S. 245-246.

[124]Vgl. Wächter, H. (1974), S. 245, 253.

[125]Vgl. Burns, B.A. (1986), S. 142.

im Vergleich zur Inkaufnahme von Personalbeschaffungs- oder zusätzlichen Qualifikationskosten günstigere Alternative empfinden. Daneben resultieren aus der Entscheidung zugunsten einer bestimmten arbeitsorganisatorischen Konstellation im allgemeinen weitere Folgewirkungen im Bereich der Entgeltpolitik, die Veränderungen der Zahlungsströme des Unternehmens induzieren.

5.2.5.2 *Aspekte der Entgeltpolitik*

Nach in der Literatur vorherrschender Meinung folgt aus dem Übergang von Werkstatt- auf Gruppenfertigungssysteme der hier erörteten Art eine Erhöhung der Auszahlungen für die Entlohnung in den Systemen eingesetzter Arbeitnehmer[126]. Bei Beibehaltung der bisher angewandten Entlohnungsform resultiert dieser Effekt zum einen daraus, daß sich im Falle des Einsatzes eines Verfahrens der analytischen Arbeitsbewertung, dessen Zweck in der Abbildung der Gesamtheit an einen Stelleninhaber gestellter Anforderungen in eine Zahl, den sogenannten Arbeitswert, besteht, um so die Löhne einzelner Arbeitnehmer den unterschiedlichen Anforderungen der von ihnen besetzten Stellen entsprechend differenzieren zu können[127], die Arbeitswerte und damit auch die Lohnhöhen der einzelnen Arbeitnehmer verändern[128].

Dies erklärt sich daraus, daß die Fachkenntnisse eines Arbeitnehmers zu den in die Bewertung einfließenden Anforderungsarten zählen[129], deren Ausweitung durch Qualifikationsmaßnahmen somit den Arbeitswert und den Lohn dieses Arbeitnehmers erhöhen. Zudem variiert aufgrund der beschriebenen Veränderungen in den Aufgabenspektren der einzelnen Arbeitnehmer innerhalb der ebenfalls zu berücksichtigenden Anforderungsart Belastung die Relation zwischen physischer Belastung, die (z.B. bei Automatisierung des Werkzeugwechsels) tendenziell abnimmt, und psychischer Belastung, die (z.B. durch die Übernahme von Überwachungsaufgaben) tendenziell zunimmt[130]. Da letztere aufgrund tarifvertraglicher Regelungen häufig mit einer höheren Gewichtung als erstere in die zu

---

[126]Vgl. z.B. Arning, A. (1987), S. 108; Ránky, P. (1983), S. 5.

[127]Vgl. Bohr, K. (1977), S. 249, 253.

[128]Vgl. auch Arning, A. (1987), S. 108.

[129]Vgl. zu einer Auflistung verschiedener Kataloge von Anforderungsarten Bohr, K. (1977), S. 251.

[130]Vgl. z.B. Bühner, R. (1985a), S. 434.

ermittelnden Arbeitswerte eingeht[131], kann auch hieraus ein arbeitswerterhöhender Effekt resultieren.

Zum zweiten führen organisatorische Umstrukturierungen der hier beschriebenen Form bei Beibehaltung der bisherigen Entlohnungsform häufig zu einer Eingruppierung der in die Qualifikationsmaßnahmen einbezogenen Arbeitnehmer in höhere der tarifvertraglich verankerten Lohngruppen[132], was ebenfalls einen – häufig zusätzlich zur eben erörterten Arbeitswertsteigerung anfallenden[133] – die Lohnauszahlungen erhöhenden Effekt impliziert. In besonders großem Ausmaß ergibt sich eine derart begründete Lohnerhöhung, wenn der für das reorganisierende Unternehmen geltende Tarifvertrag die Norm beinhaltet, daß die Entlohnung aller Mitglieder einer Arbeitsgruppe der höchsten Lohngruppe entsprechend erfolgen muß[134].

Schließlich kann die Entscheidung zugunsten einer bestimmten Form der Arbeitsorganisation auch Auszahlungen auslösen, die von den Entscheidungsträgern als notwendig erachtet werden, um bei den Arbeitnehmern Anreize für den Erwerb zusätzlicher Fähigkeiten zu schaffen. So berichtet z.B. Haas von der Praxis eines US-amerikanischen Unternehmens, seinem Personal die Erweiterung der Qualifikation zu vergüten, indem sich der Lohn eines Arbeitnehmers mit jeder zusätzlich erlernten Fähigkeit um einen bestimmten Betrag erhöhte[135].

Konsequent weiter verfolgt führt diese Intention zu einer die Entlohnung der Arbeitnehmerqualifikation in den Mittelpunkt stellenden Entgeltpolitik[136]. Diese Überlegung wird untermauert durch die zu beobachtende Entwicklung, qualifikationsbezogene Elemente der Entlohnung stärker als bisher zu betonen[137], die sich z.B. im in der Literatur häufig dargestellten Entlohnungssystem der Joseph Vögele AG, Mannheim, dokumentiert, dessen Grundgedanke darin besteht, die

---

[131]Vgl. Bühner, R. (1985a), S. 434; Bühner, R. (1986g), S. 72.

[132]Vgl. Arning, A. (1987), S. 108.

[133]Vgl. prinzipiell zur Kombination der Entlohnung nach tariflichen Lohngruppen und nach Arbeitswerten Bohr, K. (1977), S. 254-255.

[134]Vgl. zur Existenz derartiger tarifvertraglicher Normen Damm, H. (1978), S. 74.

[135]Vgl. Haas, E.A. (1987), S. 78.

[136]Vgl. zur Anreizfunktion einer solchen Form der Entlohnung im Hinblick auf den Erwerb zusätzlicher Fähigkeiten Lawler, E.E. (1986), S. 105-106, 174-175.

[137]Vgl. z.B. Adler, P. (1986), S. 20; Bühner, R. (1987b), S. 265; Wildemann, H. (1987d), Sp. 1725; Zander, E. (1986), S. 298, 299.

Lohngruppeneinstufung der Arbeitnehmer in Abhängigkeit von deren Qualifikation vorzunehmen[138].

Daneben existieren jedoch weitere Lohnformen, die, wie beispielsweise Gruppenprämien[139], Zeitlöhne[140], zeitlohnähnliche Formen der Entlohnung[141] oder Kombinationen aus den genannten Lohnformen, als für die Anwendung in Gruppenfertigungssystemen und speziell in flexibel automatisierten Produktionssystemen geeignet gelten. Aus der Entscheidung zugunsten bestimmter fertigungs- und arbeitsorganisatorischer Konstellationen folgt damit keineswegs zwingend die Anwendbarkeit lediglich *einer* Lohnform. Die konkrete Höhe der vom Unternehmen zu leistenden Lohnauszahlungen hängt somit, wenn bereits die Einführung eines neuen Entlohnungssystems beschlossen wurde, von der Entscheidung zugunsten einer bestimmten Lohnform ab, weshalb darauf zurückzuführende Auszahlungsänderungen nicht den hier interessierenden Entscheidungen organisatorischer Art zuzurechnen sind und im Rahmen des vorgestellten Planungsansatzes keine Berücksichtigung zu finden brauchen.

Dagegen liegt das auslösende Moment der eingangs dargestellten Auszahlungsänderungen bei Beibehaltung der bisherigen Entlohnung in der Entscheidung für eine bestimmte Form der Arbeitsorganisation und den daraus resultierenden Qualifikationserfordernissen. Die aufgezeigten Entwicklungstendenzen sind deshalb in ihren monetären Auswirkungen zu prognostizieren, wobei auch Prognosen der Veränderungen relevanter Umwelteinflüsse (z.B. Erhöhungen der Tariflöhne im Planungszeitraum) Beachtung finden müssen[142], und den im dargestellten Modell ermittelten Qualifikationskosten hinzuzufügen.

Im Rahmen dieser ergänzenden Bewertung gilt es jedoch auch zu berücksichtigen, daß neben der verdeutlichten Erhöhung auch eine Verringerung der Entgeltzahlungen resultieren kann: Verschiedene Autoren konstatieren einen mit dem Übergang von einer Werkstattfertigung auf flexibel automatisierte Produktionssysteme höherer Ordnung tendenziell sinkenden Personalbedarf[143], was darauf

---

[138]Vgl. z.B. Bühner, R. (1986g), S. 79-80; von Eckardstein, D. (1986), S. 260-261, 264.

[139]Vgl. z.B. Burbidge, J.L. (1975), S. 18, 245; Gallagher, C.C.; Knight, W.A. (1986), S. 57.

[140]Vgl. z.B. Ahlmann, H.J. (1980), S. 646.

[141]Vgl. z.B. von Eckardstein, D. (1986), S. 360.

[142]Vgl. prinzipiell hierzu Hentze, J. (1986b), S. 292.

[143]Vgl. Hirsch-Kreinsen, H.; Lutz, B. (1987), S. 539; Jaikumar, R. (1986), S. 73; Ránky, P. (1983), S. 5; Rempp, H. (1982), S. 179.

hindeutet, daß die in manchen Quellen als personalwirtschaftliche Intention dieses Übergangs genannte Verringerung der Zahl der in einem bestimmten Produktionsbereich notwendigen Arbeitnehmer[144] tatsächlich realisiert wird.

Als Grund für diese Möglichkeit, den Personalbedarf zu senken und somit Auszahlungen für die Entlohnung einzusparen, gilt in der Literatur die bereits erläuterte Integration fertigungsvorbereitender und -begleitender Verrichtungen in das Aufgabenspektrum produktionssystemintern eingesetzter Arbeitnehmer[145]. Vor dem Hintergrund der bisherigen Erläuterungen zur arbeitsorganisatorischen Gestaltung wird an dieser Stelle jedoch deutlich, daß keine Möglichkeit besteht, generelle Aussagen hinsichtlich der zu realisierenden Auszahlungsminderungen zu treffen[146], da deren Ausmaß von der gewählten Form der Arbeitsteilung abhängt. So kann beispielsweise eine umfangreiche derartige Integration zu einer Verlagerung des gesamten Aufgabenspektrums bestimmter Stellen aus dienstleistenden Organisationseinheiten in die Produktionssysteme führen, was die Überflüssigkeit dieser vor der Verlagerung noch notwendigen Stellen induziert und damit eventuell Personaleinsparungen erlaubt.

Aber nicht nur die Arbeitsteilung zwischen systeminternen und -externen Arbeitnehmern, sondern auch die systemintern realisierte Artteilung determiniert das Ausmaß der zu erreichenden Verringerung der Lohnauszahlungen: In einer Arbeitsgruppe mit geringer interner Autonomie erfordert es die in Abschnitt 5.2.2.4.2 verdeutlichte ausgeprägte Stellenspezialisierung, wenn nicht für alle, so doch für eine große Zahl der von dieser Arbeitsgruppe auszuführenden Verrichtungskategorien jeweils separate Stellen zu bilden, was kaum Verringerungen der Lohnauszahlungen zuläßt[147] und zudem bewirkt, daß für die systemintern beschäftigten Arbeitnehmer nur während eines Teils ihrer Arbeitszeit eine ausreichende Menge der von ihnen auszuführenden Verrichtungen zur Verfügung steht, während sie in der restlichen Zeit unbeschäftigt sind[148]. Dagegen führt die Abschwächung dieser Stellenspezialisierung in Arbeitsgruppen mit geringer

---

[144]Vgl. Dostal, W. (1984), S. 92; ISI; IAB; IWF (1982), S. 198-199; Jones, B.; Scott, P. (1986), S. 354.

[145]Vgl. Burbidge, J.L. (1982), S. 344; Schultz-Wild, R. et al. (1986), S. 478; Walton, R.E.; Susman, G.I. (1987), S. 99, 104.

[146]Vgl. auch Klotz, U. (1984), S. 63-65; Lutz, B. (1982), S. 86.

[147]Vgl. auch d'Iribarne, A.; Lutz, B. (1984), S. 128.

[148]Vgl. mit dem speziellen Bezug auf Verrichtungen des Bedienens auch Hackstein, R.; Klauke, A. (1981), S. 147.

Artteilung bei identischem Aufgabenspektrum der Gruppen im allgemeinen zu einer Verringerung der Zahl zu bildender Stellen[149] und damit auch der aufzuwendenden Lohnauszahlungen, da die Zeiten, in denen für Arbeitnehmer in Systemen mit geringer interner Autonomie keine Arbeit zur Verfügung steht, mit anderen Verrichtungen ausgefüllt werden können, für deren Ausführung ansonsten der Einsatz zusätzlicher Arbeitnehmer erforderlich wäre.

Diese Überlegungen zeigen, daß die veranschaulichten Möglichkeiten, Lohnauszahlungen einzusparen, in weitem Umfang von der Entscheidung zugunsten einer bestimmten arbeitsorganisatorischen Konstellation abhängen. Somit besitzen diese Auszahlungsminderungen Entscheidungsrelevanz für die Auswahl dieser Konstellation. Da sie sich jedoch nicht in der für ihre Einbeziehung in die Clusteranalyse notwendigen, im Distanzmaß erfaßten funktionalen Abhängigkeit von der Qualifikation einzelner Arbeitnehmer darstellen lassen, müssen sie ergänzend Berücksichtung finden.

5.2.5.3 *Aspekte der Durchlaufzeit*

Die Art der Arbeitsteilung kann zusätzlich einen Einfluß auf die Durchlaufzeit der Erzeugnisse durch das System ausüben: In Abschnitt 5.2.2.3.2 wurde bereits die durch die Integration von Programmierverrichtungen in das Aufgabenspektrum von systemintern eingesetzten Arbeitsgruppen realisierbare Zeitersparnis beschrieben. Auf die Durchlaufzeit der Erzeugnisse wirkt sich dieser Effekt dann aus, wenn die Maschinen während des Programmierens keine Erzeugnisse herstellen können, eine Verkürzung der für die Ausführung von Programmierverrichtungen insgesamt notwendigen Zeitspanne somit die Zeit verringert, während der Erzeugnisse vor den zu programmierenden Maschinen auf ihre Bearbeitung warten müssen.

Derartige Zeitersparnisse gelten in der Literatur jedoch auch als aufgrund der Zuordnung anderer dienstleistender Verrichtungen zu den von systeminternen Arbeitnehmern zu erfüllenden Aufgaben erreichbar[150]. Ist das in einem bestimmten Produktionssystem beschäftigte Personal etwa in der Lage, Betriebsstörungen dieses Systems durch die Ausführung von Reparaturverrichtungen ohne Hilfe externer Reparaturspezialisten zu beseitigen, lassen sich Störungen tendenziell

---

[149]Vgl. die graphische Darstellung bei ISI; IAB; IWF (1982), S. 324.

[150]Vgl. Bühner, R. (1986d), S. 537; Burns, B.A. (1986), S. 139; Warnecke, H.J. (1985b), S. 670.

innerhalb einer kürzeren Zeitspanne beheben, da beispielsweise nicht auf das Erscheinen der externen Spezialisten gewartet zu werden braucht[151]. Dieser bereits bei realisierten Installationen flexibel automatisierter Produktionssysteme beobachtete Effekt[152] erlangt besondere Bedeutung, wenn für ein in mehreren Schichten produzierendes System externe Reparaturspezialisten nicht in allen Schichten zur Verfügung stehen[153].

Eine Verkürzung der Wartezeiten läßt sich auch durch die Bildung von Arbeitsgruppen mit hoher interner Autonomie erreichen, da in diesen Gruppen die Möglichkeit des Ausgleichs von – z.B. durch Urlaub oder Erkrankung hervorgerufenen – Personalausfällen besteht[154], indem ein anderes die entsprechenden Fähigkeiten besitzendes Gruppenmitglied die Verrichtung des ausfallenden Arbeitnehmers übernimmt, die Bearbeitung der gerade im Produktionsprozeß befindlichen Erzeugnisse also ohne Wartezeit fortgesetzt werden kann.

In den ergänzenden Bewertungen zu berücksichtigende ökonomische Effekte resultieren aus der dargestellten tendenziellen Verkürzung der Wartezeiten von Erzeugnissen, wenn deren (bei Konstanz der übrigen Komponenten) sich verkürzende Durchlaufzeit zu einer Veränderung der Zahlungsströme des Unternehmens führt[155], beispielsweise derart, daß Konventionalstrafen für Terminüberschreitungen entfallen, und die Kriterien für die Entscheidungsrelevanz der entsprechenden monetären Größen vorliegen.

In analoger Weise Rechnung zu tragen ist Zahlungsänderungen, die durch die Transport-, die Kontroll- und die Bearbeitungszeitkomponente der Durchlaufzeit ausgelöst werden. Zeitersparnisse der zuletzt genannten Art lassen sich beispielsweise bei Arbeitsgruppen mit hoher interner Artteilung durch einen Spezialisierungseffekt erreichen, der einen sich durch oftmaliges isoliertes Ausführen einer bestimmtem Verrichtung sukzessive verringernden Zeitbedarf für die Ausführung induzieren soll[156].

---

[151]Vgl. prinzipiell hierzu Drumm, H.J. (1970), S. 128. Vgl. auch Gallagher, C.C.; Knight, W.A. (1973), S. 87-89, 101; Rauschenbach, T. (1985), S. 35.

[152]Vgl. Shah, R. (1985), S. 647.

[153]Vgl. Büdenbender, W.; Scheller, T. (1987), S. 28.

[154]Vgl. z.B. Ausschuß für Wirtschaftliche Fertigung (1984), S. 10; von Eckardstein, D.; Schnellinger, F. (1978), S. 228; Mann, W.E. (1984), S. 54; Stamm, K.H. (1986), S. 490.

[155]Vgl. Abschnitt 2.2.3.

[156]Vgl. prinzipiell hierzu Ulrich, P.; Fluri, E. (1986), S. 168.

Ob Spezialisierungseffekte bei zukünftig zu planenden arbeitsorganisatorischen Konstellationen in starkem Ausmaß zum Tragen kommen, ist allerdings fraglich, da die Mehrzahl der sich mit Fragestellungen der Arbeitsorganisation in flexibel automatisierten Produktionssystemen höherer Ordnung auseinandersetzenden Autoren die Tendenz erwartet[157] bzw. es sogar als notwendig erachtet[158], Arbeitsgruppen nicht mit einer starren internen Arbeitsteilung hohen Ausmaßes, sondern im Gegenteil mit weitreichender interner – wie auch externer – Autonomie auszustatten.

Als Begründung für die Erwartung bzw. die Forderung derartiger arbeitsorganisatorischer Konstellationen, die allerdings in bereits realisierten Systemen zwar fallweise[159], jedoch nicht mehrheitlich vorkommen[160], dienen die im folgenden in den Grundzügen aufgezeigten Aspekte der Motivation des Personals.

5.2.5.4 *Aspekte der Arbeitnehmermotivation*

Der Begriff der Motivation erfährt im Rahmen dieser Arbeit eine Einengung[161] dergestalt, daß er als Synonym für den Terminus Arbeitszufriedenheit Verwendung findet[162], d.h., es wird unterstellt, ein Arbeitnehmer besitze eine hohe Bereitschaft, die ihm übertragenen Verrichtungen in einer den Zielvorstellungen der Entscheidungsträger im Unternehmen entsprechenden Weise zu erfüllen, wenn seine Arbeitszufriedenheit hoch ist[163]. Da sich eine hohe Arbeitszufriedenheit, wie im folgenden erläutert, auch auf ökonomische Größen auswirken kann, besteht für die Entscheidungsträger ein Anreiz, entsprechende Überlegungen – gerade auch bei der Gestaltung der Arbeitsorganisation[164] – mit zu berücksichtigen. Ansatzpunkte für den Versuch, eine hohe Zufriedenheit der Arbeitnehmer

---

[157]Vgl. z.B. Bessant, J.; Haywood, B. (1986), S. 472; Schlaffke, W. (1987), S. 149. Vgl. als einzigen Vertreter einer gegenteiligen Auffassung Haley, M. (1986), S. 463.

[158]Vgl. Bullinger, H.J.; Warnecke, H.J.; Lentes, H.P. (1985), S. XXXI; Dähnert, H.; Brechbühl, R. (1980), S. 440; Warnecke, H.J. (1985b), S. 670.

[159]Vgl. etwa das Beispiel bei Brödner, P. (1984), S. 38.

[160]Vgl. Fix-Sterz, J.; Lay, G.; Schultz-Wild, R. (1986), S. 375, die aufgrund einer empirischen Erhebung feststellen, daß in 48 (37) von 85 untersuchten flexibel automatisierten Produktionssystemen eine arbeitsorganisatorische Struktur mit vergleichsweise geringer (hoher) interner und externer Autonomie bestand.

[161]Vgl zu einer umfassenden Definition Hentze, J. (1986b), S. 18.

[162]Vgl. auch Bühner, R. (1987a), S. 77.

[163]Vom Problem der Messung einer „hohen" Arbeitszufriedenheit sei hier abstrahiert.

[164]Vgl. hierzu Bühner, R. (1987a), S. 78.

zu erreichen, bieten dabei zum einen die Arbeitszeit, zum anderen der Arbeitsinhalt des in den Arbeitsgruppen beschäftigten Personals[165].

Arbeitszeitbezogene Maßnahmen versuchen, eine gesteigerte Arbeitszufriedenheit des Personals zu erreichen, indem sie vollkommen starre Arbeitszeitmuster durch variable Strukturen ersetzen, die es den Arbeitnehmern erlauben, über zeitliche Lage und/oder Dauer ihrer in einem bestimmten Zeitraum abzuleistenden individuellen Arbeitszeit[166] in durch normierende Regelungen gesetzten Grenzen frei zu entscheiden und somit ihre Arbeitszeit mit ihren „bevorzugten Lebensrhythmen ... in Einklang zu bringen"[167].

Obwohl gerade numerisch gesteuerte Maschinen aufgrund der sich durch ihren Einsatz ergebenden Möglichkeit, bestimmte von Arbeitnehmern zu erledigende Verrichtungen unabhängig vom Produktionsvollzug der Maschinen auszuführen[168] – beispielsweise kann das Aufspannen am nächsten Morgen zu produzierender Erzeugnisse bereits abends erfolgen –, das Potential bieten, Arbeitszeitstrukturen variabel zu gestalten, und dieses Potential noch dadurch eine Verstärkung erfahren kann, daß, wie im vorhergehenden Abschnitt bereits aufgezeigt, in Arbeitsgruppen mit hoher interner Autonomie aufgrund des mehrfachen Vorhandenseins der benötigten Fähigkeiten die Erfüllbarkeit auszuführender Verrichtungen nicht von der Anwesenheit eines bestimmten Arbeitnehmers abhängt[169], geht die weitere Argumentation dieser Arbeit nicht detailliert auf die möglichen Zahlungskonsequenzen entsprechender Arbeitszeitregelungen ein, da diese nicht originär von der hier interessierenden Entscheidung zugunsten einer spezifischen Form der Arbeitsorganisation, sondern von einer zusätzlich zu treffenden Entscheidung hinsichtlich der Arbeitszeitgestaltung ausgelöst werden.

Dagegen beinhaltet die erörterte arbeitsorganisatorische Gestaltung einige *arbeitsinhaltsbezogene Maßnahmen*, die nach in der Literatur vorherrschender Mei-

---

[165]Vgl. Marr, R. (1986), S. 109.

[166]Vgl. zu diesen alternativ oder kombiniert einzusetzenden Gestaltungsparametern der Arbeitszeit Marr, R. (1987), S. 22.

[167]Hentze, J. (1986b), S. 202.

[168]Vgl. insbesondere Laßmann, G.; Maßberg, W.; Rademacher, M. (1987), S. 348. Vgl. auch Bühner, R. (1986a), S. 71; Bühner, R. (1986e), S. 392; Dostal, W. et al. (1982), S. 182, 185; Jorissen, H.D.; Kämpfer, S.; Schulte, H.J. (1986), S. 81.

[169]Vgl. zur Konstatierung des Variationspotentials der Arbeitszeit in Arbeitsgruppen Hentze, J. (1986b), S. 205. Marr zufolge besteht die Möglichkeit, daß dieses Potential die Tendenz verstärkt, arbeitsorganisatorische Gestaltungsmaßnahmen auf dem Prinzip der Arbeitsgruppen aufzubauen. Vgl. Marr, R. (1987), S. 36.

nung zu Steigerungen der Arbeitsmotivation führen. Zunächst bietet die unterstellte Arbeit in Gruppen prinzipiell jedem Arbeitnehmer die als motivationssteigernd angesehene[170] Möglichkeit, seinen individuellen Beitrag zur Entstehung eines jeden Erzeugnisses erkennen zu können, da aufgrund der objektbezogenen Abgrenzung der Produktionssysteme und damit auch der von den Arbeitnehmern in den Systemen zu erfüllenden Aufgaben die als für die Erreichung derart begründeter Motivationseffekte notwendig geltenden Voraussetzungen – Überschaubarkeit des gesamten Fertigungsprozesses der herzustellenden Erzeugnisse und enger arbeitsprozeßorientierter Zusammenhang der in einem System auszuführenden Verrichtungen[171] – zumindest partiell vorliegen. Allerdings hängt das Ausmaß, in dem die Voraussetzungen erfüllt werden, auch von der Stärke der arbeitsgruppeninternen Artteilung ab: Ein Arbeitnehmer, der im Wechsel Verrichtungen aus mehreren verschiedenen Kategorien ausführt, vermag aufgrund des hierdurch bedingten weitreichenderen Einblicks in die Bearbeitungsprozesse der in „seinem" Produktionssystem hergestellten Erzeugnisse seinen Beitrag zu deren Produktion besser zu beurteilen als ein anderer, dessen Aufgabenspektrum sich lediglich aus einer geringen Zahl eng verwandter Verrichtungen zusammensetzt.

Des weiteren werden bei Realisation einer an das Prinzip der Fertigungsinsel angenäherten Form der Arbeitsorganisation Motivationssteigerungen erwartet, da Fertigungsinseln als eine konkrete Form sogenannter Arbeitsstrukturierungsmaßnahmen gelten[172]. Derartige Maßnahmen sollen durch eine Gestaltung des Arbeitsinhalts, die bestimmte Bedürfnisse des Personals, wie z.B. den Wunsch nach abwechslungsreichen Arbeitsinhalten oder nach Übernahme dispositiver Aufgaben[173], berücksichtigt, die Motivation der betroffenen Arbeitnehmer erhöhen[174].

Dies ist durch unterschiedliche Maßnahmen realisierbar[175]. *Aufgabenerweiterung* (Job-enlargement) resultiert aus der Übernahme mehrerer Verrichtungen iden-

---

[170]Vgl. Schmied, V. (1982), S. 105.

[171]Vgl. Groover, M.P. (1980), S. 559; Warnecke, H.J.; Osman, M.; Weber, G. (1980), S. 10; Zink, K.J. (1986), S. 301.

[172]Vgl. z.B. Bühner, R. (1986c), S. 493, 495; Bühner, R. (1987a), S. 198; Hahn, D.; Laßmann, G. (1986), S. 43.

[173]Vgl. zur wachsenden Bedeutung derartiger Bedürfnisse Hentze, J. (1986b), S. 348-349.

[174]Vgl. Hax, K. (1977), S. 74-75; Hentze, J. (1986a), S. 416-417; Wild, R. (1984), S. 239.

[175]Vgl. z.B. Frese, E. (1979), Sp. 152-154.

tischen oder ähnlichen Charakters durch *einen* Arbeitnehmer[176], was sich in Gruppenfertigungssystemen beispielsweise erreichen läßt, indem ein bislang lediglich eine Maschine bedienender Arbeitnehmer Aufgaben des Bedienens an mehreren, verschiedene Verrichtungen ausführenden Maschinen übernimmt[177].

Aufgabenbereicherung (Job-enrichment) führt zur Ausweitung der Anzahl der den Arbeitsgruppenmitgliedern übertragenen, *qualitativ* verschiedenen Aufgaben[178]. Inwieweit dies beim Übergang auf flexibel automatisierte Produktionssysteme höherer Ordnung erreicht wird, hängt von der vor der Reorganisation bestehenden Form der Arbeitsorganisation und von der Aufteilung des vorab fixierten Aufgabenspektrums einer Arbeitsgruppe auf die einzelnen Gruppenmitglieder ab. Da mit dem Übergang, wie in Abschnitt 5.2.2.3.2 ausgeführt, tendenziell eine Erweiterung dieses Aufgabenspektrums um dienstleistende Verrichtungen erfolgt, dürfte auch dessen Aufteilung auf die in der Gruppe zusammengefaßten Stellen so geschehen, daß der Aufgabeninhalt zumindest eines Teils dieser Stellen eine gegenüber der Ausgangssituation größere Zahl qualitativ verschiedener Elemente umfaßt[179].

Schließlich wird auch der, wie in Abschnitt 5.2.2.4.2 dargestellt, häufig ohnehin bereits als Rahmenbedingung vorgeschriebene *Aufgabenwechsel* (Job-rotation) als Charakteristikum der Arbeitsorganisation mit vergleichsweise hoher Autonomie angesehen[180]. Der – ohne Begründung angeführten, jedoch offenbar auf den in Abschnitt 5.1.1 dargestellten Überlegungen im Hinblick auf soziale Faktoren basierenden – Meinung einiger Autoren zufolge soll sich der Aufgabenwechsel auf das Fertigungssystem beschränken, dem die wechselnden Arbeitnehmer zugeordnet sind; Wechsel zwischen unterschiedlichen Systemen erscheinen diesen Autoren nur in Ausnahmefällen sinnvoll[181], was die im Rahmen der Modellanwendung vorgenommene disjunkte Klassifikation von Arbeitsgruppen untermau-

---

[176]Vgl. Bühner, R. (1986g), S. 17; Hentze, J. (1986a), S. 418.

[177]Vgl. Gallagher, C.C.; Knight, W.A. (1973), S. 99. Bühner schränkt dagegen den Umfang von Aufgabenerweiterungsmaßnahmen auf die Bedienung *gleichartiger* Maschinen ein. Vgl. Bühner, R. (1986g), S. 18.

[178]Vgl. Bühner, R. (1986a), S. 73; Bühner, R. (1986d), S. 536.

[179]Dies wird (allerdings zumeist ohne explizite Begründung) auch in der ausgewerteten Literatur konstatiert. Vgl. z.B. Bühner, R. (1986g), S. 17-18.

[180]Vgl. Eversheim, W.; Herrmann, P.; Müller, W. (1983), S. 851.

[181]Vgl. Burbidge, J.L. (1979), S. 42, 183; Gallagher, C.C.; Knight, W.A. (1986), S. 56.

ern könnte, wenn die angeführten Quellen Belege für die Berechtigung der vertretenen Auffassung liefern würden.

Unzureichend belegte Aussagen finden sich häufig auch in den Literaturquellen, die die Relationen zwischen den angeführten arbeitsinhaltsbezogenen Maßnahmen, der Veränderung der Motivation des Personals und daraus resultierenden ökonomischen Effekten darstellen. Danach besteht die Möglichkeit, daß Motivationssteigerungen durch arbeitsorganisatorische Maßnahmen der beschriebenen Art auf bestimmte Auszahlungen eine vermindernde Wirkung ausüben. So wird etwa eine Abnahme der Personalfluktuation und -abwesenheit erwartet[182], die die aufgrund der Neubesetzung durch Fluktuation frei gewordener Stellen und aufgrund des Vorhaltens von Arbeitnehmern, die abwesendes Personal ersetzen, anfallenden Kosten verringert, sofern entsprechende Dispositionen getroffen werden.

Zusätzlich kann sich die Qualität der hergestellten Erzeugnisse mit der Konsequenz geringerer Auszahlungen für Nacharbeiten an minderwertigen Erzeugnissen erhöhen[183], da aufgrund der (weitgehenden) Komplettbearbeitung einer Erzeugnisfamilie in *einem* Produktionssystem die in einer Werkstattfertigung angesichts der Vielzahl zu durchlaufender Systeme nicht gegebene[184] Möglichkeit besteht, jedes System als einen „Verantwortungsbereich"[185] für die Herstellung der zugeordneten Erzeugnisfamilie abzugrenzen und die Verantwortung, daß alle Aufgaben in einer die gesetzten Standards der Erzeugnisqualität einhaltenden Weise erfüllt werden, der im System beschäftigten Arbeitsgruppe zu übertragen.

Diese Beispiele zeigen, daß prinzipiell aufgrund arbeitsorganisatorischer Maßnahmen motivationsbedingte Verringerungen von Auszahlungen anfallen können; eine tendenzielle oder gar funktionale Beziehung zwischen den unterschiedlichen Effekten läßt sich jedoch angesichts der fehlenden Repräsentativität und Vergleichbarkeit[186] der vorliegenden Berichte über Anwendererfahrungen[187] und

---

[182]Vgl. z.B. Dostal, W. et al. (1982), S. 189.

[183]Vgl. prinzipiell hierzu Frese, E. (1979), Sp. 156.

[184]Vgl. z.B. Burbidge, J.L. (1973b), S. 15-16; Burbidge, J.L. (1975), S. 42, 238.

[185]Bühner, R. (1986f), S. 16. Vgl. auch Kenn, H. (1987), S. 27; Purcheck, G.F.K. (1985a), S. 894.

[186]Vgl. prinzipiell hierzu Frese, E. (1979), Sp. 156; Küpper, H.U. (1982), S. 107; Schmied, V. (1982), S. 115.

[187]Vgl. z.B. Burbidge, J.L. (1979), S. 154.

vor allem angesichts „der Unbestimmtheit der zwischengelagerten menschlichen Reaktionen"[188] nicht ermitteln.

Konsequenterweise stehen einige Autoren der dargestellten Argumentationskette skeptisch gegenüber[189], was sich bezogen auf die hier behandelte Gestaltung von Arbeitsgruppen mit hoher interner und externer Autonomie um so mehr empfiehlt, als die infolge der Integration sowohl weitgehend anspruchsloser als auch komplexer Verrichtungen in das Aufgabenspektrum derartiger Gruppen[190] bestehende Notwendigkeit, daß Arbeitnehmer mit hoher Qualifikation auch sehr einfach strukturierte Aufgaben ausführen müssen, demotivierende Effekte auslösen kann[191]. Doch selbst ausgehend von der Prämisse, daß durch die Reorganisation in der Summe motivationssteigernde Effekte (einschließlich ihrer ökonomischen Auswirkungen) entstehen, bleiben große Unsicherheiten über deren Ausmaß, da aufgrund der zu erwartenden Gewöhnung der Arbeitnehmer an die Neugestaltung[192] die Zeitspanne, während der motivationale Wirkungen bestehen, begrenzt sein dürfte.

Da somit nicht einmal tendenzielle Aussagen über die Wirkungen der motivationalen Aspekte abgegeben werden können, muß die für die Durchführbarkeit der in den abschließenden Bemerkungen des Abschnitts 5.2.4 geforderten vergleichenden Gegenüberstellung der Kosten mit dem „Nutzen" arbeitsorganisatorischer Maßnahmen notwendige Quantifizierung dieser Wirkungen scheitern[193]. Somit erscheint es gerechtfertigt, auf die explizite Einbeziehung derartiger Effekte in die ökonomische Bewertung zu verzichten und sie lediglich auf der Basis soziologischer oder psychologischer Überlegungen zu bewerten, was jedoch nicht Gegenstand betriebswirtschaftlicher Ausführungen sein kann.

5.2.6 *Zweckmäßigkeit des Lösungsansatzes*

Der beschriebene Lösungsansatz stellt einen ersten Versuch dar, auch den arbeitsorganisatorischen Aspekt gruppentechnologischer Analysen einer Erfassung

---

[188]Gneveckow, J. (1982), S. 187.

[189]Vgl. z.B. Hentze, J. (1986b), S. 39-45.

[190]Vgl. hierzu Willenborg, J.A.M.; Krabbendam, J.J. (1987), S. 1687. Vgl. auch die Auflistung der Aufgabenkategorien in Abschnitt 5.2.2.1.

[191]Vgl. z.B. Adler, P. (1986), S. 23; Bajna, N. (1976), S. 289; Gerwin, D.; Leung, T.K. (1980), S. 241.

[192]Vgl. mit dem speziellen Bezug auf Arbeitszeitregelungen Hentze, J. (1986b), S. 202.

[193]Vgl. auch ISI; IAB; IWF (1982), S. 356; Kieser, A. (1985), S. 310; Wild, R. (1980), S. 202.

in einem formalen, auf ökonomischen Überlegungen beruhenden Modell zu erschließen.

Wie die Argumentation zeigte, erfordert die gewählte Art der Modellbildung eine im Vergleich zur fertigungsorganisatorischen Gestaltung größere Zahl ergänzender Bewertungsüberlegungen, was man als Mangel empfinden mag. Diese Vorgehensweise erschien jedoch als die vorziehenswürdige Alternative gegenüber der Konstruktion eines Modells, das die zur Nichteinbeziehung bestimmter Aspekte in den ausgewählten Modellansatz führenden Probleme wie die in Abschnitt 5.2.5.2 aufgezeigte fehlende funktionale Beziehung zwischen den Qualifikationskosten und den aufgrund von Personaleinsparungen entstehenden Verminderungen der Lohnauszahlungen durch restriktive Annahmen, beispielsweise in Form eines in die formale Beschreibung eingehenden fixierten funktionalen Verhältnisses zwischen entstehenden Qualifikationskosten und einzusparenden Lohnauszahlungen, zu beseitigen versucht.

Aus einem derartigen Vorgehen würde einerseits ein formales Modell hoher Komplexität resultieren, das jedoch gegenüber der hier vorgestellten Vorgehensweise aufgrund der in ihm unterstellten funktionalen Zusammenhänge zwischen den einzelnen Komponenten andererseits sogar eine Verschlechterung der Lösungsqualität bewirken könnte. Dies erklärt sich aus der Möglichkeit, daß die geplante arbeitsorganisatorische Struktur in der Realität andere als die bei der Festlegung der funktionalen Zusammenhänge unterstellten Konsequenzen impliziert. So berichtet eine Publikation beispielsweise von einer Arbeitsgruppe, in der nicht der geplante Aufgabenwechsel stattfand, sondern sich eine Tendenz zu stärkerer interner Artteilung ergab, als die Gruppenmitglieder bemerkten, daß einige von ihnen Spezialbegabungen für die Ausführung bestimmter Verrichtungen aufweisen[194]. Werden derartige Situationen für möglich gehalten und ergeben sich aus ihnen Veränderungen der Zahlungsgrößen des Unternehmens, sind diese leichter in ergänzenden Bewertungsüberlegungen als in der formalisierten Struktur eines umfassenderen Modells zu berücksichtigen.

Zudem dürfte sich aufgrund der aus dem bereits angesprochenen Mangel an empirischem Material, das die ökonomischen Konsequenzen bestimmter arbeitsorganisatorischer Maßnahmen herausarbeitet, resultierenden Unsicherheit hinsichtlich der konkreten Form der in ein komplexes Modell einzubauenden funktionalen Beziehungen deren Bestimmung problematisch gestalten. Die in die-

---

[194]Vgl. Keckeis, B.; Längle, G.; Zobrist, A. (1987), S. 185.

ser Arbeit gewählte Vorgehensweise folgt deshalb dem Vorschlag Jacobs, auf eine Einbeziehung unsicherer Daten in das formale Planungsmodell zu verzichten, wenn die Gefahr besteht, daß diese Unsicherheit zu einer Verringerung der Lösungsqualität führt[195].

Doch selbst die Konstruktion eines komplexen formalen Modells würde noch nicht zu einem Totalmodell führen, da die Gestaltung der Arbeitsorganisation – wie auch die der Fertigungsorganisation[196] – Auswirkungen auf Organisationseinheiten des analysierten Unternehmens, die außerhalb des in die Planung einbezogenen Produktionsbereichs liegen, initiieren kann[197], die das Modell ebenso wie die Entwicklung der einbezogenen Auswirkungen bestimmter Handlungsmöglichkeiten über die gesamte Lebensdauer des Unternehmens nicht erfassen kann, was in der sehr großen Zahl zu berücksichtigender Auswirkungen der Handlungsmöglichkeiten begründet liegt, durch deren vollständige Einbeziehung der Rahmen eines noch mit vertretbarem Aufwand zu lösenden Modells bei weitem überschritten würde[198]. Zudem besteht hinsichtlich des Eintretens dieser Auswirkungen auf nicht in die Planung einbezogene Organisationseinheiten und damit auf die organisatorische Struktur des gesamten Unternehmens eine Ungewißheitssituation.

Die aufgrund dieser Auswirkungen erwarteten Entwicklungsperspektiven des hier als organisatorische Grobstruktur bezeichneten[199] gesamten organisatorischen Aufbaus solcher Unternehmen, die flexibel automatisierte Produktionssysteme einsetzen, sollen im folgenden, diese Arbeit abschließenden Abschnitt kurz umrissen werden, um damit die angestellten Überlegungen zur organisatorischen Gestaltung derartiger Produktionssysteme abzurunden.

---

[195]Vgl. Jacob, H. (1986), S. 392.

[196]Vgl. prinzipiell hierzu Mintzberg, H. (1979), S. 105.

[197]Vgl. Child, J. (1984b), S. 43.

[198]Vgl. zu dieser Problematik Jacob, H. (1986), S. 392.

[199]Vgl. zur Terminologie Drumm, H.J. (1980), S. 312.

6 AUSBLICK: ENTWICKLUNGSPERSPEKTIVEN ORGANISA-TORISCHER GROBSTRUKTUREN

Der Ungewißheitscharakter der darzustellenden Entwicklungsperspektiven liegt in der Tatsache begründet, daß es sich hierbei lediglich um kaum durch empirisches Material abgesicherte Hypothesen handelt. Nach der Kernaussage dieser im folgenden wiedergegebenen Hypothesen, die interessanterweise eine starke Ähnlichkeit zu den bei Einsatz starr automatisierter Produktionssysteme erwarteten Entwicklungstendenzen[1] aufweisen, stellen der Einsatz flexibel automatisierter Produktionssysteme höherer Ordnung sowie ergänzende arbeitsorganisatorische Maßnahmen den Ausgangspunkt einer – sicherlich nur auf lange Sicht beobachtbaren – Entwicklung dar, die zu einer verstärkten Integration in den organisatorischen Grobstrukturen der entsprechende Veränderungen realisierenden Unternehmen führt[2].

Bei Verwendung in derartigen Hypothesen deckt sich der Inhalt des Begriffs Integration allerdings nicht mit der in der Organisationstheorie üblicherweise vorzufindenden, auf Kosiol zurückgehenden Definition, die unter Integration Interdependenz und Interaktion der einzelnen Organisationseinheiten eines Unternehmens versteht[3], sondern schließt darüber hinaus die auf Organisationen bezogene Denotation des allgemeinen Sprachgebrauchs ein, sieht also Integration als die Errichtung neuer Organisationseinheiten durch Verbindung vorher isoliert bestehender Einheiten an.

Der Integrationsprozeß erstreckt sich den existierenden Hypothesen zufolge auf zwei Dimensionen[4]:
- vertikal (durch Verbindung von Organisationseinheiten unterschiedlicher Stufen der Unternehmenshierarchie) und
- horizontal (durch Verbindung verschiedener Funktionsbereiche).

Die *vertikale* Dimension der Integration ergibt sich als Folge der in Abschnitt 5.2 erläuterten Stelleneinsparungen aufgrund umfassender Verlagerung fertigungsvorbereitender Verrichtungen in das Aufgabenspektrum produktionssystemintern eingesetzter Arbeitnehmer[5]. Der in den vorliegenden Quellen selten explizit

---

[1] Vgl. Drumm, H.J. (1970), S. 14 und die dort angeführte Literatur.

[2] Vgl. z.B. Kahl, H.P. (1987), S. 110.

[3] Vgl. Kosiol, E. (1976), S. 21.

[4] Vgl. Kahl, H.P. (1987), S. 110.

[5] Vgl. Bühner, R. (1986e), S. 391; Bühner, R. (1986h), S. 117.

verdeutlichten Argumentationskette zufolge kann diese Entwicklung in einen Abbau ganzer Hierarchieebenen des sogenannten mittleren Managements münden[6], da die zuvor diesen Hierarchieebenen zugeordneten Aufgaben mit auf anderen Ebenen ausgeführten zum Aufgabenspektrum neuer Organisationseinheiten verbunden, zuvor isoliert bestehende Hierarchiestufen somit zu einer einzigen Ebene verschmolzen werden. Konsequenz dieser Entwicklung wäre nach der Argumentationskette die – häufig pauschal konstatierte[7] – Abflachung organisatorischer Grobstrukturen[8].

Diese Argumentation läßt jedoch zwei wesentliche Gesichtspunkte außer acht. Zum einen führt das vollständige Auslagern des Aufgabenspektrums einer Stelle nicht zwangsläufig zu deren Auflösung, da eine Substitution der abgegebenen durch neue Aufgaben erfolgen kann. Beispielsweise besteht die Möglichkeit, daß sich das mittlere Management anstelle von operativen Aufgaben dispositiver Art mit konzeptionellen Überlegungen, z.B. hinsichtlich der Gestaltung des Fertigungsablaufs, befaßt[9]. Zum zweiten ist nicht ausgeschlossen, daß ein Abbau von Hierarchieebenen in Organisationseinheiten mit fertigungsvorbereitenden Aufgaben eine Kompensation durch die Installierung von zusätzlichen Ebenen in anderen Organisationseinheiten erfährt. Angesichts der gestiegenen Bedeutung des Computereinsatzes und der Arbeitnehmerqualifikation wäre etwa eine Ausweitung von EDV- und Bildungsabteilungen[10] denkbar, aus der möglicherweise auch deren Ausdehnung über eine steigende Zahl von Hierarchiestufen folgt.

Als Auslöser der *horizontalen* Integration gilt in der Literatur das mit dem Schlagwort CIM (*C*omputer *I*ntegrated *M*anufacturing) belegte Bestreben, die Steuerungsrechner von Produktionssystemen mit den EDV-Systemen der anderen in Erzeugnisherstellung und -vertrieb einbezogenen Funktionsbereiche zu verknüpfen[11]. Zentrales Element dieses als datentechnische Integration bezeichneten Vorgangs ist der Aufbau einer von allen Funktionsbereichen gemeinsam genutzten Datenbank[12], die zur Vermeidung bei separater Datenspeicherung auf-

---

[6]Vgl. Walton, R.E.; Susman, G.I. (1987), S. 104.

[7]Vgl. z.B. Wildemann, H. (1987c), S. 54; Zink, K.J. (1986), S. 301.

[8]Vgl. z.B. Kahl, H.P. (1987), S. 113.

[9]Vgl. auch Child, J. (1984b), S. 262.

[10]Vgl. zu letzterem Child, J. (1984a), S. 215.

[11]Vgl. z.B. Gunn, T.G. (1986), S. 51.

[12]Vgl. z.B. Bühner, R. (1986h), S. 114; Erkes, K.; Schmidt, H. (1986), S. 589; REFA (1987), S. 258; Wildemann, H. (1987a), S. 6.

tretender Nachteile wie der redundanten Speicherung identischer Daten, der eng mit dieser Redundanz verbundenen Notwendigkeit der Mehrfacheingabe und der Gefahr, daß ursprünglich übereinstimmende Datenbestände durch fehlerhafte Ausführung notwendiger Datenänderungen in einzelnen Funktionsbereichen nicht mehr übereinstimmen[13], führen soll.

Eines der wesentlichen Elemente einer CIM-Realisierung stellt die mit dem Kürzel CAD/CAM-Integration umschriebene datentechnische Verbindung der Funktionen Konstruktion und Fertigung dar[14]. Bei Realisierung dieser partiellen horizontalen Integration sorgt die Kopplung der EDV-Systeme in beiden Bereichen für die Vermeidung des Austauschs von Belegen: Ohne CAD/CAM-Integration besteht die Notwendigkeit, die Geometriedaten der mit Hilfe eines CAD-Systems, also mit Rechnerunterstützung konstruierten Erzeugnisse vom Computer ausgeben zu lassen und die so entstehenden Belege (z.B. Konstruktionszeichnungen) an die Fertigung weiterzuleiten, wo die auf den Belegen festgehaltenen Daten erneut in einen Rechner einzugeben sind, um die zur Herstellung der Erzeugnisse notwendigen Steuerungsprogramme für NC- bzw. CNC-Maschinen zu erstellen[15]. Dagegen erlaubt die Integration die unmittelbare Entnahme der zur Erstellung der Steuerungsprogramme notwendigen Geometriedaten aus der gemeinsamen Datenbank, in der sie durch das CAD-System abgespeichert wurden[16], und somit eine wesentliche Vereinfachung des Datenaustauschs, die eine Verkürzung der „Informationsübertragungszeiten"[17] und damit möglicherweise auch der Wartezeitkomponente der Erzeugnisdurchlaufzeiten verursacht.

Während Ansätze derartiger partieller Integration in der industriellen Praxis bereits existieren, stellt die *vollständige* datentechnische Integration aller Funktionen, die „vom Auftrags- bis zum Zahlungseingang"[18] mit Herstellung und Vertrieb eines Erzeugnisses verbunden sind, gegenwärtig noch ein Fernziel dar[19].

---

[13]Vgl. zu den Nachteilen insbesondere Bullinger, H.J.; Traut, L. (1986), S. 5. Vgl. auch Warnecke, H.J. (1985b), S. 672; Wildemann, H. (1987a), S. 10.

[14]Vgl. Scheer, A.W. (1988), S. 308.

[15]Vgl. Scheer, A.W. (1988), S. 595.

[16]Vgl. z.B. Bühner, R. (1987a), S. 217-218; Gunn, T.G. (1982), S. 83; Scheer, A.W. (1987a), S. 10.

[17]Scheer, A.W. (1987a), S. 5.

[18]Bühner, R. (1986b), S. 297.

[19]Vgl. Wildemann, H. (1986), S. 339.

Die organisatorische Grobstruktur beeinflussende Effekte dieser Entwicklungslinien ergeben sich daraus, daß aus der datentechnischen Integration eine Abschwächung der Bereichsgrenzen funktionaler Organisationseinheiten resultieren soll[20], was letztlich dazu führt, daß der datentechnischen eine organisatorische Integration unterschiedlicher Funktionen folgt. Aus dieser Entwicklung ließe sich auch der in der Literatur erwartete Trend zu einer zunehmend objektorientierten Gestaltung organisatorischer Grobstrukturen[21] erklären, der „in letzter Konsequenz"[22] zu einer – in einzelnen Pilotprojekten bereits realisierten[23] – Aufteilung ganzer Werke in kleinere, für die Herstellung jeweils bestimmter Produktgruppen zuständige Organisationseinheiten mit einem relativ hohen Grad an externer Autonomie führen würde, die alle wesentlichen produktgruppenspezifischen Funktionen zugeteilt bekommen[24]. Innerhalb der einzelnen Organisationseinheiten wäre eine weitere objektorientierte Aufteilung in Form der Gestaltung spezifisch auf die Herstellung einzelner in die entsprechende Produktgruppe eingehender Teilefamilien ausgerichteter Produktionssysteme denkbar, was im Hinblick auf die grundsätzliche planerische Gestaltung dieser Aufteilungen der sukzessiven Anwendung zweier Schritte aus dem in Abschnitt 4.2.3.1 vorgestellten mehrstufigen Vorgehen Burbidges entspräche.

Abschließend sei nochmals der Hypothesencharakter der hier wiedergegebenen Argumente betont, der eine eindeutige Prognose der sich voraussichtlich herauskristallisierenden Entwicklungslinien verhindert[25]. Neben der Intensivierung gruppentechnologischer Anwendungen auf dem Gebiet der arbeitsorganisatorischen Gestaltung und der Gewinnung empirischen Materials über ökonomische Auswirkungen bestimmter Formen der Arbeitsorganisation bietet somit der Versuch, die eben umrissenen Hypothesen über die Entwicklungsperspektiven organisatorischer Grobstrukturen zu bestätigen oder zu widerlegen, einen breiten Raum für weitere Forschungen.

---

[20]Vgl. z.B. Blois, K.J. (1986), S. 66; Bocker, H.J. et al. (1986), S. 38; Bühner, R. (1986e), S. 392; Child, J. (1984a), S. 217; Tschörtner, K.A. (1984), S. 321.

[21]Vgl. z.B. Bullinger, H.J.; Warnecke, H.J.; Lentes, H.P. (1985), S. LI; Eidenmüller, B. (1986a), S. 630; Lawler, E.E. (1986), S. 176; Wildemann, H. (1987e), S. 140.

[22]Eidenmüller, B. (1986a), S. 630.

[23]Vgl. insbesondere Lawler, E.E. (1986), S. 195-196; Tress, D.W. (1987), S. 444-445.

[24]Vgl. Tress, D.W. (1986), S. 184, 186.

[25]Vgl. Bühner, R. (1986i), S. 203.

ANHÄNGE

Anhang 1: Hierarchische Gliederung der Flexibilitätskomponenten eines Fertigungssystems

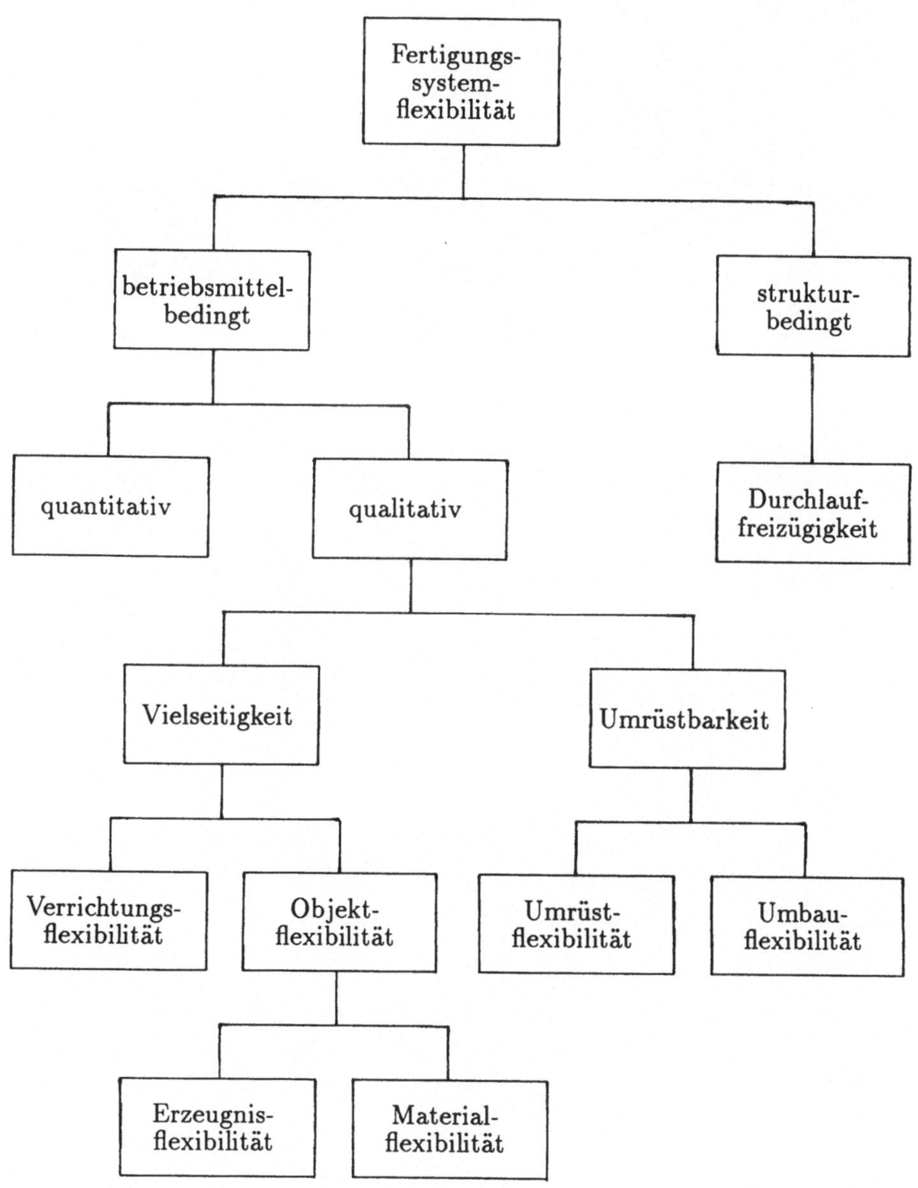

Anhang 2: Module eines nach dem Baukastensystem konzipierten Bearbeitungszentrums[1]

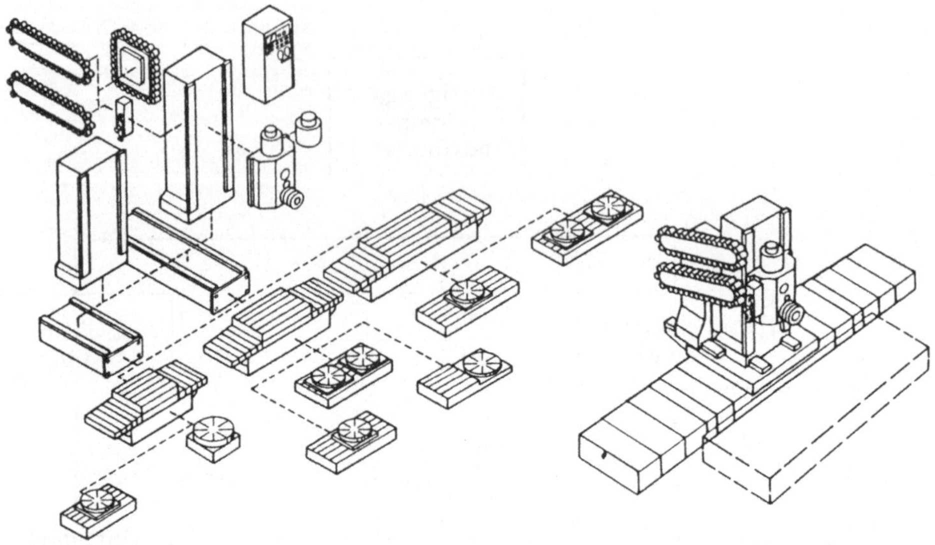

---

[1] Quelle: Hedrich, P.; Brunner, B.; Maucher, K. (1983), S. 43.

Anhang 3: Zur Verringerung der Rüstkosten bei der Substitution konventioneller Universalmaschinen durch numerisch gesteuerte Bearbeitungsmaschinen

Aus Gründen der Vereinfachung basiert die Darstellung auf folgenden Annahmen:

(1) Das Erzeugnis mit dem höchsten Deckungsbeitrag (Erzeugnis x), also der höchsten Differenz zwischen Verkaufspreis und den Erzeugniseinzelkosten[2], wird auf der numerisch gesteuerten Maschine ebenso komplett bearbeitet wie zuvor auf der konventionellen Universalmaschine.

(2) Verkaufspreis, Einzelkosten und damit Deckungsbeitrag des Erzeugnisses x verändern sich durch den Übergang auf die neue Maschine nicht.

(3) Die Auszahlungen für die beim Rüsten für ein Los jedes zu bearbeitenden Erzeugnisses verbrauchten Produktionsfaktoren sind bei beiden Maschinen gleich hoch und brauchen somit nicht in die Berechnung einbezogen zu werden.

Die für ein Los anfallenden Rüstkosten K_r stellen aufgrund von Annahme (3) ausschließlich Opportunitätskosten dar und errechnen sich bei der konventionellen Universalmaschine als Produkt aus der Rüstzeit t_{rk}, der je Zeiteinheit ausgebrachten Menge d_k und dem Stückdeckungsbeitrag DB des Erzeugnisses x:

$$K_{rk} = t_{rk} \cdot d_k \cdot DB$$

Entsprechend gilt für das numerisch gesteuerte Aggregat:

$$K_{rn} = t_{rn} \cdot d_n \cdot DB$$

Da DB nach Voraussetzung (2) konstant ist, verringern sich die Rüstkosten durch den Maschinenaustausch, wenn gilt:

$$t_{rn} \cdot d_n < t_{rk} \cdot d_k$$

bzw.

---

[2]Vgl. Riebel, P. (1985), S. 515.

$$\frac{d_k}{d_n} > \frac{t_{rn}}{t_{rk}}$$

Da die Substitution in aller Regel einerseits eine nur begrenzte Steigerung der Ausbringungsmenge je Zeiteinheit, andererseits eine deutliche Verringerung der Rüstzeit bewirkt, liegt der Wert des Quotienten d_k/d_n nahe bei 1, während t_{rn}/t_{rk} den Wert 1 deutlich unterschreitet. Somit kann unter den gesetzten Prämissen davon ausgegangen werden, daß die Ungleichung im allgemeinen erfüllt ist, was die Plausibilität der Annahme verringerter Rüstkosten verdeutlicht.

Anhang 4: Alternativen blockdiagonaler Matrizen bei Anwendung des Verfahrens von McCormick, Schweitzer und White

Die durch die Freiheitsgrade des in Abschnitt 4.2.3.2.4 behandelten Verfahrens von McCormick, Schweitzer und White gegebene Möglichkeit, alternative blockdiagonale Matrizen zu erhalten, bildete den Grund dafür, die im angegebenen Abschnitt errechnete Lösung eines Beispiels anhand von fünf Vergleichsrechnungen zu überprüfen. Dabei zeigte sich, daß zwar unterschiedliche Zeilen- und Spaltenfolgen resultierten, jedoch in jedem Fall die aus den Maschinen 1 und 3 (2 und 4) sowie den Erzeugnissen 1, 4 und 5 (2 und 3) gebildeten beiden Blöcke generiert wurden, wobei sich für alle Lösungen die Effektivitätsziffer $\varepsilon = 9$ ergab.

Um die Überprüfbarkeit dieser Angaben zu ermöglichen, beinhaltet die nachstehende Tabelle Zeilen- und Spaltenfolgen der alternativen Lösungen. Die angegebenen Ziffern charakterisieren die laufenden Nummern der Zeilen bzw. Spalten in der Ausgangsmatrix; die Ziffernfolge verdeutlicht die fortlaufende Reihenfolge der Spalten (Zeilen) in der neuen Matrix, wobei die erste Ziffer die linke (obere) Spalte (Zeile) kennzeichnet.

Die zusätzlich angegebenen Buchstaben verdeutlichen die Reihenfolge der Zeilen- bzw. Spaltenzuordnung: Die mit dem Buchstaben a (e) gekennzeichnete Spalte wurde als erste (letzte) zugeordnet. Analoges gilt für die Zeilenfolge.

	Zeilenfolge				Spaltenfolge				
Lösung 1	1	3	2	4	2	3	5	1	4
	(b)	(a)	(c)	(d)	(b)	(a)	(c)	(d)	(e)
Lösung 2	4	2	1	3	5	1	4	3	2
	(a)	(b)	(c)	(d)	(a)	(b)	(c)	(d)	(e)
Lösung 3	2	4	3	1	4	1	5	2	3
	(b)	(a)	(c)	(d)	(e)	(d)	(c)	(a)	(b)
Lösung 4	3	1	4	2	3	2	4	5	1
	(b)	(a)	(c)	(d)	(e)	(d)	(a)	(b)	(c)
Lösung 5	1	3	4	2	1	5	4	3	2
	(b)	(a)	(d)	(c)	(a)	(b)	(c)	(d)	(e)

Anhang 5: Berechnungsschritte zur Erzeugung der hierarchischen Klassifikationen für das Datenmaterial des Beispiels

1) *Single-linkage*

   1. Schritt:

Zusammengefaßte Cluster: (1),(2)
Proximitätsniveau: 700
Modifizierte Proximitätsmatrix:

	1,2	3	4	5
1,2	-	100	80	620
3		-	700	0
4			-	150
5				-

   2. Schritt:

Zusammengefaßte Cluster: (3),(4)
Proximitätsniveau: 700
Modifizierte Proximitätsmatrix:

	1,2	3,4	5
1,2	-	100	620
3,4		-	150
5			-

   3. Schritt:

Zusammengefaßte Cluster: (1,2),(5)
Proximitätsniveau: 620
Modifizierte Proximitätsmatrix:

	1,2,5	3,4
1,2,5	-	150
3,4		-

   4. Schritt:

Zusammengefaßte Cluster: (1,2,5),(3,4)
Proximitätsniveau: 150

2) *Complete-linkage*

1. Schritt:

Zusammengefaßte Cluster: (1),(2)
Proximitätsniveau: 700
Modifizierte Proximitätsmatrix:

	1,2	3	4	5
1,2	-	0	0	0
3		-	700	0
4			-	150
5				-

2. Schritt:

Zusammengefaßte Cluster: (3),(4)
Proximitätsniveau: 700
Modifizierte Proximitätsmatrix:

	1,2	3,4	5
1,2	-	0	0
3,4		-	0
5			-

3. Schritt:

Zusammengefaßte Cluster: (1,2),(3,4),(5)
Proximitätsniveau: 0

3) *Average-linkage*

1. Schritt:

Zusammengefaßte Cluster: (1),(2)
Proximitätsniveau: 700
Modifizierte Proximitätsmatrix:

	1,2	3	4	5
1,2	-	50	40	310
3		-	700	0
4			-	150
5				-

2. Schritt:

Zusammengefaßte Cluster: (3),(4)
Proximitätsniveau: 700
Modifizierte Proximitätsmatrix:

	1,2	3,4	5
1,2	-	45	310
3,4		-	75
5			-

3. Schritt:

Zusammengefaßte Cluster: (1,2),(5)
Proximitätsniveau: 310
Modifizierte Proximitätsmatrix:

	1,2,5	3,4
1,2,5	-	55
3,4		-

4. Schritt:

Zusammengefaßte Cluster: (1,2,5),(3,4)
Proximitätsniveau: 55

Anhang 6: Ausprägung des Güteindex bei alternativen Veränderungen der Clusterzugehörigkeit im Rahmen des Iterationsverfahrens

Ausgehend von der mit Hilfe des Eröffnungsverfahrens gefundenen Zuordnung sind folgende alternative Zuordnungswechsel möglich:

(1) Maschine 1 in System II (Standort S5)
(2) Maschine 2 in System II (Standort S5)
(3) Maschine 5 in System II (Standort S5)

Die jeweils resultierenden Ausprägungen der Bewertungskriterien finden sich in folgender Tabelle:

Zuordnungs-wechsel	Homogenitäts-index	Verschieden-heitsindex	Güteindex
(1)	2156,82	15719,44	17876,26
(2)	2371,20	16108,80	18480,00
(3)	3460,00	9171,36	12631,36

Der Zuordnungswechsel (3) erbringt somit als einziger eine Verringerung der Ausprägung des Güteindex gegenüber der Ausgangsklassifikation. Verwendet man die aus der Durchführung dieses Zuordnungswechsels resultierende Klassifikation als Ausgangslösung für einen erneuten Iterationsschritt, ergeben sich, da die Transferierung von Maschine 5 in System I wieder die ursprüngliche Ausgangsklassifikation erbringen würde, lediglich die beiden folgenden Möglichkeiten des Zuordnungswechsels, die allerdings, wie die anschließende Tabelle zeigt, zu keiner Verbesserung des Güteindex führen:

(4) Maschine 3 in System I (Standort S3)
(5) Maschine 4 in System I (Standort S3)

Zuordnungs-wechsel	Homogenitäts-index	Verschieden-heitsindex	Güteindex
(4)	2857,20	12271,36	15128,56
(5)	1837,20	16676,48	18513,68

LITERATURVERZEICHNIS

Aachener Werkzeugmaschinen-Kolloquium (Hrsg.) (1987),
Produktionstechnik, Düsseldorf 1987.

Abou-Zeid, M.R. (1975),
Group technology,
in: IE, 7 (1975) 5, S. 32–39.

Ackermann, R.R. (1985),
Mit dem Computer zur automatisierten Fabrik,
in: SZ, Nr. 278 vom 3. Dezember 1985, S. 42.

Adam, D. (1983),
Planung in schlechstrukturierten Entscheidungssituationen mit Hilfe heuristischer Vorgehensweisen,
in: BFuP, 35 (1983), S. 484–494.

Adler, P. (1986),
New Technologies, New Skills,
in: CMR, 29 (1986/87) 1, S. 9–28.

Ahlmann, H.J. (1980),
Fertigungsinseln – eine alternative Produktionsstruktur,
in: WuB, 113 (1980), S. 641–648.

Alioth, A. (1987),
Selbststeuerungskonzepte,
in: *Kieser, A.; Reber, G.; Wunderer, R.* (Hrsg.), HWFü, Stuttgart 1987, Sp. 1823–1833.

Altrogge, G. (1979),
Flexibilität der Produktion,
in: *Kern, W.* (Hrsg.), HWProd, Stuttgart 1979, Sp. 604–618.

Ambrosi, K. (1978),
Klassifikation und Identifikation,
in: *Opitz, O.* (Hrsg.), Numerische Taxonomie in der Marktforschung, München 1978, S. 79–109.

Ang, C.L.; Willey, P.C.T. (1984),
A comparative study of the performance of pure and hybrid group technology manufacturing systems using computer simulation techniques,
in: IJPR, 22 (1984), S. 193–233.

Arn, E.A. (1975),
Group Technology, Berlin, Heidelberg, New York 1975.

Arning, A. (1987),
Die wirtschaftliche Bewertung der Zentrenfertigung, Wiesbaden 1987.

Arnold, W.; Nicklau, R.G. (1981),
Flexible Fertigungssysteme – Antwort auf Kostendruck und kleinere Losgrößen,
in: WuB, 114 (1981), S. 867–874.

Askin, R.G.; Subramanian, S.P. (1987),
A cost-based heuristic for group technology configuration,
in: IJPR, 25 (1987), S. 101 – 113.

Auch, M. (1985),
The Application of Multidimensional Scaling for Recognizing Similarities
and Production Planning,
in: *Bullinger, H.J.; Warnecke, H.J.* (Hrsg.), Toward the Factory of the
Future, Berlin, Heidelberg, New York, Tokyo 1985, S. 835 – 840.

Ausschuß für Wirtschaftliche Fertigung (Hrsg.) (1984),
Flexible Fertigungsorganisation am Beispiel von Fertigungsinseln, Eschborn
1984.

Babel, W. (1987),
Schneidstoffe und Werkzeuge in einem Angebot großer Vielfalt,
in: Handelsblatt, Nr. 122 vom 1. Juli 1987, S. 19.

Bajna, N. (1976),
Anpassung der Fertigungsorganisation an den NC-Maschineneinsatz durch
autonome Fabrikationszellen,
in: IO, 45 (1976), S. 203 – 207, S. 287 – 289.

Ballakur, A.; Steudel, H.J. (1987),
A within-cell utilization based heuristic for designing cellular manufacturing
systems,
in: IJPR, 25 (1987), S. 639 – 665.

Bamberg, G.; Coenenberg, A.G. (1985),
Betriebswirtschaftliche Entscheidungslehre, 4. Aufl., München 1985.

Bartels, W. (1984),
Strukturbedingte Kapazitätsanpassung,
in: *Funk, J.; Hax, H.; Potthoff, E.* (Hrsg.), Kapazitätsrisiken und Unterneh-
menspolitik, ZfbF-Sonderheft 18, Düsseldorf 1984, S. 32 – 64.

Bay, F.J. (1987),
Gruppentechnologie, ein Anwendungsbeispiel,
in: VDI-Z, 129 (1987) 11, S. 49 – 51.

de Beer, C.; van Gerwen, R.; de Witte, J. (1976),
Analysis of Engineering Production Systems as a Base for Product-Oriented
Reconstruction,
in: Annals of the CIRP, 25 (1976), S. 439 – 441.

de Beer, C.; de Witte, J. (1978),
Production Flow Synthesis,
in: Annals of the CIRP, 27 (1978), S. 389 – 392.

Benzinger, K.; Kirchheim, A.; Paluncic, Z. (1986),
Bearbeitungszentren,
in: VDI-Z, 128 (1986), S. 641 – 650.

Bergner, H. (1979),
Vorbereitung der Produktion, physische,
in: *Kern, W.* (Hrsg.), HWProd, Stuttgart 1979, Sp. 2173–2186.

Bessant, J.; Cole, S. (1985),
Stacking the Chips, London 1985.

Bessant, J.; Haywood, B. (1986),
Flexibility in Manufacturing Systems,
in: Omega, 14 (1986), S. 465–473.

Biethahn, J. (1987),
Einführung in die EDV für Wirtschaftswissenschaftler, 5. Aufl., München,
Wien 1987.

Bittcher, A. (1981),
Die Fertigungsinsel als Erscheinungsform einer dezentralen Betriebsorganisation,
in: WuB, 114 (1981), S. 147–151.

Blackburn, J.; Millen, R. (1986),
Perspectives on Flexibility in Manufacturing: Hardware versus Software,
in: *Kusiak, A.* (Hrsg.), Modelling and Design of Flexible Manufacturing
Systems, Amsterdam, Oxford, New York, Tokyo 1986, S. 157–170.

Bleicher, K. (1981),
Organisation – Formen und Modelle, Wiesbaden 1981.

Blocher, B. (1987),
Anpassungsfähig,
in: Maschinenmarkt, 93 (1987) 31, S. 22–27.

Bloech, J.; Lücke, W. (1982),
Produktionswirtschaft, Stuttgart, New York 1982.

Blohm, H.; Beer, T.; Seidenberg, U.; Silber, H. (1987),
Produktionswirtschaft, Herne, Berlin 1987.

Blois, K.J. (1986),
Manufacturing Technology as a Competitive Weapon,
in: LRP, 19 (1986) 4, S. 63–70.

Bock, H.H. (1974),
Automatische Klassifikation, Göttingen 1974.

Bock, H.H. (1980),
Clusteranalyse – Überblick und neuere Entwicklungen,
in: OR-Spektrum, 1 (1979/80), S. 211–232.

Bocker, H.J.; Daniels, J.P.; Prasad, J.N.; Shane, H.M. (1986),
The Factory of Tomorrow: Challenges of the Future,
in: MIR, 26 (1986) 3, S. 36–49.

Bohr, K. (1977),
Arbeitsbewertung,
in: *Albers, W. et al.* (Hrsg.), HdWW, Bd. 1, Stuttgart, New York, Tübingen,
Göttingen, Zürich 1977, S. 249 – 256.

Bohr, K. (1979),
Produktionsfaktorsysteme,
in: *Kern, W.* (Hrsg.), HWProd, Stuttgart 1979, Sp. 1481 – 1493.

Bohr, K. (1981),
Wirtschaftlichkeit,
in: *Kosiol, E.; Chmielewicz, K.; Schweitzer, M.* (Hrsg.), HWR, 2. Aufl.,
Stuttgart 1981, Sp. 1795 – 1805.

Bohr, K. (1984),
Produktionsverfahren, Regensburger Diskussionsbeiträge zur Wirtschaftswissenschaft, Nr. 175, Regensburg 1984.

Bohr, K. (1985),
Betriebswirtschaftlicher Wertbegriff und seine Anwendung,
in: *Stöppler, S.* (Hrsg.), Information und Produktion, Stuttgart 1985, S.
59 – 81.

Bohr, K.; Saliger, E. (1983),
Konzeptionen betriebswirtschaftlicher Planung und ihre gegenseitigen Beziehungen,
in: ZfbF, 35 (1983), S. 963 – 985.

Bohr, K.; Schwab, H. (1984),
Überlegungen zu einer Theorie der Kostenrechnung,
in: ZfB, 54 (1984), S. 139 – 159.

Bolwijn, P.T.; Brinkman, S. (1987),
Japanese Manufacturing: Strategy and Practice,
in: LRP, 20 (1987) 1, S. 25 – 34.

Brammertz, D. (1981),
Überlegungen zum wirtschaftlichen Einsatz von NC-Maschinen in der Ein-
zel- und Kleinserienfertigung,
in: VDI-Z, 123 (1981), S. 153 – 158.

Bremer, J.G. (1979),
Die Layoutplanung in der Fabrikplanung, München 1979.

Brockhoff, K. (1981),
Produktpolitik, Stuttgart, New York 1981.

Brödner, P. (1984),
Group Technology – A Strategy Towards Higher Quality of Working Life,
in: *Martin, T.* (Hrsg.), Design of Work in Automated Manufacturing Systems, Oxford, New York, Toronto, Sydney, Paris, Frankfurt 1984, S. 33 – 39.

Buchanan, D.A.; Boddy, D. (1983),
Organizations in the Computer Age, Aldershot 1983.

Büdenbender, W.; Scheller, T. (1987),
Flexible Fertigungssysteme in der Praxis,
in: VDI-Z, 129 (1987) 10, S. 22–28.

Bühner, R. (1985a),
Arbeitsbewertung und Lohnfindung bei neuen Fertigungstechniken,
in: WiSt, 14 (1985), S. 433–438.

Bühner, R. (1985b),
Moderne Arbeitsplatzorganisation: Fabrikbeispiele in Japan,
in: VDI-Z, 127 (1985), S. 171–173.

Bühner, R. (1985c),
Strategie und Organisation, Wiesbaden 1985.

Bühner, R. (1985d),
Technische Innovation in der Produktion durch organisatorischen Wandel,
in: ZFO, 54 (1985), S. 33–39.

Bühner, R. (1986a),
Arbeitseinsatz und Arbeitsstrukturierung in flexiblen Fertigungssystemen
(FFS),
in: WISU, 15 (1986), S. 69–74.

Bühner, R. (1986b),
Arbeitsgestaltung und Personalqualifikation bei rechnerunterstützter Entwicklung und Konstruktion (CAD),
in: WISU, 15 (1986), S. 296–302.

Bühner, R. (1986c),
Arbeitsstrukturierung und Personaleinsatz in Fertigungsinseln,
in: WISU, 15 (1986), S. 493–497.

Bühner, R. (1986d),
Entwicklungslinien zukünftiger Fabrikorganisation – jenseits von Taylor,
in: VDI-Z, 128 (1986), S. 535–539.

Bühner, R. (1986e),
Flache Strukturen sind flexibler,
in: IO, 55 (1986), S. 391–393.

Bühner, R. (1986f),
Hohe Kapazitätsauslastung und Flexibilität im Unternehmen sind nur mit besonders qualifizierten Mitarbeitern erreichbar,
in: Handelsblatt, Nr. 241 vom 16. Dezember 1986, S. 16.

Bühner, R. (1986g),
Personalentwicklung für neue Technologien in der Produktion, Stuttgart 1986.

Bühner, R. (1986h),
Personalentwicklung für neue Technologien in der Produktion,
in: *Wildemann, H.* (Hrsg.), Strategische Investitionsplanung für neue Technologien in der Produktion, Bd. 1, München 1986, S. 111 – 142.

Bühner, R. (1986i),
Production technology and organization,
in: HSM, 6 (1986), S. 201 – 210.

Bühner, R. (1987a),
Betriebswirtschaftliche Organisationslehre, 3. Aufl., München, Wien 1987.

Bühner, R. (1987b),
Strategisches Personalmanagement für neue Produktionstechnologien,
in: BFuP, 39 (1987), S. 249 – 265.

Buffa, E.S. (1980),
Research in Operations Management,
in: JOM, 1 (1980), S. 1 – 7.

Bullinger, H.J.; Lorenz, D.; Traut, L. (1986),
Influence of the new technologies on work organisation and employees in production,
in: *Lupton, T.* (Hrsg.), Proceedings of the 3rd International Conference on Human Factors in Manufacturing, Bedford, Berlin, Heidelberg, New York, Tokyo 1986, S. 79 – 90.

Bullinger, H.J.; Traut, L. (1986),
Die Fabrik der Zukunft,
in: FB/IE, 35 (1986), S. 4 – 12.

Bullinger, H.J.; Warnecke, H.J.; Lentes, H.P. (1985),
Toward the Factory of the Future,
in: *Bullinger, H.J.; Warnecke, H.J.* (Hrsg.), Toward the Factory of the Future, Berlin, Heidelberg, New York, Tokyo 1985, S. XXIX-LIV.

Burbidge, J.L. (1963),
Production Flow Analysis,
in: PE, 42 (1963), S. 742 – 752.

Burbidge, J.L. (1971a),
Production Flow Analysis,
in: PE, 50 (1971), S. 139 – 152.

Burbidge, J.L. (1971b),
Production Planning, London 1971.

Burbidge, J.L. (1973a),
AIDA and group technology,
in: IJPR, 11 (1973), S. 315 – 324.

Burbidge, J.L. (1973b),
An Introduction to Group Technology,
in: *Burbidge, J.L.* (Hrsg.), Group Technology, 2. Aufl., Turin 1973, S. 1–29.

Burbidge, J.L. (1975),
The Introduction of Group Technology, London 1975.

Burbidge, J.L. (1977),
A manual method of production flow analysis,
in: PE, 56 (1977), S. 34–38.

Burbidge, J.L. (1979),
Group Technology in the Engineering Industry, London 1979.

Burbidge, J.L. (1982),
The simplification of material flow systems,
in: IJPR, 20 (1982), S. 339–347.

Burbidge, J.L. (1985),
Production Flow Analysis,
in: *Bullinger, H.J.; Warnecke, H.J.* (Hrsg.), Toward the Factory of the
Future, Berlin, Heidelberg, New York, Tokyo 1985, S. 34–42.

Burdach, J. (1985),
Automatisierte und flexible Fertigung,
in: VDI-Z, 127 (1985), S. 201–206.

Burkart, G.; Tüchelmann, Y. (1986),
Der Computer stützt die Automation,
in: SZ, Nr. 125 vom 4. Juni 1986, S. VI-VII.

Burkhardt, M. (1984),
Beitrag zur Ermittlung ablauforientierter Fertigungsstrukturen in der Ein-
zel- und Kleinserienfertigung, Diss., Dortmund 1984.

Burnes, B. (1986),
Human factors in the introduction and use of CNC,
in: *Lupton, T.* (Hrsg.), Human Factors, Bedford, Berlin, Heidelberg, New
York, Tokyo 1986, S. 231–242.

Burns, B.A. (1986),
Human resource practices in the implementation of advanced manufacturing
systems,
in: *Lupton, T.* (Hrsg.), Proceedings of the 3rd International Conference on
Human Factors in Manufacturing, Bedford, Berlin, Heidelberg, New York,
Tokyo 1986, S. 133–144.

Burrows, B.C. (1986),
Computer-aided Design and Manufacturing – A Manager's Guide,
in: LRP, 19 (1986) 5, S. 76–83.

Bußmann, J.; Freist, C.; Hesselmann, U.; Schunke, A. (1985),
Einsatz der Clusteranalyse zur Investitionsplanung und Fertigungsrationalisierung,
in: ZwF, 80 (1985), S. 67–71.

Buzacott, J.A.; Shanthikumar, J.G. (1980),
Models for Understanding Flexible Manufacturing Systems,
in: AIIE-Transactions, 12 (1980), S. 339–350.

Buzacott, J.A.; Yao, D.D. (1986),
Flexible Manufacturing Systems: A Review of Analytical Models,
in: MS, 32 (1986), S. 890–905.

Carrie, A.S. (1973),
Numerical taxonomy applied to group technology and plant layout,
in: IJPR, 11 (1973), S. 399–416.

Chakravarty, A.K. (1987),
Dimensions of manufacturing automation,
in: IJPR, 25 (1987), S. 1339–1354.

Chakravarty, A.K.; Shtub, A. (1984),
An integrated layout for group technology with in-process inventory costs,
in: IJPR, 22 (1984), S. 431–442.

Chan, H.M.; Milner, D.A. (1982),
Direct Clustering Algorithm for Group Formation in Cellular Manufacture,
in: JMS, 1 (1982), S. 65–75.

Chandrasekharan, M.P.; Rajagopalan, R. (1986a),
An ideal seed non-hierarchical clustering algorithm for cellular manufacturing,
in: IJPR, 24 (1986), S. 451–463.

Chandrasekharan, M.P.; Rajagopalan, R. (1986b),
MODROC: an extension of rank order clustering for group technology,
in: IJPR, 24 (1986), S. 1221–1233.

Chandrasekharan, M.P.; Rajagopalan, R. (1987),
ZODIAC – an algorithm for concurrent formation of part-families and machine-cells,
in: IJPR, 25 (1987), S. 835–850.

Chase, R.B.; Aquilano, N.J. (1981),
Production and Operations Management, 3. Aufl., Homewood 1981.

Cherns, A. (1976),
The Principles of Sociotechnical Design,
in: HR, 29 (1976), S. 783–792.

Child, J. (1984a),
New Technology and Developments in Management Organization,
in: Omega, 12 (1984), S. 211–223.

Child, J. (1984b),
Organization: A Guide to Problems and Practice, 2. Aufl., London 1984.

Cieplik, U. (1983),
Personalplanung bei technologischem Wandel,
in: *Friedrichs, H.; Gaugler, E.; Zander, E.* (Hrsg.), Personal-Perspektiven
1983/84, München 1983, S. 46 – 52.

Cieplik, U. (1985),
Personalplanung bei technologischem Wandel,
in: *Zink, K.J.* (Hrsg.), Personalwirtschaftliche Aspekte neuer Technologien,
Berlin 1985, S. 45 – 61.

Czeguhn, K.; Franzen, H. (1987),
Die rechnergestützte Integration betrieblicher Informationssysteme auf der
Basis der Betriebsdatenerfassung,
in: ZfbF, 39 (1987), S. 169 – 181.

Czeranowsky, G. (1975),
Organisationstypen des Fertigungsprozesses,
in: *Linnert, P.* (Hrsg.), Handbuch Organisation, Gernsbach 1975, S. 191 –
205.

Cziudaj, M.; Pfennig, V. (1985),
Flexible Automatisierung beim Bohren und Fräsen – Chancen und aktuelle
Grenzen,
in: *von Below, F.; Borges, A.; Hildebrandt, F.* (Hrsg.), Moderne Fabrikorganisation, Berlin, Heidelberg, New York, Tokyo 1985, S. 55 – 75.

Dähnert, H.; Brechbühl, R. (1980),
NC-Technik und Gruppentechnologie,
in: IO, 49 (1980), S. 439 – 445.

Damm, H. (1978),
Ansätze zur Arbeitsgestaltung in der Automobilproduktion,
in: ZfB, 48 (1978), S. 72 – 76.

von Damm, H.W. (1987),
Arbeitsorganisation und Berufsqualifikation,
in: REFA-Nachrichten, 40 (1987) 4, S. 19 – 22.

Deck, R. (1987),
Beispiel eines flexiblen Fertigungssystems,
in: *Rupper, P.* (Hrsg.), Unternehmenslogistik, Zürich 1987, S. 97 – 106.

Dey, G. (1985),
Arbeitsorganisation als Instrument zur flexiblen Marktanpassung, München
1985.

Dey, H.J.; Möller, B. (1984),
Fertigungszelle, Fertigungsinsel, Fertigungssystem – Konzepte einer flexiblen Fertigung,
in: WuB, 117 (1984), S. 457 – 465.

Dichtl, E. (1974),
Clusteranalyse,
in: *Tietz, B.* (Hrsg.), HWA, Stuttgart 1974, Sp. 425–432.

Dillon, W.R.; Goldstein, M. (1984),
Multivariate Analysis, New York, Chichester, Brisbane, Toronto, Singapur 1984.

Dodgson, M. (1987),
Small firms, advanced manufacturing technology and flexibility,
in: JGM, 12 (1986/87) 3, S. 58–75.

Dolezalek, C.M.; Ropohl, G. (1970),
Flexible Fertigungssysteme – die Zukunft der Fertigungstechnik,
in: Wt, 60 (1970), S. 446–451.

Domsch, M. (1978),
Die Planung des Personalbedarfs,
in: ZfbF-Kontaktstudium, 30 (1978), S. 111–119.

Domschke, W. (1975),
Modelle und Verfahren zur Bestimmung betrieblicher und innerbetrieblicher Standorte – Ein Überblick,
in: ZOR, 19 (1975), S. B13–B41.

Dostal, W. (1984),
Beschäftigungsprobleme im Produktionsbereich durch Einsatz von Datenverarbeitung und Mikroelektronik,
in: *Biethahn, J.; Staudt, E.* (Hrsg.), Datenverarbeitung in der praktischen Bewährung in privaten und öffentlichen Betrieben, München, Wien 1984, S. 73–97.

Dostal, W.; Kamp, A.W.; Lahner, M.; Seessle, W.P. (1982),
Flexible Fertigungssysteme und Arbeitsplatzstrukturen,
in: MittAB, 15 (1982), S. 182–191.

Drumm, H.J. (1970),
Automation und Leitungsstruktur, Berlin 1970.

Drumm, H.J. (1979),
Automatisierung, Mechanisierung und,
in: *Kern, W.* (Hrsg.), HWProd, Stuttgart 1979, Sp. 286–292.

Drumm, H.J. (1980),
Grundlagen und theoretische Konzepte der Organisationsplanung,
in: WiSt, 9 (1980), S. 311–316.

Drumm, H.J. (1987),
Qualitative Personalplanung,
in: ZfbF, 39 (1987), S. 959–974.

von Eckardstein, D. (1986),
Entlohnung im Wandel. Zur veränderten Rolle industrieller Entlohnung in personalpolitischen Strategien,
in: ZfbF, 38 (1986), S. 247–269.

von Eckardstein, D.; Schnellinger, F. (1978),
Betriebliche Personalpolitik, 3. Aufl., München 1978.

Eckes, T.; Roßbach, H. (1980),
Clusteranalysen, Stuttgart, Berlin, Köln, Mainz 1980.

Edwards, G.A.B. (1971a),
The family grouping philosophy,
in: IJPR, 9 (1971), S. 337–352.

Edwards, G.A.B. (1971b),
Readings in Group Technology, Brighton, London 1971.

Edwards, G.A.B. (1973),
The Management Problems of Introducing Group Technology,
in: *Burbidge, J.L.* (Hrsg.), Group Technology, 2. Aufl., Turin 1973, S. 299–325.

Edwards, G.A.B.; Koenigsberger, F. (1973),
Group Technology. The Cell System and Machine Tools,
in: PE, 52 (1973), S. 249–256.

Eichhorn, W. (1972),
Die Begriffe Modell und Theorie in der Wirtschaftswissenschaft,
in: WiSt, 1 (1972), S. 281–288, S. 335–344.

Eidenmüller, B. (1983),
Die Auswirkungen des technologischen Wandels auf die Fabrik,
in: ZwF, 78 (1983), S. 541–548.

Eidenmüller, B. (1984),
Betriebswirtschaftliche und personelle Auswirkungen des technologischen Wandels auf die Produktion – dargestellt an Beispielen aus der Nachrichtentechnik,
in: ZfbF, 36 (1984), S. 513–522.

Eidenmüller, B. (1986a),
Neue Planungs- und Steuerungskonzepte bei flexibler Serienfertigung,
in: ZfbF, 38 (1986), S. 618–634.

Eidenmüller, B. (1986b),
So verändert die technische Neuerungswelle unsere Produktion,
in: IO, 55 (1986), S. 541–546.

Elbracht, D. (1985),
Anthropomatik,
in: ZwF, 80 (1985), S. 331–335.

El-Essawy, I.G.K.; Torrance, J. (1972),
Component Flow Analysis – an effective approach to Production Systems'
Design,
in: PE, 51 (1972), S. 165 – 170.

Erkes, K.; Schmidt, H. (1984),
Flexible Fertigung,
in: VDI-Z, 126 (1984), S. 577 – 591.

Erkes, K.; Schmidt, H. (1986),
Flexible Fertigung,
in: VDI-Z, 128 (1986), S. 581 – 594.

Eversheim, W. (1980),
Fertigung, Organisation der,
in: *Grochla, E.* (Hrsg.), HWO, 2. Aufl., Stuttgart 1980, Sp. 680 – 690.

Eversheim, W.; Bette, B.; Hausmann, A. (1986),
Industrierobotereinsatz in der Produktion – Ziele, Chancen und Risiken,
in: DBW, 46 (1986), S. 473 – 485.

Eversheim, W.; Fromm, W. (1986),
Planung und Simulation flexibler, automatisierter Fertigungssysteme,
in: ZwF, 81 (1986), S. 541 – 547.

Eversheim, W.; Herrmann, P.; Müller, W. (1983),
Der Mensch in der automatisierten Fertigung – eine Planungsaufgabe,
in: VDI-Z, 125 (1983), S. 847 – 852.

Eversheim, W.; Ottenbruch, P.; Schmidt, H.; Schuh, G. (1988),
Qualifizierung für neue Produktionstechniken,
in: VDI-Z, 130 (1988) 1, S. 32 – 36.

Eversheim, W.; Schaefer, F.W. (1980),
Planung des Flexibilitätsbedarfs von Industrieunternehmen,
in: DBW, 40 (1980), S. 229 – 248.

Eversheim, W.; Witte, K.W.; Herrmann, P. (1981),
Planung automatisierter Fertigungssysteme,
in: IA, 103 (1981) 10, S. 14 – 17.

Faber, Z.; Carter, M.W. (1986),
A New Graph Theory Approach for Forming Machine Cells in Cellular
Production Systems,
in: *Kusiak, A.* (Hrsg.), Flexible Manufacturing Systems: Methods and Studies, Amsterdam, New York, Oxford 1986, S. 301 – 315.

Fine, C.H.; Hax, A.C. (1985),
Manufacturing Strategy: A Methodology and an Illustration,
in: Interfaces, 15 (1985) 6, S. 28 – 46.

Fix-Sterz, J.; Lay, G.; Schultz-Wild, R. (1986),
Flexible Fertigungssysteme und Fertigungszellen,
in: VDI-Z, 128 (1986), S. 369 – 379.

Fotilas, P. (1983),
Mikroelektronik im Industriebetrieb, Berlin 1983.

Freist, C.; Granow, R. (1982),
Ähnlichteilsuche mit Hilfe der Clusteranalyse,
in: VDI-Z, 124 (1982), S. 413 – 421, S. 487 – 495.

Freist, C.; Granow, R. (1983),
Untersuchung von Werkstückspektren mit Hilfe der Cluster-Analyse,
in: *Bühler, W.; Fleischmann, B.; Schuster, K.P.; Streitferdt, L.; Zander, H.* (Hrsg.), Operations Research Proceedings 1982, Berlin, Heidelberg, New York 1983, S. 501 – 508.

Frese, E. (1979),
Arbeitsteilung und -bereicherung,
in: *Kern, W.* (Hrsg.), HWProd, Stuttgart 1979, Sp. 147 – 160.

Fricke, W. (1978),
Arbeitsorganisation und Qualifikation, 2. Aufl., Bonn 1978.

Fröhner, K.D. (1986),
Der Wandel der Produktionsphilosophie und der Stellenwert menschlicher Arbeit,
in: *Hackstein, R.; Heeg, F.J.; von Below, F.* (Hrsg.), Arbeitsorganisation und Neue Technologien, Berlin, Heidelberg, New York, London, Paris, Tokyo 1986, S. 39 – 56.

Gagsch, S. (1980),
Subsystembildung,
in: *Grochla, E.* (Hrsg.), HWO, 2.Aufl., Stuttgart 1980, Sp. 2156 – 2171.

Gallagher, C.C.; Knight, W.A. (1973),
Group Technology, London 1973.

Gallagher, C.C.; Knight, W.A. (1986),
Group Technology Production Methods in Manufacture, Chichester 1986.

Gans, B.; Looss, W.; Zickler, D. (1977),
Investitions- und Finanzierungstheorie, 3. Aufl., München 1977.

Gebhardt, A.; Hatzold, O. (1978),
Numerisch gesteuerte Werkzeugmaschinen,
in: *Nabseth, L.; Ray, G.F.* (Hrsg.), Neue Technologien in der Industrie, Berlin, München 1978, S. 26 – 68.

Geitner, U.W. (1979),
Teilefamilienbildung,
in: *Kern, W.* (Hrsg.), HWProd, Stuttgart 1979, Sp. 1956 – 1965.

Gerwin, D. (1981),
Control and Evaluation in the Innovation Process: The Case of Flexible Manufacturing Systems,
in: IEEE TEM, 28 (1981), S. 62–70.

Gerwin, D. (1982),
Do's and don'ts of computerized manufacturing,
in: HBR, 60 (1982) 2, S. 107–116.

Gerwin, D. (1985),
Organizational Implications of CAM,
in: Omega, 13 (1985), S. 443–451.

Gerwin, D. (1986),
A Framework for the Analysis of Manufacturing Flexibility,
in: *Wildemann, H.* (Hrsg.), Strategische Investitionsplanung für neue Technologien in der Produktion, Bd. 2, München 1986, S. 700–721.

Gerwin, D.; Leung, T.K. (1980),
The organizational impacts of flexible manufacturing systems: some initial findings,
in: HSM, 1 (1980), S. 237–246.

Glantschnig, F. (1972),
Flexibilität bei zunehmender Automation in der Fertigung,
in: IO, 41 (1972), S. 227–235.

Gneveckow, J. (1982),
Zur Sozialpolitik der industriellen Unternehmung: Theoretische Analyse der Zusammenhänge und der Auswirkungen, Passau 1982.

Göhren, H. (1986),
Werkzeugmaschinen in der Fabrik der Zukunft,
in: *Neipp, G.; Pfeiffer, W.* (Hrsg.), Strategien der industriellen Fertigungswirtschaft, Berlin 1986, S. 13–33.

Gold, B. (1982),
CAM sets new rules for production,
in: HBR, 60 (1982) 6, S. 88–94.

Goldhar, J.D. (1986),
In the Factory of the Future, Innovation *Is* Productivity,
in: RM, 29 (1986) 2, S. 26–33.

Goldhar, J.D.; Jelinek, M. (1983),
Plan for economies of scope,
in: HBR, 61 (1983) 6, S. 141–148.

Goldhar, J.D.; Jelinek, M. (1985),
Computer Integrated Flexible Manufacturing: Organizational, Economic, and Strategic Implications,
in: Interfaces, 15 (1985) 3, S. 94–105.

Gombinski, J. (1967),
Group Technology – An Introduction,
in: PE, 46 (1967), S. 557–564.

Gottschalch, H. (1982),
Spielräume technisch-organisatorischer Gestaltung bei Automation,
in: ZFO, 51 (1982), S. 77–86.

Greene, T.J.; Sadowski, R.P. (1984),
A Review of Cellular Manufacturing Assumptions, Advantages and Design
Techniques,
in: JOM, 4 (1984), S. 85–97.

Grob, R. (1986),
Flexibilität in der Fertigung, Berlin, Heidelberg, New York, Tokyo 1986.

Grochla, E. (1966),
Automation und Organisation, Wiesbaden 1966.

Grochla, E. (1972),
Unternehmungsorganisation, Reinbek 1972.

Groover, M.P. (1980),
Automation, Production Systems, and Computer-Aided Manufacturing,
Englewood Cliffs 1980.

Große-Oetringhaus, W.F. (1974),
Fertigungstypologie unter dem Gesichtspunkt der Fertigungsablaufplanung,
Berlin 1974.

Gunn, T.G. (1982),
Konstruktion und Fertigung,
in: SdW, 5 (1982) 11, S. 76–98.

Gunn, T.G. (1986),
The CIM Connection,
in: Datamation, 32 (1986) 3, S. 50–58.

Gupta, R.M.; Tompkins, J.A. (1982),
An examination of the dynamic behaviour of part-families in group technology,
in: IJPR, 20 (1982), S. 73–86.

Gustavsson, S.O. (1984),
Flexibility and productivity in complex production processes,
in: IJPR, 22 (1984), S. 801–808.

Gutenberg, E. (1983),
Grundlagen der Betriebswirtschaftslehre, Bd. 1, Die Produktion, 24. Aufl.,
Berlin, Heidelberg, New York 1983.

Gutenberg, E. (1984),
Grundlagen der Betriebswirtschaftslehre, Bd. 2, Der Absatz, 17. Aufl., Berlin, Heidelberg, New York, Tokyo 1984.

Haas, E.A. (1987),
Breakthrough manufacturing,
in: HBR, 65 (1987) 2, S. 75–81.

Hachtel, G.; Fuchs, R.M. (1987),
EDV-gestützte Fertigungsstrukturierung,
in: AV, 24 (1987), S. 157–160.

Hackstein, R.; Klauke, A. (1981),
Planung von Arbeitsstrukturen für NC-Arbeitssysteme mittels Simulation,
in: VDI-Z, 123 (1981), S. 143–151.

Hackstein, R.; Sieper, H.P. (1979),
Fertigungs- und Montageindustrien, Produktion in den,
in: *Kern, W.* (Hrsg.), HWProd, Stuttgart 1979, Sp. 574–586.

Häußermann, S.; Hediger, P. (1977),
Neue Arbeitsstrukturen in der Teilefertigung,
in: Wt, 67 (1977), S. 37–41.

Hahn, D. (1980),
Fertigung, Organisationstypen der,
in: *Grochla, E.* (Hrsg.), HWO, 2. Aufl., Stuttgart 1980, Sp. 690–698.

Hahn, D.; Laßmann, G. (1986),
Produktionswirtschaft – Controlling industrieller Produktion, Bd. 1, Heidelberg, Wien, Zürich 1986.

Haley, M. (1986),
The Economic Dynamics of Work,
in: SMJ, 7 (1986), S. 459–472.

Ham, I.; Hitomi, K.; Yoshida, T. (1985),
Group Technology, Boston, Dordrecht, Lancaster 1985.

Hammer, H. (1983),
Verbesserung der Wirtschaftlichkeit durch flexible Automatisierung beim Bohren und Fräsen,
in: ZwF, 78 (1983), S. 77–86.

Hammer, H. (1986a),
Flexible Automatisierung – Chance und Herausforderung für Hersteller und Anwender,
in: VDI-Z, 128 (1986), S. 143–148.

Hammer, H. (1986b),
Flexible Fertigungssysteme in CIM-Lösungen,
in: ZwF, 81 (1986), S. 637–644.

Hammer, H. (1987),
Flexible Automatisierung der Produktion,
in: REFA-Nachrichten, 40 (1987) 4, S. 5–18.

Hansmann, K.W. (1987),
PC-gestützte Produktionssteuerung bei Gruppen- oder Gemischtfertigung,
in: *Adam, D.* (Hrsg.), Neuere Entwicklungen in der Produktions- und Investitionspolitik, Wiesbaden 1987, S. 79–95.

Hanssmann, F. (1987),
Einführung in die Systemforschung, 3. Aufl., München 1987.

Hartung, J.; Elpelt, B. (1986),
Multivariate Statistik, 2. Aufl., München, Wien 1986.

Hasenack, W. (1976),
Zum Begriff der Fließfertigung,
in: ZfB, 46 (1976), S. 407–428.

Hax, H. (1967),
Bewertungsprobleme bei der Formulierung von Zielfunktionen für Entscheidungsmodelle,
in: ZfbF, 19 (1967), S. 749–761.

Hax, K. (1977),
Personalpolitik der Unternehmung, Reinbek 1977.

Hayes, R.H.; Schmenner, R.W. (1978),
How should you organize manufacturing?
in: HBR, 56 (1978) 1, S. 105–118.

Hedrich, P.; Brunner, B.; Maucher, K. (1983),
Flexibilität in der Fertigungstechnik durch Computereinsatz, München 1983.

Heeg, F.J. (1987),
Qualifizierung und Arbeitsorganisation – Gemeinsame Gestaltung zur Steigerung von Ökonomie und Humanität,
in: *Hackstein, R.* (Hrsg.), Einsatz Neuer Technologien aus arbeits- und betriebsorganisatorischer Sicht, Köln 1987, S. 316–383.

Heilig, L.; Willert, R. (1984),
NC- und CNC-Steuerungen,
in: ZwF, 79 (1984), S. 276–286.

Heinz, K.; Burkhardt, M. (1985),
Partialablaufgruppen – ein Konzept zur ablauforientierten Strukturierung der Einzel- und Kleinserienfertigung,
in: VDI-Z, 127 (1985), S. 733–739.

Heinz, K.; Klaas, K.J. (1985),
Rechnergestützte Strukturierung der Teilefertigung,
in: *von Below, F.; Borges, A.; Hildebrandt, F.* (Hrsg.), Moderne Fabrikorganisation, Berlin, Heidelberg, New York, Tokyo 1985, S. 31–54.

Helberg, P. (1987),
PPS als CIM-Baustein, Berlin 1987.

Henning, K.; Marks, S. (1986),
Inhalte menschlicher Arbeit in automatisierten Anlagen,
in: *Hackstein, R.; Heeg, F.J.; von Below, F.* (Hrsg.), Arbeitsorganisation und Neue Technologien, Berlin, Heidelberg, New York, London, Paris, Tokyo 1986, S. 215 – 244.

Hentze, J. (1975),
Bildungsplanung, betriebliche,
in: *Gaugler, E.* (Hrsg.), HWP, Stuttgart 1975, Sp. 738 – 745.

Hentze, J. (1986a),
Personalwirtschaftslehre 1, 3. Aufl., Bern, Stuttgart 1986.

Hentze, J. (1986b),
Personalwirtschaftslehre 2, 3. Aufl., Bern, Stuttgart 1986.

Herrmann, J. (1970),
Weiterentwicklung der Organisation für den Einsatz von Fertigungssystemen,
in: Rationalisierung, 21 (1970), S. 197 – 200.

Herrmann, P. (1983),
Flexibel fertigen: Warum eigentlich?
in: VDI-Z, 125 (1983), S. 267 – 270.

Herzberg, F. (1974),
The wise old Turk,
in: HBR, 52 (1974) 5, S. 70 – 80.

Hesselbach, J.; Roth, K. (1987),
Teile und herrsche,
in: Maschinenmarkt, 93 (1987) 27, S. 102 – 107.

Hill, W.; Fehlbaum, R.; Ulrich, P. (1981),
Organisationslehre 2, 3. Aufl., Bern, Stuttgart 1981.

Hinterhuber, H.H. (1974),
Fließprinzip,
in: *Grochla, E.; Wittmann, W.* (Hrsg.), HWB, Bd. 1, 4. Aufl., Stuttgart 1974, Sp. 1504 – 1509.

Hinterhuber, H.H.; Pilipp, R. (1976),
Werkstattfertigung,
in: *Grochla, E.; Wittmann, W.* (Hrsg.), HWB, Bd. 3, 4. Aufl., Stuttgart 1976, Sp. 4400 – 4404.

Hirsch-Kreinsen, H. (1986),
Technische Entwicklungslinien und ihre Konsequenzen für die Arbeitsgestaltung,
in: *Hirsch-Kreinsen, H.; Schultz-Wild, R.* (Hrsg.), Rechnerintegrierte Produktion, Frankfurt, New York 1986, S. 13 – 48.

Hirsch-Kreinsen, H.; Lutz, B. (1987),
Soziale Einflußgrößen fertigungstechnischer Entwicklung,
in: ZwF, 82 (1987), S. 538–543.

Hirsch-Kreinsen, H.; Springer, R. (1984),
Alternativen der Arbeitsorganisation bei CNC-Einsatz,
in: VDI-Z, 126 (1984), S. 114–118.

Hodges, A.; Dale, B.G. (1982),
An Application of Multi-discipline Group Working,
in: Omega, 10 (1982), S. 391–400.

Hörl, A. (1982),
Flexible Werkstückhandhabung in Fertigungszellen, Fertigungsinseln und
Fertigungssystemen,
in: ZwF, 77 (1982), S. 187–191.

Hoitsch, H.J. (1985),
Produktionswirtschaft, München 1985.

Holz, B. (1986),
Neue Wertmaßstäbe zur Wirtschaftlichkeitsbeurteilung von Fertigungen,
in: *Albach, H.; Wildemann, H.* (Schrl.), Strategische Investitionsplanung für
neue Technologien, ZfB-Ergänzungsheft 1/1986, Wiesbaden 1986, S. 199–
212.

Holz, B.; Gaebler, W. (1985),
Flexible Fertigungssysteme, Berlin, Heidelberg, New York, Tokyo 1985.

Horváth, P.; Kleiner, F.; Mayer, R. (1987),
Dynamische Investitionsrechnung für flexibel automatisierte Werkzeugmaschinen,
in: DBW, 47 (1987), S. 69–84.

Horváth, P.; Mayer, R. (1986),
Produktionswirtschaftliche Flexibilität,
in: WiSt, 15 (1986), S. 69–76.

Huang, P.Y.; Houck, B.L.W. (1985),
Cellular Manufacturing: An Overview and Bibliography,
in: PIM, 26 (1985) 4, S. 83–92.

Hummel, S.; Männel, W. (1986),
Kostenrechnung 1, 4. Aufl., Wiesbaden 1986.

Husband, T.M. (1984),
Management and Advanced Manufacturing Technology,
in: Omega, 12 (1984), S. 197–201.

Hwang, S.L.; Barfield, W.; Chang, T.C.; Salvendy, G. (1984),
Integration of humans and computers in the operation and control of flexible
manufacturing systems,
in: IJPR, 22 (1984), S. 841–856.

Hyer, N.L.; Wemmerlöv, U. (1982),
MRP/GT: A Framework for Production Planning and Control of Cellular Manufacturing,
in: DS, 13 (1982), S. 681 – 701.

Hyer, N.L.; Wemmerlöv, U. (1984),
Group technology and productivity,
in: HBR, 62 (1984) 4, S. 140 – 149.

Ingram, F.B. (1982),
Group Technology,
in: PIM, 23 (1982) 4, S. 19 – 33.

d'Iribarne, A.; Lutz, B. (1984),
Work Organisation in Flexible Manufacturing Systems – First Findings from International Comparisons,
in: *Martin, T.* (Hrsg.), Design of Work in Automated Manufacturing Systems, Oxford, New York, Toronto, Sydney, Paris, Frankfurt 1984, S. 127 – 131.

ISI; IAB; IWF (Hrsg.) (1982),
Der Einsatz flexibler Fertigungssysteme, Karlsruhe 1982.

Jacob, H. (1974),
Unsicherheit und Flexibilität, Teil 1,
in: ZfB, 44 (1974), S. 299 – 326.

Jacob, H. (1986),
Grundlagen und Grundtatbestände der Planung im Industriebetrieb,
in: *Jacob, H.* (Hrsg.), Industriebetriebslehre, 3. Aufl., Wiesbaden 1986, S. 381 – 400.

Jaikumar, R. (1986),
Postindustrial manufacturing,
in: HBR, 64 (1986) 6, S. 69 – 76.

Jakob, H. (1980),
Unternehmungsorganisation, Stuttgart, Berlin, Köln, Mainz 1980.

Johnson, R.A.; Wichern, D.W. (1982),
Applied Multivariate Statistical Analysis, Englewood Cliffs 1982.

Jones, B.; Scott, P. (1986),
'Working the System': A comparison of the management of work roles in American and British flexible manufacturing systems,
in: *Voss, C.A.* (Hrsg.), Managing advanced manufacturing technology, Bedford, Berlin, Heidelberg, New York, Tokyo 1986, S. 353 – 366.

Jorissen, H.D.; Kämpfer, S.; Schulte, H.J. (1986),
Die neue Fabrik, Düsseldorf 1986.

Junghanns, W. (1975),
Entwicklung von integrierten Fertigungssystemen,
in: ZwF, 70 (1975), S. 309 – 319.

Junghanns, W. (1976),
Planung und wirtschaftlicher Einsatz numerisch gesteuerter Fertigungskonzepte, Düsseldorf 1976.

Junghanns, W. (1986),
Ausbau vorhandener Bearbeitungszentren zu flexiblen Fertigungszellen bzw. flexiblen Fertigungssystemen,
in: *Albach, H.; Wildemann, H.* (Schrl.), Strategische Investitionsplanung für neue Technologien, ZfB-Ergänzungsheft 1/1986, Wiesbaden 1986, S. 161 – 179.

Kälberer, G. (1977),
Untersuchung eines Produktspektrums mit Hilfe der Cluster-Analyse,
in: ZOR, 21 (1977), S. B143 – B158.

Kälberer, G. (1980),
Automatische Klassifizierung von Arbeitsplätzen mit Hilfe der Cluster-Analyse,
in: ZwF, 75 (1980), S. 109 – 112.

Kahl, H.P. (1987),
Die Fabrik der Zukunft,
in: *Adam, D.* (Hrsg.), Neuere Entwicklungen in der Produktions- und Investitionspolitik, Wiesbaden 1987, S. 97 – 117.

Kaiser, A. (1978),
Ähnlichkeitskoeffizienten,
in: WiSt, 7 (1978), S. 234–236.

Kaluza, B. (1984),
Flexibilität der Produktionsvorbereitung industrieller Unternehmen,
in: *von Kortzfleisch, G.; Kaluza, B.* (Hrsg.), Internationale und nationale Problemfelder der Betriebswirtschaftslehre, Berlin 1984, S. 287 – 333.

Kaufmann, H.; Pape, H. (1984),
Clusteranalyse,
in: *Fahrmeir, L.; Hamerle, A.* (Hrsg.), Multivariate statistische Verfahren, Berlin, New York 1984, S. 371 – 472.

Keckeis, B.; Längle, G.; Zobrist, A. (1987),
Erfolgskonzept: Die Fabrik in der Fabrik,
in: IO, 56 (1987), S. 181 – 185.

Kenn, H. (1987),
Flexible Fertigung im Druckmaschinenbau,
in: VDI-Z, 129 (1987) 8, S. 24 – 27.

Kern, H.; Schumann, M. (1986),
Das Ende der Arbeitsteilung? 3. Aufl., München 1986.

Kern, W. (1965),
Die Ausstrahlungen der Unternehmensforschung auf die Betriebsorganisation,
in: BFuP, 17 (1965), S. 134–147.

Kern, W. (1980a),
Ablauforganisation, räumliche Aspekte der,
in: *Grochla, E.* (Hrsg.), HWO, 2. Aufl., Stuttgart 1980, Sp. 8–21.

Kern, W. (1980b),
Industrielle Produktionswirtschaft, 3. Aufl., Stuttgart 1980.

Kern, W.; Hagemeister, S. (1986),
Konzeption und Problematik der Clusteranalyse bei betriebswirtschaftlichen Anwendungen,
in: WISU, 15 (1986), S. 79–86.

Kernforschungszentrum Karlsruhe (Hrsg.) (1984),
Autonome Fertigungsinsel, Essen 1984.

Kettner, P.; Merz, K.P. (1987),
Strukturplanung automatisierter Montagesysteme,
in: VDI-Z, 129 (1987) 8, S. 87–95.

Kieser, A. (1985),
Veränderungen der Organisationslandschaft,
in: ZFO, 54 (1985), S. 305–312.

Kieser, A.; Kubicek, H. (1983),
Organisation, 2. Aufl., Berlin, New York 1983.

Kieser, A.; Kurbel, K. (1979),
Fertigungsorganisation,
in: *Kern, W.* (Hrsg.), HWProd, Stuttgart 1979, Sp. 586–595.

Kilger, W. (1986),
Industriebetriebslehre, Bd. 1, Wiesbaden 1986.

King, J.R. (1980a),
Machine-Component Group Formation in Group Technology,
in: Omega, 8 (1980), S. 193–199.

King, J.R. (1980b),
Machine-component grouping in production flow analysis: an approach using a rank order clustering algorithm,
in: IJPR, 18 (1980), S. 213–232.

King, J.R.; Nakornchai, V. (1982),
Machine-component group formation in group technology: review and extension,
in: IJPR, 20 (1982), S. 117–133.

King, J.R.; Nakornchai, V. (1986),
An Interactive Data-Clustering Algorithm,
in: *Kusiak, A.* (Hrsg.), Flexible Manufacturing Systems: Methods and Studies, Amsterdam, New York, Oxford 1986, S. 285–300.

Klaar, J. (1979),
Produktivitätssteigerung mit NC-Maschinen,
in: WiSt, 8 (1979), S. 329–333.

Klahorst, H.T. (1981),
Flexible Manufacturing Systems: Combining Elements To Lower Costs, Add Flexibility,
in: IE, 13 (1981) 11, S. 112–117.

Kleinaltenkamp, M. (1987),
Die Dynamisierung strategischer Marketing-Konzepte,
in: ZfbF, 39 (1987), S. 31–52.

Klenk, R. (1987),
Bearbeitungszentren (BAZ), Fertigungszellen und flexible Fertigungssysteme (FFS),
in: TZfpM, 81 (1987) 2, S. 21–24.

Klösgen, W. (1977),
Einsatz von Gruppierungsverfahren für Organisationsuntersuchungen – Cluster-Analyse und alternative Verfahren,
in: *Späth, H.* (Hrsg.), Fallstudien Cluster-Analyse, München, Wien 1977, S. 93–112.

Klotz, U. (1984),
Einsatz der Datenverarbeitung und der Mikroelektronik im Produktionsbereich,
in: *Biethahn, J.; Staudt, E.* (Hrsg.), Datenverarbeitung in der praktischen Bewährung in privaten und öffentlichen Betrieben, München, Wien 1984, S. 61–72.

Knoop, J. (1986),
Online-Kostenrechnung für die CIM-Planung, Berlin 1986.

Köhler, R. (1975),
Modelle,
in: *Grochla, E.; Wittmann, W.* (Hrsg.), HWB, Bd. 2, 4. Aufl., Stuttgart 1975, Sp. 2701–2716.

von Kortzfleisch, G. (1986),
Systematik der Produktionsmethoden,
in: *Jacob, H.* (Hrsg.), Industriebetriebslehre, 3. Aufl., Wiesbaden 1986, S. 101–175.

Kosiol, E. (1972),
Die Unternehmung als wirtschaftliches Aktionszentrum, Reinbek 1972.

Kosiol, E. (1976),
Organisation der Unternehmung, 2. Aufl., Wiesbaden 1976.

Kreikebaum, H. (1979),
Organisationstypen der Produktion,
in: *Kern, W.* (Hrsg.), HWProd, Stuttgart 1979, Sp. 1392–1402.

Kreikebaum, H. (1985),
Humanisierung der Arbeit und technologische Entwicklung,
in: *Kreikebaum, H.; Liesegang, G.; Schaible, S.; Wildemann, H.* (Hrsg.),
Industriebetriebslehre in Wissenschaft und Praxis, Berlin 1985, S. 43–70.

Krüger, W. (1984),
Organisation der Unternehmung, Stuttgart, Berlin, Köln, Mainz 1984.

Kruschwitz, L.; Fischer, J. (1981),
Heuristische Lösungsverfahren,
in: WiSt, 10 (1981), S. 449–458.

Krycha, K.T. (1978),
Produktionswirtschaft, Bielefeld, Köln 1978.

Küpper, H.U. (1982),
Ablauforganisation, Stuttgart, New York 1982.

Kuiper, F.K.; Fisher, L. (1975),
A Monte Carlo comparison of six clustering procedures,
in: Biometrics, 31 (1975), S. 777–783.

Kulatilaka, N. (1984),
Financial, economic and strategic issues concerning the decision to invest
in advanced automation,
in: IJPR, 22 (1984), S. 949–968.

Kumar, K.R.; Kusiak, A.; Vannelli, A. (1986),
Grouping of parts and components in flexible manufacturing systems,
in: EJOR, 24 (1986), S. 387–397.

Kumar, K.R.; Vannelli, A. (1987),
Strategic subcontracting for efficient disaggregated manufacturing,
in: IJPR, 25 (1987), S. 1715–1728.

Kusiak, A. (1985a),
Flexible manufacturing systems: a structural approach,
in: IJPR, 23 (1985), S. 1057–1073.

Kusiak, A. (1985b),
The part families problem in flexible manufacturing systems,
in: AOR, 3 (1985), S. 279–300.

Kusiak, A. (1986),
Parts and Tools Handling Systems,
in: *Kusiak, A.* (Hrsg.), Modelling and Design of Flexible Manufacturing
Systems, Amsterdam, Oxford, New York, Tokyo 1986, S. 99–109.

Kusiak, A. (1987a),
Artificial Intelligence and Operations Research in Flexible Manufacturing Systems,
in: INFOR, 25 (1987), S. 2–12.

Kusiak, A. (1987b),
The generalized group technology concept,
in: IJPR, 25 (1987), S. 561–569.

Laßmann, G. (1976),
Betriebswirtschaftliche Aspekte der Humanisierung industrieller Arbeit,
in: ZfbF, 28 (1976), S. 768–775.

Laßmann, G.; Maßberg, W.; Rademacher, M. (1987),
Entwicklungsstand und Wirtschaftlichkeit der CNC-Technik unter besonderer Berücksichtigung der Arbeitszeitflexibilisierung,
in: *Glaubrecht, H.; Wagner, D.* (Hrsg.), Humanität und Rationalität in Personalpolitik und Personalführung, Freiburg 1987, S. 331–351.

Lawler, E.E. (1986),
High-Involvement Management, San Francisco, London 1986.

Lay, G. (1987),
Wie «flexibel» ist rechnergestützte Produktion?
in: IO, 56 (1987), S. 407–409.

Ledergerber, A. (1980),
Produktionstechnik in den neunziger Jahren,
in: VDI-Berichte, Nr. 390, Düsseldorf 1980, S. 16–22.

Liebe, B. (1983),
Strategische Aspekte der Einführung neuer Produktionstechnologien,
in: VDI-Z, 125 (1983), S. 5–8.

Lienert, J.; Nieß, P.S. (1978),
Wirtschaftlichkeitsbeurteilung komplexer Fertigungsanlagen,
in: ZwF, 73 (1978), S. 59–63.

Lindholm, R. (1979),
Towards a new world of work – Swedish development of work organizations, production engineering and co-determination,
in: IJPR, 17 (1979), S. 433–445.

Link, J. (1978),
Computergestützte Fertigungswirtschaft, Wiesbaden 1978.

Loos, U. (1977),
Verfahren zur Bestimmung flexibler Fertigungsformen für die Klein- und Mittelserienfertigung,
in: ZwF, 72 (1977), S. 569–573.

van Looveren, A.J.; Gelders, L.F.; van Wassenhove, L.N. (1986),
A Review of FMS Planning Models,
in: *Kusiak, A.* (Hrsg.), Modelling and Design of Flexible Manufacturing Systems, Amsterdam, Oxford, New York, Tokyo 1986, S. 3–31.

Lüder, K. (1986),
Standortwahl,
in: *Jacob, H.* (Hrsg.), Industriebetriebslehre, 3. Aufl., Wiesbaden 1986, S. 25–100.

Lutz, B. (1982),
Personalstrukturen bei automatisierter Fertigung,
in: *Lutz, B.; Schultz-Wild, R.* (Hrsg.), Flexible Fertigungssysteme und Personalwirtschaft, Frankfurt, New York 1982, S. 85–101.

Magee, J.F.; Copacino, W.C.; Rosenfield, D.B. (1985),
Modern Logistics Management, New York, Chichester, Brisbane, Toronto, Singapur 1985.

Maier-Rothe, C. (1986),
Wettbewerbsvorteile durch höhere Produktivität und Flexibilität,
in: *Arthur D. Little International* (Hrsg.), Management im Zeitalter der Strategischen Führung, 2. Aufl., Wiesbaden 1986, S. 123–161.

Mann, W.E. (1984),
Organisationsentwicklung in der Produktion, Grafenau 1984.

Mardia, K.V.; Kent, J.T.; Bibby, J.M. (1979),
Multivariate Analysis, London, New York, Toronto, Sydney, San Francisco 1979.

Marr, R. (1986),
Technologie und Personalmanagement,
in: DU, 40 (1986), S. 103–117.

Marr, R. (1987),
Arbeitszeitmanagement: Die Nutzung der Ressource Zeit – Zur Legitimation einer bislang vernachlässigten Managementaufgabe,
in: *Marr, R.* (Hrsg.), Arbeitszeitmanagement, Berlin 1987, S. 15–37.

Marr, R.; Stitzel, M. (1979),
Personalwirtschaft, München 1979.

Marti, K. (1986),
Flexible Fertigung – wohin?
in: IO, 55 (1986), S. 34–36.

Martin, T. (1985),
Stand und Entwicklung neuer Fertigungstechnologien,
in: *Sonntag, K.* (Hrsg.), Neue Produktionstechniken und qualifizierte Arbeit, Köln 1985, S. 11–35.

Martinek, M.; Steidl, P.E. (1974),
Grundlagen der Clusteranalyse,
in: WiSt, 3 (1974), S. 85–88.

McAuley, J. (1972),
Machine Grouping for Efficient Production,
in: PE, 51 (1972), S. 53–57.

McCormick, W.T.; Schweitzer, P.J.; White, T.W. (1972),
Problem Decomposition and Data Reorganization by a Clustering Technique,
in: OR, 20 (1972), S. 993–1009.

McDougall, G.H.G.; Noori, H.A. (1986),
Manufacturing-Marketing Strategic Interface: The Impact of Flexible Manufacturing Systems,
in: *Kusiak, A.* (Hrsg.), Modelling and Design of Flexible Manufacturing Systems, Amsterdam, Oxford, New York, Tokyo 1986, S. 189–205.

Mellerowicz, K. (1981),
Betriebswirtschaftslehre der Industrie, Bd. II, 7. Aufl., Freiburg 1981.

Mense, H. (1987),
Der Mensch in der Fabrik der Zukunft,
in: FB/IE, 36 (1987), S. 24–30.

Merchant, M.E. (1981),
Welttrends moderner Werkzeugmaschinenentwicklung und Fertigungstechnik,
in: ZwF, 76 (1981), S. 2–7.

Meredith, J. (1987),
The Strategic Advantages of New Manufacturing Technologies for Small Firms,
in: SMJ, 8 (1987), S. 249–258.

Mertins, K. (1985),
Entwicklungsstand flexibler Fertigungssysteme – Linien-, Netz- und Zellenstrukturen,
in: ZwF, 80 (1985), S. 249–265.

Middle, G.H.; Connolly, R.; Thornley, R.H. (1971),
Organization problems and the relevant manufacturing system,
in: IJPR, 9 (1971), S. 297–309.

Milberg, J. (1981),
Automatisierungstendenzen in der Fertigung mittlerer Serien,
in: ZwF, 76 (1981), S. 262–267.

Milberg, J.; Groha, A. (1986),
Der Zellengedanke als Strukturierungsprinzip im Informations- und Materialfluß flexibler Fertigungssysteme,
in: ZwF, 81 (1986), S. 682–687.

Mintzberg, H. (1979),
The Structuring of Organizations, Englewood Cliffs 1979.

Mitrofanow, S.P. (1960),
Wissenschaftliche Grundlagen der Gruppentechnologie, 2. Aufl., Berlin
(DDR) 1960.

Mönig, H. (1985),
Fertigungsorganisation und Wirtschaftlichkeit einer Fertigungsinsel,
in: ZfbF, 37 (1985), S. 83 – 101.

Moll, H.H. (1979),
Zeitgerechte Arbeitsgestaltung,
in: VDI-Z, 121 (1979), S. 459 – 462.

Mosier, C.; Taube, L. (1985),
The Facets of Group Technology and Their Impacts on Implementation –
A State-of-the-Art Survey,
in: Omega, 13 (1985), S. 381 – 391.

Müller, W. (1982),
Ein- und mehrspindlige Bearbeitungszentren als Bausteine flexibel automatisierter Fertigungsanlagen,
in: VDI-Berichte, Nr. 440, Düsseldorf 1982, S. 13 – 23.

Müller, W. (1985),
Personaleinsatz in hochautomatisierten Fertigungssystemen,
in: FB/IE, 34 (1985), S. 52 – 56.

Müller-Merbach, H. (1973),
Operations Research, 3. Aufl., München 1973.

Nieß, P.S. (1979),
Fertigungssysteme, flexible,
in: *Kern, W.* (Hrsg.), HWProd, Stuttgart 1979, Sp. 595 – 604.

Ohse, D. (1983),
Mathematik für Wirtschaftswissenschaftler I, München 1983.

Opitz, O. (1980),
Numerische Taxonomie, Stuttgart, New York 1980.

Opitz, O. (1984),
Methoden der Klassifikation von Daten,
in: ASA, 68 (1984), S. 96 – 117.

Petrov, V.A. (1968),
Flowline Group Production Planning, London 1968.

Pfeiffer, W.; Staudt, E. (1980),
Arbeitsgruppen, teilautonome,
in: *Grochla, E.* (Hrsg.), HWO, 2. Aufl., Stuttgart 1980, Sp. 112 – 118.

Pferdmenges, R. (1981),
Organisation in flexibel automatisierten Fertigungskonzepten, Düsseldorf 1981.

Pilipp, R. (1973),
Die Planung flexibler Produktionssysteme,
in: ZwF, 68 (1973), S. 632–637.

Posth, M. (1985),
Bildungsoffensive im Unternehmen,
in: Die Zeit, Nr. 18 vom 26. April 1985, S. 46.

Pritschow, G. (1985),
Die flexible Fertigungszelle,
in: Wt, 75 (1985), S. 663–668.

Pullen, R.D. (1976),
A Survey of Cellular Manufacturing Cells,
in: PE, 55 (1976), S. 451–454.

Purcheck, G.F.K. (1974),
Combinatorial Grouping – A Lattice-Theoretic Method for the Design of Manufacturing Systems,
in: JoC, 4 (1974) 3, S. 27–60.

Purcheck, G.F.K. (1975),
A mathematical classification as a basis for the design of Group-Technology production cells,
in: PE, 54 (1975), S. 35–48.

Purcheck, G.F.K. (1985a),
Computer-aided organisation for manufacture,
in: IJPR, 23 (1985), S. 887–910.

Purcheck, G.F.K. (1985b),
Machine-component group formation: an heuristic method for flexible production cells and flexible manufacturing systems,
in: IJPR, 23 (1985), S. 911–943.

Rajagopalan, R.; Batra, J.L. (1975),
Design of cellular production systems. A graph-theoretic approach,
in: IJPR, 13 (1975), S. 567–579.

Ránky, P. (1983),
The Design and Operation of FMS, Bedford, Amsterdam, New York, Oxford 1983.

Ranson, G.M. (1972),
Group Technology, London 1972.

Rauschenbach, T. (1985),
Mitarbeiterorientierte Organisationsform,
in: IA, 107 (1985) 1/2, S. 32–36.

REFA (Hrsg.) (1985),
Methodenlehre der Planung und Steuerung, Teil 1, 4. Aufl., München 1985.

REFA (Hrsg.) (1987),
Planung und Gestaltung komplexer Produktionssysteme, München 1987.

Reichwald, R.; Behrbohm, P. (1983),
Flexibilität als Eigenschaft produktionswirtschaftlicher Systeme,
in: ZfB, 53 (1983), S. 831 – 853.

Rempp, H. (1982),
Einsatz flexibler Fertigungssysteme,
in: WuB, 115 (1982), S. 175 – 182.

Riebel, P. (1954),
Die Elastizität des Betriebes, Köln, Opladen 1954.

Riebel, P. (1963),
Industrielle Erzeugungsverfahren in betriebswirtschaftlicher Sicht, Wiesbaden 1963.

Riebel, P. (1985),
Einzelkosten- und Deckungsbeitragsrechnung, 5. Aufl., Wiesbaden 1985.

Ritzman, L.P.; King, B.E.; Krajewski, L.J. (1984),
Manufacturing performance – pulling the right levers,
in: HBR, 62 (1984) 2, S. 143 – 152.

Rößner, W. (1981),
Materialflußgestaltung in Fertigungssystemen, Berlin, Heidelberg, New York 1981.

Rogel, E. (1984),
Bearbeitungszentren,
in: VDI-Z, 126 (1984), S. 377 – 389.

Ropohl, G. (1971),
Flexible Fertigungssysteme, Mainz 1971.

Ropohl, G. (1979),
Baukastensysteme,
in: *Kern, W.* (Hrsg.), HWProd, Stuttgart 1979, Sp. 293 – 302.

Ross, M.H. (1981),
Automated Manufacturing – Why is it Taking so Long?
in: LRP, 14 (1981) 3, S. 28 – 35.

Rumpf, H. (1979),
Personalbestandsplanung mit Hilfe von Fähigkeitsvektoren, Diss., Regensburg 1979.

Saak, V. (1982),
Ein Simulationsmodell zur Planung gruppentechnologischer Fertigungszellen, Berlin, Heidelberg, New York 1982.

Saliger, E. (1981),
Betriebswirtschaftliche Entscheidungstheorie, München, Wien 1981.

Saul, G. (1985),
Flexible Manufacturing System Is CIM Implemented At The Shop Floor
Level,
in: IE, 17 (1985) 6, S. 35–39.

Schader, M. (1978),
Charakterisierung der Objekte,
in: *Opitz, O.* (Hrsg.), Numerische Taxonomie in der Marktforschung, München 1978, S. 21–50.

Scharf, P. (1974),
Strukturalternativen integrierter, flexibler Fertigungssysteme und ihre Bewertung, Diss., Stuttgart 1974.

Scharf, P.; Schulz, E. (1973),
Integrierte, flexible Fertigungssysteme,
in: Wt, 63 (1973), S. 130–136, S. 199–206.

Scheer, A.W. (1987a),
CIM – Der computergesteuerte Industriebetrieb, 2. Aufl., Berlin, Heidelberg, New York, London, Paris, Tokyo 1987.

Scheer, A.W. (1987b),
EDV-orientierte Betriebswirtschaftslehre, 3. Aufl., Berlin, Heidelberg, New York, London, Paris, Tokyo 1987.

Scheer, A.W. (1988),
Wirtschaftsinformatik, Berlin, Heidelberg, New York, London, Paris, Tokyo 1988.

Schiemenz, B. (1980),
Automatisierung der Produktion, Göttingen 1980.

Schlaffke, W. (1987),
Neue Technologien – neue Qualifikationsanforderungen,
in: AV, 24 (1987), S. 149–150.

Schleef, A. (1986),
Bildung statt Freizeit,
in: Die Zeit, Nr. 46 vom 7. November 1986, S. 26.

Schmidt, H.; Erkes, K. (1987),
Flexible Fertigung,
in: VDI-Z, 129 (1987) 8, S. 48–62.

Schmied, V. (1982),
Alternativen der Arbeitsgestaltung und ihre Bewertung, Wiesbaden 1982.

Schneeweiß, C. (1987),
Einführung in die Produktionswirtschaft, 2. Aufl., Berlin, Heidelberg, New York, London, Paris, Tokyo 1987.

Schnörr, R. (1987),
Flexible Fertigungssysteme verlangen neue Unternehmens-Strukturen,
in: IO, 56 (1987), S. 318 – 322.

Schonberger, R.J. (1987),
Frugal manufacturing,
in: HBR, 65 (1987) 5, S. 95 – 100.

Schünemann, T.M.; Lehnen, H. (1983),
Berücksichtigung unterschiedlicher Flexibilitätsgrade bei der Investitionsplanung von Industrierobotern,
in: ZwF, 78 (1983), S. 501 – 506.

Schultz-Wild, R. (1986),
Entwicklungsbedingungen von Arbeitsstrukturen in der mechanischen Fertigung,
in: *Hirsch-Kreinsen, H.; Schultz-Wild, R.* (Hrsg.), Rechnerintegrierte Produktion, Frankfurt, New York 1986, S. 143 – 173.

**Schultz-Wild, R.; Asendorf, I.; von Behr, M.; Köhler, C.; Lutz, B.;
Nuber, C. (1986),**
Flexible Fertigung und Industriearbeit, Frankfurt, New York 1986.

Schulz, H. (1986),
Tendenzen beim Einsatz flexibler Fertigungssysteme,
in: *Hirsch-Kreinsen, H.; Schultz-Wild, R.* (Hrsg.), Rechnerintegrierte Produktion, Frankfurt, New York 1986, S. 83 – 109.

Schulz, H.; Arnold, W. (1983),
Stand und Tendenzen beim Einsatz flexibler Fertigungssysteme,
in: WuB, 116 (1983), S. 61 – 65.

Schwab, H. (1978),
Modelltechnologische Grundlagen betrieblicher Anlagenwirtschaft, Zürich,
Frankfurt, Thun 1978.

Seidel, E. (1980),
Abteilungsbildung,
in: *Grochla, E.* (Hrsg.), HWO, 2. Aufl., Stuttgart 1980, Sp. 42 – 52.

Seifoddini, H.; Wolfe, P.M. (1986),
Application of the Similarity Coefficient Method in Group Technology,
in: IIE-Transactions, 18 (1986), S. 271 – 277.

Senker, P. (1984),
Implications of CAD/CAM for Management,
in: Omega, 12 (1984), S. 225 – 231.

Shah, R. (1985),
Flexible Fertigungssysteme in Europa: Erfahrungen der Anwender,
in: VDI-Z, 127 (1985), S. 639 – 648.

Shah, R. (1987),
Flexible Fertigungssysteme in Europa – Erfahrungen der Anwender,
in: VDI-Z, 129 (1987) 10, S. 13–21.

Siebenborn, H. (1984),
CIM – Rechnerintegrierte Fertigung,
in: ZwF, 79 (1984), S. 127–132.

Singer, P. (1980),
Dynamische Teilefamilienbildung zur Minimierung der Rüstzeiten,
in: FB/IE, 29 (1980), S. 169–172.

Sint, P.P. (1978),
Cluster Analysis, an Introduction,
in: *Skarabis, H.; Sint, P.P.* (Hrsg.), Compstat Lectures I, Würzburg, Wien
1978, S. 46–56.

Sonntag, K. (1985),
Qualifikationsanforderungen im Werkzeugmaschinenbereich,
in: *Sonntag, K.* (Hrsg.), Neue Produktionstechniken und qualifizierte Arbeit, Köln 1985, S. 81–100.

Sorge, A.; Hartmann, G.; Warner, M.; Nicholas, I. (1982),
Mikroelektronik und Arbeit in der Industrie, Frankfurt, New York 1982.

Späth, H. (1976),
Tanimoto-Koeffizient,
in: WiSt, 5 (1976), S. 328–329.

Späth, H. (1977),
Cluster-Analyse-Algorithmen zur Objektklassifizierung und Datenreduktion, 2. Aufl., München, Wien 1977.

Springer, R.; Wolf, H. (1987),
Organisationskonzepte in der betrieblichen Diskussion,
in: VDI-Z, 129 (1987) 8, S. 28–33.

Spur, G. (1976),
Entwicklungstendenzen von spanenden Werkzeugmaschinen,
in: ZwF, 71 (1976), S. 83–91.

Spur, G. (1979a),
Produktionstechnik im Wandel,
in: ZwF, 74 (1979), S. 261–272.

Spur, G. (1979b),
Verkettung von Betriebsmitteln,
in: *Kern, W.* (Hrsg.), HWProd, Stuttgart 1979, Sp. 2119–2129.

Spur, G. (1982),
Der Mensch in der automatisierten Arbeitswelt,
in: ZwF, 77 (1982), S. 1–6.

Spur, G.; Mertins, K. (1981),
Flexible Fertigungssysteme, Produktionsanlagen der flexiblen Automatisierung,
in: ZwF, 76 (1981), S. 441–448.

Spur, G.; Specht, D. (1985),
Fortschritte der Fertigungstechnik verändern die Fabrik,
in: TM, 34 (1985) 3, S. 22–25.

Stamm, K.H. (1986),
Fertigungsorganisation und neue Technologien,
in: *Wildemann, H.* (Hrsg.), Strategische Investitionsplanung für neue Technologien in der Produktion, Bd. 1, München 1986, S. 480–495.

Starr, M.K. (1972),
Production Management, 2. Aufl., Englewood Cliffs 1972.

Starr, M.K.; Biloski, A.J. (1984),
The Decision to Adopt New Technology – Effects on Organizational Size,
in: Omega, 12 (1984), S. 353–361.

Staudt, E. (1978),
Rationalisierung und betriebliche Elastizität,
in: FB/IE, 27 (1978), S. 373–379.

Staudt, E. (1982),
Entkopplung in Mensch-Maschine-Systemen,
in: ZFO, 51 (1982), S. 181–189.

Staudt, E.; Schepanski, N. (1983),
Innovation, Qualifikation und Organisationsentwicklung: Folgen der Mikrocomputer-Technik für Ausbildung und Personalwirtschaft,
in: ZFO, 52 (1983), S. 304–316, S. 363–369.

Steffens, F. (1976),
Technologie und Produktion,
in: *Grochla, E.; Wittmann, W.* (Hrsg.), HWB, Bd. 3, 4. Aufl., Stuttgart 1976, Sp. 3853–3861.

Steinhausen, D.; Langer, K. (1977),
Clusteranalyse, Berlin, New York 1977.

Steinhilper, R. (1984),
Planung und Einführung flexibler Fertigungssysteme,
in: TZfpM, 78 (1984) 9, S. 11–16.

Steinhilper, R.; Kazmaier, H. (1985),
Erfahrungen mit flexiblen Fertigungssystemen,
in: VDI-Z, 127 (1985), S. 583–589.

Strebel, H. (1984),
Industriebetriebslehre, Stuttgart, Berlin, Köln, Mainz 1984.

Streim, H. (1975),
Heuristische Lösungsverfahren – Versuch einer Begriffsklärung,
in: ZOR, 19 (1975), S. 143–162.

Stützle, G. (1987),
Langfristige Kapazitätsplanung unter Berücksichtigung der betrieblichen
Elastizität, München 1987.

Stute, G. (1974),
Flexible Fertigungssysteme,
in: Wt, 64 (1974), S. 147–156.

Süssenguth, W.; Öhler, P. (1987),
Lösungen für den Werkstücktransport in flexiblen Fertigungssystemen,
in: ZwF, 82 (1987), S. 421–425.

Talaysum, A.T.; Hassan, M.Z.; Goldhar, J.D. (1987),
Uncertainty Reduction Through Flexible Manufacturing,
in: IEEE TEM, 34 (1987), S. 85–91.

Teicholz, E. (1984),
Computer Integrated Manufacturing,
in: Datamation, 30 (1984) 3, S. 169–174.

Thiel, W. (1985),
Bearbeitungszentren, Fertigungszellen, Fertigungssysteme,
in: TZfpM, 79 (1985) 11, S. 10–13.

Tilsley, R.; Lewis, F.A.; Galloway, D.F. (1977),
Flexible Cell Production Systems – A Realistic Approach,
in: Annals of the CIRP, 26 (1977), S. 269–271.

Torri, L. (1982),
Numerische Steuerung flexibler Fertigungssysteme,
in: WuB, 115 (1982), S. 585–587.

Tress, D.W. (1986),
Kleine Einheiten in der Produktion,
in: ZFO, 55 (1986), S. 181–186.

Tress, D.W. (1987),
Ganzheitlicher Ansatz logistikorientierter Fabrikplanung,
in: ZwF, 82 (1987), S. 441–446.

Tritremmel, W. (1987),
Schweden: Marktvorsprung durch flexible Automation,
in: IO, 56 (1987), S. 33–36.

Tschörtner, K.A. (1984),
Integration von Aufgabengebieten durch neue Informationstechnologien,
in: ZFO, 53 (1984), S. 317–328.

Ulrich, P.; Fluri, E. (1986),
Management, 4. Aufl., Bern, Stuttgart 1986.

Vajna, S. (1987),
Gruppentechnologie als Bindeglied zwischen CAD und CAM,
in: VDI-Z, 129 (1987) 11, S. 44 – 49.

Vannelli, A.; Kumar, K.R. (1986),
A method for finding minimal bottle-neck cells for grouping part-machine families,
in: IJPR, 24 (1986), S. 387 – 400.

Vettin, G. (1979),
Analyse der Konzeptionen Flexibler Fertigungssysteme,
in: VDI-Z, 121 (1979), S. 14 – 23.

Vogel, F. (1975),
Probleme und Verfahren der numerischen Klassifikation, Göttingen 1975.

Vogel, K.; Arn, E.A. (1974),
Die planerischen Voraussetzungen zur Einführung der neuen Arbeitsformen in der Kleinserienfertigung,
in: IO, 43 (1974), S. 15 – 20.

Vormbaum, H. (1959),
Wechselbeziehungen zwischen den fixen Kosten und dem betriebswirtschaftlichen Elastizitätsstreben,
in: ZfB, 29 (1959), S. 193 – 205.

Wächter, H. (1974),
Die Verwendung von Markov-Ketten in der Personalplanung,
in: ZfB, 44 (1974), S. 243 – 254.

Wäscher, G. (1985),
Ökonomische Grundlagen der innerbetrieblichen Standortplanung,
in: WiSt, 14 (1985), S. 237 – 244.

Waghodekar, P.H.; Sahu, S. (1984),
Machine-component cell formation in group technology: MACE,
in: IJPR, 22 (1984), S. 937 – 948.

Waller, S. (1987),
Strategien für die Produktionsautomatisierung,
in: ZwF, 82 (1987), S. 247 – 251.

Walther, E. (1985),
Qualifikation und Entgelt für das Arbeiten in flexiblen Fertigungssystemen,
in: Wt, 75 (1985), S. 187 – 189.

Walton, R.E.; Susman, G.I. (1987),
People policies for the new machines,
in: HBR, 65 (1987) 2, S. 98 – 106.

Warnecke, H.J. (1979),
Automatisierung von Fertigungs- und Montageprozessen,
in: *Kern, W.* (Hrsg.), HWProd, Stuttgart 1979, Sp. 267 – 286.

Warnecke, H.J. (1984a),
Der Produktionsbetrieb, Berlin, Heidelberg, New York, Tokyo 1984.

Warnecke, H.J. (1984b),
Wirkung der Automatisierung in der Produktion auf die Freisetzung von Arbeitskräften,
in: *Jacob, H.* (Hrsg.), Arbeitszeitverkürzung, Wiesbaden 1984, S. 5–34.

Warnecke, H.J. (1985a),
Flexible Fertigungssysteme,
in: FB/IE, 34 (1985), S. 268–276.

Warnecke, H.J. (1985b),
Von Taylor zur Fertigungstechnik von morgen,
in: Wt, 75 (1985), S. 669–674.

Warnecke, H.J.; Bullinger, H.J.; Lienert, J. (1980),
EDV-Anwendungen im Produktionsbereich,
in: *Plötzeneder, H.D.* (Hrsg.), Wirtschaftsinformatik III, Stuttgart, New York 1980, S. 57–79.

Warnecke, H.J.; Dangelmaier, W. (1981),
Layoutplanung – der Stand der Technik,
in: OR-Spektrum, 3 (1981/82), S. 1–20.

Warnecke, H.J.; Lederer, K.G. (1979),
Neue Arbeitsformen in der Produktion, Düsseldorf 1979.

Warnecke, H.J.; Osman, M.; Weber, G. (1980),
Gruppentechnologie,
in: FB/IE, 29 (1980), S. 5–12.

Warnecke, H.J.; Steinhilper, R.; Schütz, W. (1982),
Flexibel automatisierte Teilefertigung in mittelständischen Unternehmen,
in: VDI-Z, 124 (1982), S. 611–619.

Warnecke, H.J.; Vettin, G. (1981),
Flexible Automatisierung in Fertigungsbetrieben,
in: IO, 50 (1981), S. 429–432.

Warner, T.N. (1987),
Information Technology as a Competitive Burden,
in: SMR, 29 (1987/88) 1, S. 55–61.

Weber, G. (1983),
Gestaltung eines integrierten Produktionssystems für die Sortenfertigung unter Einsatz der Clusteranalyse, Berlin, Heidelberg, New York, Tokyo 1983.

Webster, D.B.; Tyberghein, M.B. (1980),
Measuring flexibility of job-shop layouts,
in: IJPR, 18 (1980), S. 21–29.

Weck, M.; Dern, U. (1984),
Die Fertigung montagegerecht steuern,
in: IA, 106 (1984) 83, S. 22–25.

Wemmerlöv, U.; Hyer, N.L. (1986),
Procedures for the Part Family/Machine Group Identification Problem in
Cellular Manufacturing,
in: JOM, 6 (1986), S. 125–147.

Wemmerlöv, U.; Hyer, N.L. (1987),
Research issues in cellular manufacturing,
in: IJPR, 25 (1987), S. 413–431.

Werntze, G. (1985),
Vom Bearbeitungszentrum zum Flexiblen Fertigungssystem,
in: TZfpM, 79 (1985) 8, S. 23–27.

Wheelwright, S.C. (1984),
Manufacturing Strategy: Defining the Missing Link,
in: SMJ, 5 (1984), S. 77–91.

Wiendahl, H.P.; Mende, R. (1981),
Produkt- und Produktionsflexibilität,
in: Wt, 71 (1981), S. 293–296.

Wild, R. (1974),
Group Technology, Cells and Flow-Lines,
in: Omega, 2 (1974), S. 269–274.

Wild, R. (1980),
Management and Production, 2. Aufl., Harmondsworth 1980.

Wild, R. (1984),
Production and Operations Management, 3. Aufl., London, New York, Sydney, Toronto 1984.

Wildemann, H. (1984),
Investitionsplanung und Wirtschaftlichkeitsrechnung für eine flexible Produktionstechnik, Typoskript, Passau 1984.

Wildemann, H. (1986),
Einführungsstrategien für neue Produktionstechnologien – dargestellt an CAD/CAM-Systemen und flexiblen Fertigungssystemen,
in: ZfB, 56 (1986), S. 337–369.

Wildemann, H. (1987a),
Auftragsabwicklung in einer computergestützten Fertigung (CIM),
in: ZfB, 57 (1987), S. 6–31.

Wildemann, H. (1987b),
Investitionsplanung und Wirtschaftlichkeitsrechnung für flexible Fertigungssysteme (FFS), Stuttgart 1987.

Wildemann, H. (1987c),
Das JIT-Konzept als Wettbewerbsfaktor,
in: FB/IE, 36 (1987), S. 52-58.

Wildemann, H. (1987d),
Produktionsbereich, Führung im,
in: *Kieser, A; Reber, G.; Wunderer, R.* (Hrsg.), HWFü, Stuttgart 1987, Sp. 1719-1731.

Wildemann, H. (1987e),
Strategische Investitionsplanung, Wiesbaden 1987.

Willenborg, J.A.M.; Krabbendam, J.J. (1987),
Industrial automation requires organizational adaptions,
in: IJPR, 25 (1987), S. 1683-1691.

Williamson, D.T.N. (1981),
The Development of Production Systems,
in: *Wild, R.* (Hrsg.), Management and Production Readings, Harmondsworth 1981, S. 59-79.

Witte, H. (1984),
Autonomous Production Cell,
in: *Martin, T.* (Hrsg.), Design of Work in Automated Manufacturing Systems, Oxford, New York, Toronto, Sydney, Paris, Frankfurt 1984, S. 75-78.

de Witte, J. (1980),
The use of similarity coefficients in production flow analysis,
in: IJPR, 18 (1980), S. 503-514.

Wittmann, W. (1982),
Betriebswirtschaftslehre, Bd. I, Tübingen 1982.

Wittmann, W. (1985),
Betriebswirtschaftslehre, Bd. II, Tübingen 1985.

Wöhe, G. (1986),
Einführung in die Allgemeine Betriebswirtschaftslehre, 16. Aufl., München 1986.

Wöpkemeier, H.F. (1981),
Für alle Fälle gerüstet,
in: Manager-Magazin, 11 (1981) 5, S. 78-84.

Woithe, G.; Gottschalk, E. (1976),
Flexibilität und Variabilität von Maschinenbaubetrieben,
in: FuB, 26 (1976), S. 706-710.

Wolf, M. (1979),
Fertigungszellen – ein Beitrag zu ihrer Planung und Steuerung, Diss., Stuttgart 1979.

Yankee, H.W. (1979),
Manufacturing Processes, Englewood Cliffs 1979.

Zäpfel, G. (1982),
Produktionswirtschaft, Berlin, New York 1982.

Zander, E. (1986),
Entgeltformen bei veränderten Technologien, Arbeitsstrukturen und Arbeitszeitregelungen,
in: ZfbF, 38 (1986), S. 289 – 301.

Zeh, K.P.; Frank, H.E. (1984),
Simulationsgestützte Planung einer flexiblen Fertigungsanlage,
in: TZfpM, 78 (1984) 5, S. 11 – 17.

Zelenović, D.M. (1982),
Flexibility – a condition for effective production systems,
in: IJPR, 20 (1982), S. 319 – 337.

Zimmermann, G. (1977),
Typenbildung mit Methoden der Clusteranalyse,
in: FB/IE, 26 (1977), S. 381 – 389.

Zink, K.J. (1985),
Veränderte Aufgaben der Personalwirtschaft im Zusammenhang mit neuen Technologien,
in: *Zink, K.J.* (Hrsg.), Personalwirtschaftliche Aspekte neuer Technologien, Berlin 1985, S. 1 – 29.

Zink, K.J. (1986),
Veränderte Aufgaben der Personalwirtschaft durch neue Technologien im Industriebetrieb,
in: WiSt, 15 (1986), S. 299 – 302.

Zipse, T. (1986),
Rechnergeführte flexible Fertigungsinseln,
in: VDI-Z, 128 (1986), S. 249 – 253.

Zschocke, D. (1974),
Betriebsökonometrie, Würzburg, Wien 1974.

Physica-Schriften zur Betriebswirtschaft

Herausgegeben von

K. Bohr, Regensburg · W. Bühler, Dortmund · W. Dinkelbach, Saarbrücken · G. Franke, Konstanz · P. Hammann, Bochum · K.-P. Kistner, Bielefeld · H. Laux, Frankfurt · O. Rosenberg, Paderborn · B. Rudolph, Frankfurt